古代の星空を読み解く

Deciphering the Ancient Starry Sky from the Kitora Tumulus Star Map
A History of Star Maps and Catalogues in Asia

キトラ古墳天文図とアジアの星図

NAKAMURA Tsuko

中村 士

著

東京大学出版会

Deciphering the Ancient Starry Sky from the Kitora Tumulus Star Map:
A History of Star Maps and Catalogues in Asia
Tsuko NAKAMURA
University of Tokyo Press, 2018
ISBN978-4-13-063714-5

プロローグ

　奈良地方の古代史と聞いて，私たち日本人の多くがまず思い浮かべるのは古墳ではないだろうか．全長が 200 m を越す壮大な前方後円墳の天皇陵はいうまでもなく，奈良県内には数えきれないほど多数の古墳が残されている．とくに，奈良県の中央部にある明日香村はいまでは閑静な農村地帯であるが，飛鳥時代には政治の中心地だったためか，小さな古墳も数多く散在しており，自然の丘か繁みなのか区別がつきにくいものも少なくない．

　1983（昭和 58）年 11 月，そうした古墳群の 1 つ，地元では昔から「キトラ」と呼ばれていた小古墳の調査が始まった．古墳の昔の盗掘穴を通してファイバースコープという医療用のカメラが挿入され，石室の北側の壁に彩色された「玄武」の姿が発見された．玄武とは，古代中国に起源をもち，宇宙の 4 つの方角をつかさどる「四神」の 1 つで，玄武以外の四神像も見つかることが期待された．その後，より性能の良いデジタルカメラを用いた 1998（平成 10）年の調査では，期待通り西方の白虎，東方の青龍が撮影され，3 年後には南方の朱雀も確認された．

　加えて，予想外だったのは，石室の天井に円形の天文図が見つかったことだ．高松塚古墳の天井にも，中国古来からの代表的星座である「二十八宿」が描かれていた．ただし，高松塚とキトラの天文図では大きな違いがあった．キトラ古墳の天文図は，ずっと後の時代，13 世紀中頃に中国で石碑に刻まれた科学的な星図によく似ていたのである．このため，キトラ古墳の天文図は天文学史研究者にも大きな衝撃を与えた．重要なのは，キトラのような壁画古墳は韓国，中国でも数多くが発掘調査されてきたが，キトラ天文図のように精緻な星座図を描いた古墳は，いままで一例も見つかっていないことだ．

　2004 年には盗掘穴から掘り進め，初めて内部が肉眼で観察できるようになった．また，これを機会に，天井天文図と四神などの精密なデジタル画像も制作された．2014（平成 26）年になって，文化庁，奈良文化財研究所，国

立天文台，NHK の関係者が集まり，キトラ古墳天文図を調査する小さな研究グループが発足した．筆者も文化庁から委嘱され，グループの一員として参加することになった．

　筆者のキトラ天文図に対する主な関心は，天文学の立場から見て，描かれた円形星座図はどのくらい正確なのか，また，各星座中の星々の位置を測定して，それらが観測された年代を客観的に推定できるのではないか，という点だった．天球上の星々の位置は，「歳差」と呼ばれる現象のためにごくわずかであるが年々少しずつ変化していく．そのため，現代天文学の歳差理論とキトラの星々の測定位置とを比較すれば，それらの観測年代を知ることができるはずである．

　しかし，上に述べた方針を実行しようとしたら，キトラ天文図から測定できる位置の情報は，天文学で普通にあつかう天球上の緯度・経度とはずいぶん違っていて，直接には比べられないことがわかり，当初はかなりとまどった．さまざまな試行錯誤を繰り返したすえに，従来とはまったく異なる統計学的な年代推定法を考案することができ，ようやく，キトラ天文図の妥当な観測年代も求められた．その詳細は，本書の第 3 章をお読みいただきたい．

　ところで，古墳時代・奈良時代以降の日本は，ほとんどの分野で，中国の学術・文化に大きく依存していたから，キトラ天文図にも中国からの影響が当然考えられた．そこで，中国でもっとも古いとされる二十八宿のデータに，キトラ天文図の調査で考案したのと同じ統計学的手法を適用し，その年代を推定してみた．この作業は，キトラ天文図が日本独自のものか，あるいは中国に起源があったのかを探ることに相当する．その結論は第 4 章に述べた．

　本書で考案した年代推定法は，二十八宿星座の中の特定の星，28 個をつねに用いる．これら 28 個の星はどれもみな明るいため，たいていの歴史的な天文図・星図，または星表（星々のデータを集めた一覧表のことを天文学では「星表」と呼ぶ）には必ず記録されている．そのため，これら 28 個の星々の組を，多くの星図や星表を調べるのに統一的に使える，共通のプローブ（探り針）として利用してみようというアイデアが浮かんだ．

　この方法の意義は，観測年代が未知の古星図や星表に対して，それらがいつ観測されたかを推定できるというだけにとどまらない．プローブが共通で

あるお蔭で，複数の星図・星表の相互関係や誤差の大小を“同じ基準”で比較できるという大きな利点がある．さらに，多くの事例で試してみることは，キトラ天文図の調査で生まれた年代推定法が，はたしてどのくらい普遍的に使えるのかを知るという意味でも重要なのである．よって，これらの問題は，第II部の第5章以下でまとめて取り扱うことにした．

　現在，一般に使用されているしし座，オリオン座などの星座は，西暦2世紀のギリシアの大天文学者，トレミー（プトレマイオス）が著わした天文書『アルマゲスト』に記された48個の星座の表が元になっている．この書物の中でトレミーは，これら星座表に記された主要な星々の位置は，彼が自分で観測した数値であると述べている．ところが，いまから400年以上も前に，デンマークの天文学者がトレミーの主張に初めて疑問を抱いた．それは，『アルマゲスト』の星座表の数値は，じつはトレミーが観測して得たデータではなく，トレミーより250年以上前に活躍したあるギリシア天文学者の観測値を，あたかもトレミーが自分で観測したように見せかけたのではないかという疑いである．

　19世紀初頭のフランス人天文学者も，その著作の中でトレミーの主張に否定的な見解を述べており，この“トレミー疑惑”ともいうべき問題は，長い間，現在まで論争の的になっている．そこで筆者も，二十八宿というプローブを用いて，この問題を調べてみた．第5章にはその結果と，これまでのトレミー疑惑に関する歴史的な経緯とをまとめておいた．

　古代の星図・星表はともかく，時代が下がるにつれて星の位置観測はより精密化してくるから，当然ながら観測年代が不明な星図・星表も少なくなる．そのため，キトラ天文図で開発した年代推定法が出る幕も減ってくると予想される．しかし，キトラ年代推定法には，それら近世の星図・星表に含まれるかもしれない誤りと，時にはごまかしをも正せるという役割が依然残っていることは注目してよい．また，逆に，観測年代が確定している星図・星表の資料を用いることで，キトラ年代推定法の限界を評価できるという側面もある．

　そうした観点から，第6，7章では，中国・朝鮮の歴史的な星図だけでなく，西アジアの著名な星図・星表について概観するとともに，それらにキト

ラ年代推定法を適用した結果を解説している．また，初代の幕府天文方，渋川春海の星図に代表される，日本の中世・近世に制作された星図の成立年も，同じ方法で検証してみた．

最後の第8章では，幕府天文方に勤務した若い天文学者たちが，独自の星図を作り上げようと努力した取り組みについて，初めて紹介している．西洋天文学の影響を受けた17-18世紀の中国星図・星表を元に，彼らは新たに星々の位置観測も行ない，中国星図より優れた星図を作り上げようと奮闘したのである．その経緯と結末は，この章にくわしく書いておいた．

天文学は，天体と宇宙に関する科学的知識を集大成した学問である．一方，私たち人類の，宇宙全体に対する"ものの見方，考え方"のことは，しばしば「宇宙観」と呼ばれる．この意味で，天文図・星図とは，宇宙観を図式的に示した表現法の1つといってもよいだろう．したがって，本書の内容は，アジアを中心とした天文学・宇宙観の変遷を，代表的な星図・星表の発展の歴史を通して見たものと言い換えることもできる．

本書に紹介した星図・星表の年代推定には，近年に生まれた，いくつかの新しい統計学的な手法を用いている．その要点はできるだけわかりやすく述べたつもりだが，読みやすさのために数理的な部分の議論をあまりに省略すればかえって理解しにくくなるだろうし，結果を信用してもらえない恐れもある．そこで，具体的な計算法や少し複雑な星表の数値はなるべくコラムと附録で解説し，本文中では，なぜそのような方法を採用する必要があったのか，そのような方法の特徴は何か，などを重点的に説明するように努めた．数学や統計の話が苦手な読者は，コラムと附録は読み飛ばしてもらっても，本書の内容の全体的な流れをつかむには支障はないはずである．

本書が主に対象とする読者は，天文学のルーツを知りたい，大学教養課程レベルの理系の方々を念頭においている．しかし，内容は，天文学史と宇宙観の立場から見た星図・星表の歴史だから，この分野やアジアの古代史に興味を抱く文科系の人々にも楽しんでいただけたらと願っている．

2018年7月　著者

目 次

プロローグ……………………………………………………………………… iii

第Ⅰ部　キトラ古墳天文図の成立年推定　　　1

第1章　星座の誕生と歴史……………………………………… 2

1.1　星座に関する天文学の基礎知識 ……………………………… 2
1.2　歳差 …………………………………………………………… 4
1.3　星座発祥の地——メソポタミア …………………………… 7
1.4　バビロニア星座の伝播 ……………………………………… 11
1.5　メソポタミアの星座以前を考える ………………………… 14

第2章　古代中国の星座と二十八宿 ………………………… 24

2.1　甲骨文中の天文記事 ………………………………………… 25
2.2　中星 …………………………………………………………… 27
2.3　中国の古代星座 ……………………………………………… 30
2.4　二十八宿 ……………………………………………………… 38
2.5　星位置の測定と渾天儀 ……………………………………… 43
　　コラム1　渾天儀の基本構造と仕組み ……………………… 47

第3章　キトラ古墳の天井星図と年代推定 ……………… 53

3.1　高松塚古墳 …………………………………………………… 53
3.2　キトラ古墳天井星図の発見 ………………………………… 56
3.3　キトラ星図解析の前提と方針 ……………………………… 63
3.4　去極度と宿度による年代推定 ……………………………… 67

viii　目次

3.5　位置のずれを用いた解析 ……………………………………72

3.6　キトラ星図が描かれた時代的背景 ………………………80

コラム2　統計学における点推定と区間推定 ………………70

第4章　キトラ古墳星図の原典を求めて ………………85

4.1　中国正史の中の天文暦学資料 ………………………………86

4.2　「石氏星経」二十八宿の年代推定 ………………………89

4.3　「石氏星経」の先行研究と相互比較 ……………………92

4.4　「天象列次分野之図」の解析 ……………………………98

4.5　内規円・外規円 …………………………………………………103

コラム3　『四庫全書』 …………………………………………106

第II部　キトラ年代推定法で歴史的星図・星表を読み解く
109

第5章　『アルマゲスト』の解析とトレミー疑惑 ………110

5.1　古代ギリシアの初期の天文学と宇宙観 …………………110

5.2　ヒッパルコスとトレミー …………………………………114

5.3　トレミーによるギリシア天文学の集大成『アルマゲスト』………117

5.4　『アルマゲスト』星表 ………………………………………121

5.5　トレミー疑惑 …………………………………………………125

5.6　『アルマゲスト』星表の解析 ……………………………129

第6章　アジアの著名な星図・星表の年代推定 ………133

6.1　『新儀象法要』と「淳祐天文図」 ………………………133

6.2　郭守敬の二十八宿観測 ……………………………………142

6.3　呉越国銭元瓘墓の天井星図 ………………………………147

6.4　ウルグベクの巨大天文台と星表 ………………………152

目　次　ix

第7章　日本の中世・近世星図の解析 ……………………………… 158

　7.1　漢籍輸入目録 ………………………………………………… 158

　7.2　「格子月進図」 ……………………………………………… 161

　7.3　渋川春海の星座・星図研究 ………………………………… 166

第8章　近世の中国および朝鮮星図・星表と日本への影響 …… 176

　8.1　西洋天文学の影響を受けた中国星図・星表 ……………… 177

　8.2　西洋・中国の影響を受けた朝鮮星図 ……………………… 181

　8.3　新発見の天球・地球図，「恒星並太陽及太陰五星十七箇之図」 …… 186

　8.4　西洋天文学の導入と寛政の改暦 …………………………… 192

　8.5　若き天文学者たちの新西洋星図計画 ……………………… 200

　コラム4　高橋景保の星等記号と日本の天文家紋 ……………… 221

エピローグ ………………………………………………………… 225

附　録 ……………………………………………………………… 229

参考文献 …………………………………………………………… 241

図出典一覧 ………………………………………………………… 247

索　引 ……………………………………………………………… 251

第I部

★

キトラ古墳天文図の
成立年推定

★星座の誕生と歴史★

　この章では，現代でも多くの人々が関心を抱く，星占いの元になった黄道十二宮星座の起源と歴史について概要を紹介しよう．古代中国の星座については第2章で述べる．その前提として，まず，それらの科学的側面を理解するのに必要な天文学の基礎知識についてもこの章で簡単にまとめておいた．それは，本書の中心テーマである，星の観測年代推定法を理解する助けになるだけではない．古代のギリシアと中国における星の位置表現の違いなどを知る上でも必要だからである．

1.1　星座に関する天文学の基礎知識

　天空は限りなく高く大きい．山の高さなどと比較しても人間の感覚では測りがたいほど遠方にある．そのため古代人は，天は観測者を中心とした半径がほぼ無限大の球状をなし，太陽・月，惑星，星々と星座はみなこの「天球」の上に貼りついていると見なした[1]．この場合，天体までの距離はわからないから，月の大きさや2つの星の離れ具合は，角度で表わすしかない——これを角距離という．天の全周は360度であり，太陽と月の見かけの直径は角度で約0.5度である

　図1-1は，天球上の天体の位置と運動を説明した図である．1日のうちで

---

1)　現代天文学にも，天体の見かけの位置や運動だけを問題にする「球面天文学」と呼ばれる分野がある．

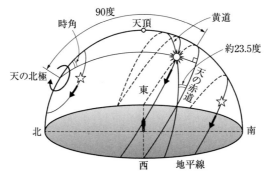

図 1-1 天球上の天体の位置と日周運動．

　天体はどれも，東の地平線から昇り，西の地平線に沈む．この日周運動は地球の自転運動の反映であり，天の北極を中心に回転する．天の北極と天頂を通る大円のことを観測者の子午線，天体がこの子午線をちょうど通過する瞬間を南中と呼ぶ．

　観測者から見た天の北極の高度角は観測地の緯度によって異なるが，図1-1 は緯度が 35 度くらいの中緯度の場合を示している．北極に近い星は日周運動によって北の地平線下に沈むことはなく，周極星と呼ばれる．天の北極から 90 度隔てて天球を一周する大円が天の赤道であり，地球の赤道を地球中心から天球に向かって投影した円と見ることもできる．黄道は太陽が 1 年かかって天を一回りする道筋である．天球を外から見たとき，日周運動は天の北極を中心とする時計回りであるが，太陽・月，惑星はほぼ黄道に沿って，星々の間を反時計回りに運行する．

　地球上の場所を緯度・経度で示すのと同様に，天体の天球上の位置も，天の赤道，または黄道を基準にした緯度・経度で表わす．それぞれ，赤緯・赤経，黄緯・黄経という．天球の緯度は，赤道・黄道上が 0 度，天の北極と黄道の極の所で 90 度になる．地球上の経度原点は英国のグリニッジであるが，赤経や黄経を測る原点は，太陽が赤道を南から北へ横切る点，つまり「春分点」(vernal equinox) である．180 度離れた，赤道と黄道のもう 1 つの交点は「秋分点」(autumnal equinox) と呼ばれる．

　天の赤道と黄道の面は傾いていて約 23.5 度の角度で交差する．そのため

4   第1章　星座の誕生と歴史

に，地球が太陽の周囲を巡るにしたがって季節変化が起きる．太陽が赤道の北側にあるときは，太陽はより天頂に近い所を通るため，昼の長さが夜より長くなる．また，地球上の場所と夏冬の季節に応じて，寒暖の違いが生じることになる．

1.2　歳差

後の章で述べるような，歴史的な観測データを用いてそれらが測定された年代を推定する際に，もっとも重要な役割をするのが歳差と呼ばれる現象である．地球の内部が一様な球体の場合は，その自転軸はつねに宇宙空間のある方向をさしていて，時間とともに変化することはない．しかし，現実の地球の形は，地球が自転しているために，地球中心から南極・北極までの距離より赤道までの距離がわずかに長い，扁平な回転楕円体である．

地球に働く天体からの重力（万有引力）は，距離が一番近いため月からの作用がもっとも大きい．そこで簡単のため，月の場合で説明する．地球が完全な球体であれば，月の重力が地球の中心だけに働いたときと同じ効果になり，自転運動に何ら影響は与えない．ところが，扁平楕円体の場合，赤道部の膨らみに作用する月の重力は，月に近い部分と遠い部分では同じにならない．近い部分に作用する重力の方が大きく，作用の方向も遠い部分とは若干異なる．このため，地球自転軸の方向に対して直角な方向にトルク（力のモーメント）が発生し，自転軸がゆっくりコマの首振り運動に似た動きを始める．実際には，太陽からの重力作用も加わるが，月と太陽の両方がある場合でも，同じような首振り運動を起こすことに変わりはない．この運動のことを「歳差」（precession，厳密には日月歳差）と呼び，黄道の極が首振り運動の中心になる．歳差運動によって地球自転軸の方向が天球上を一周する周期は非常に長く，約 25,800 年である．

次に，この歳差運動が天体の赤緯・赤経と黄緯・黄経をどのように変化させるかを考えよう．太陽が黄道上を回るのは，地球が太陽の周囲を公転運動するために起きる見かけの動きであり，空間内の地球軌道が他の惑星の重力作用で変動する量は，歳差の変化に比べればごくわずかに過ぎない．そのた

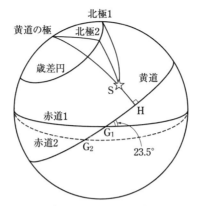

図1-2 歳差による天の北極と赤道の移動．地球の自転軸が黄道の極の周りを回転する円が歳差円であり，その周期が25,800年である．

め，天球上の黄道はほぼ動かないと見なすことができる．同様に，星々（恒星）の黄道に対する相対的な位置関係も1万年程度なら不変と考えてよい．他方，天の赤道の方は，歳差のために黄道に対してゆっくり移動してゆく．

図1-2は，いま述べた黄道と赤道の関係を天球上に示した図である．赤道1は時刻t_1における赤道，赤道2はもう少し後の時刻t_2での赤道とすると，それらの時刻に対応する天の北極が北極1と北極2であり，春分点がG_1とG_2となる．ある星の位置をSとすれば，SHが星の黄緯だから歳差によって変化しない．他方，t_1のときの黄経がG_1H，t_2のときの黄経がG_2Hであるから，時間の経過とともに星の黄経の値は増加することがわかる．同様に，赤経の場合も，赤緯の値がおよそ60度以下の星はいずれも，赤経の値は歳差に伴って多かれ少なかれ増えてゆく．

図1-3は，北天の星座の間を天の北極が円を描いて歳差運動する様子を示している．図1-2では天球の外から見ていたのに対して，この図は私たちが天を仰いだ状態，つまり天球の内側から見ているため，歳差円の回転が反時計回りになることに注意してほしい．

2018年の時点で，天の北極は北極星（こぐま座α星）という明るい星（等級は2.0等）から角度でわずか約40分しか離れていない．西暦2100年頃にはさらに27分まで近づく．そのため，この星は昔から北極を示す星（Polaris）として一般にも広く親しまれてきた．もっと長い期間で見れば，古代文

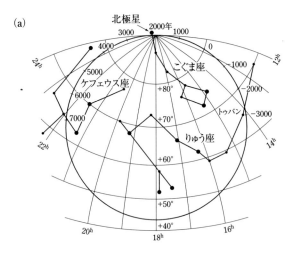

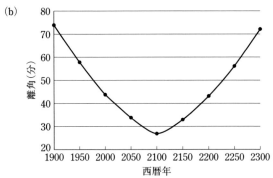

図1-3 (a) 歳差によって天の北極が描く歳差円(円周に記した数値は西暦年). (b) 天の北極と北極星(こぐま座α星)の年代ごとの離角(単位は角度の分).

明が誕生した紀元前3000年頃には, トゥバンという名のりゅう座α星(3.7等)がその頃の北極星の役割をしたと思われる. また, 西暦14000年頃には, ヴェガ(こと座α星, おりひめ星, 0等星)が北極の目安になるはずである. しかし, トゥバンは暗い目立たない星だし, ヴェガは現在の北極星ほど天の北極に近づくことはない. したがって, 偶然とはいえ, 私たちは稀有な時代に生きているといってよいだろう.

1.3　星座発祥の地——メソポタミア

　現在，私たちが一般に使用している星座の数は全天で 88 個，これらは，1928 年の国際天文学連合（International Astronomical Union）の総会で正式に採用が決まった．しかし，ここに至るまでの星座の歴史は非常に古く，有史以前の数千年前にさかのぼることは疑いない．

　歴史の教科書では，エジプトのナイル川流域，チグリス・ユーフラテス川に挟まれたメソポタミア（現在のイラク），インドのインダス川流域と，中国の黄河流域を，古代の四大文明と呼ぶことが多い．それは，大規模な灌漑農業の発達と人口集中による都市文明の誕生が，ともに大河の存在と深い関わりがあったからである．とくにメソポタミアでは，四大古代文明の中でもっとも早い時期から体系的な星座が誕生していたことで知られる[2]．

黄道十二宮星座

　現代人が日常生活でもっとも親しんでいる星座は，星占いに利用される黄道十二宮星座だろう．かつては，黄道十二宮星座は古代ギリシアで生まれたと信じられた時代もあった．しかし，メソポタミアにおける古代遺跡の調査と，発掘された楔形文字による粘土板文書の解読研究[3]から，黄道十二宮星座の起源はじつはメソポタミアであることが明らかにされた．ギリシア人は，メソポタミアの星座を取り入れ，多数の星座をギリシア神話に結びつけて整備したのだった．

　現代の星占いは，黄道十二宮星座と個人の誕生日時などを結びつけて占う，いわゆる個人占星術（宿命占星術，ホロスコープ占星術などともいう）であるが，これはアレキサンドロス大王が紀元前 334-324 年に行なった東方遠征か

---

[2]　この節は，矢島文夫，『占星術の起源』（2000），近藤二郎，『星座神話の起源——エジプト・ナイルの星座』，『星座神話の起源——古代メソポタミアの星座』，の 2 冊（2010）などを主に参考にした．後者の本に示された図と説明の多くは，White, G., *Babylonian star-lore: An illustrated guide to the star-lore and constellations of ancient Babylonia*（2008）を元にしている．

[3]　楔形文字を初めて解読したのは，英国の軍人ローリンソン（Sir Henry Creswicke Rawlinson, 1810-1895）である．イラン郊外のベヒストゥン磨崖に，古代ペルシア語，エラム語，バビロニア語（後期のアッカド語）の 3 言語で刻まれた碑文を 1835-6 年に写し取って研究を続け，1847 年にようやく解読に成功した．

ら後の時代，ヘレニズム時代に普及した占星術である．それに対して，メソポタミアの占星術は，専制君主とその支配国の運命を占う国家占星術（天変占星術）だった．後の章で再度述べるが，古代中国における占星術も同じような国家占星術だった点は，偶然とはいえ面白い．

　一般に黄道十二宮星座（獣帯星座，zodiac ともいう）は，おひつじ座（ラテン語名は Aries），おうし座（Taurus），ふたご座（Gemini），かに座（Cancer），しし座（Leo），おとめ座（Virgo），てんびん座（Libra），さそり座（Scorpius），いて座（Sagittarius），やぎ座（Capricornus），みずがめ座（Aquarius），うお座（Pisces）と，黄経が増える順に並べるのがふつうである[4]．現在は黄経の原点である春分点はうお座にあるが，1.2節で説明した歳差のために，黄道十二宮星座が成立した頃はおひつじ座付近にあったので，上に述べた順で並べるのが慣例になった．

ムル・アピン粘土板文書

　メソポタミアとは，ギリシア語やラテン語で"2つの河の間"を意味するが，この地は西と東の世界をつなぐ交叉点という地理的な条件のために，多くの民族の興亡の舞台となった．紀元前 2700 年頃までさかのぼる，民族系統が不明のシュメール人から始まって，次にセム語族系のアッカド人が統一国家をつくった．ついで，紀元前 1900-紀元前 1500 年期はバビロニア王国の時代で，後期のバビロン第一王朝のハンムラビ王のときに中央集権国家を確立し，メソポタミア全土を支配した．その後，アッシリアが勢力をのばし，紀元前 7 世紀前半には全オリエントに及ぶ世界帝国を築き上げた．さらに，紀元前 6 世紀以降のメソポタミアは，新バビロニアとアケメネス朝ペルシアの支配域に組み込まれる．これら，紀元前 1900-紀元前 600 年頃までのメソポタミア古代文明を総称して，バビロニア文明ともいう．なお，後世のギリシア・ローマでは，このメソポタミアで興亡を繰り返した民族を，一般にカ

4）　筆者が子供の頃に読んだ本に，十二宮星座を読み込んだ歌，「**おひつじ おうし** その次に，並ぶは **ふたご かに** の宿，狂える **しし** と **おとめ** ごに，傾く **てんびん** 這う **さそり**，弓持つ **いて** に **やぎ** 叫び，**みずがめ** の水に **うお** ぞ住む」が載っていた．調子がいいのですぐに覚えた記憶がある．誰がつくったのか調べてもわからないが，言葉使いと韻を踏んでいることから，明治時代の天文好きな知識人が考えだしたのではないだろうか．

ルディア人と称していた.

　メソポタミアの文化と歴史を記した楔形文字は，シュメール人が最初に
用いたが，その後の支配民族も言語は異なってもみな楔形文字を使用し続け
た．楔形文字は，河畔に生えるアシの茎をペンのようにとがらせて乾燥前の
粘土板に書き，文字の筆跡が楔のような形になったため，この名がある．ま
た，メソポタミアでは，数字の記載と計算は，通常の10進法のほかに60進
法を用いたことも大きな特徴である．現在，私たちが日常使う，1時間＝60
分，角度の360度制と1度＝60分などは，メソポタミアの60進法の名残り
である．ドイツの古代科学史家，ノイゲバウアー（O. Neugebauer）らはこ
れら楔形文書を解読して，ギリシアの天文学よりずっと古い，多数の天文記
録や占星術，科学的な天文学の方法，暦の理論，などが記録されているのを
発見したのだった[5].

　さて，バビロニアの星座について記した史料には，現在は大英博物館に収
蔵されている「ムル・アピン」（MUL. APIN）と呼ばれる粘土板文書がある．
現存する最古のものは紀元前686年の複製だが，その原典は紀元前1000年
頃に編纂されたらしい．2枚1組で，第1の粘土板には，5個の惑星と66個
の星・星座のリストを始めとして，日の出の直前に東の地平線に上る星のリ
スト，地平線から同時に出没する星の組のリスト，「月の道の星」など，
星・星座に関する6項目の星表が記されている．第2の粘土板は，太陽，月，
惑星といくつかの星・星座との位置関係と，それら移動天体の運行の簡単な
規則性を述べている．

　上記の粘土板史料でこの1.3節に関係するのは，66個の星・星座のリス
トである．ムル・アピンという文書の表題は，このリストの最初に記された
シュメール語の星の名，「犂（APIN）星（MUL）」からとられた．これら66
個の星々は，赤道帯であるアヌ，赤道帯より北のエンリル，赤道帯より南の
エア（またはエンキ）と呼ぶ3つの分野のいずれかに属するよう分類されて
いる．また，「月の道の星」と題した項目では，月の通り道，つまり，黄道
帯付近にある18個の星座のリストを掲げている．これは，星座の個数こそ

5）　オットー・ノイゲバウアー，矢野道雄・斎藤潔訳編，『古代の精密科学』（1984）.

異なるものの，後の黄道十二宮星座の直接の先祖と見なせる星座で非常に重要である．楔形文字による星・星座の名前は，ふたご，しし，さそり，など，黄道十二宮星座の名前に近いものもいくつかある．しかし，必ずしも現在の星座に一致するわけではなく，2つの十二宮星座にまたがるもの，同定が困難な星座名も少なくないらしい．とはいえ，ムル・アピンに記された星・星座のかなりの数が後のギリシアの星座の元になったことは疑いない．

クドゥル境界石碑

　バビロニア星座と現在の星座の呼び名が同じでも，それが同じ星座を指すかどうかは別問題である．その解明の手掛かりになるのが，クドゥルに刻まれた図像である．クドゥル（Kudurru）とは，国々の境界を表示するための石碑で，紀元前14世紀頃から紀元前7世紀までバビロニアの各所に建てられた．典型的なクドゥルは高さが35 cm-1 m程度，上部に太陽，月，金星を表わす紋様があり，中段か下段に，りゅう，しし，さそり，などの姿が刻まれている（図1-4）．確かに，しし，さそりの形は，近世初期の星図の中で，同名の星座として私たちが親しんでいる姿（図1-5）によく似ていて，両者は関係がありそうに見える．

　ところが，バビロニア文明と楔形文書の研究者の間では，クドゥルに描かれたししやさそりは，星座とは直接の関係はなく，当時のメソポタミアで信じられた神々の姿を象徴的に表現したものという意見の方が強いらしい[6]．その根拠の1つは，メソポタミアの星座の起源がバビロン第一王朝（紀元前20世紀-紀元前16世紀）の時代までさかのぼるのに対して，クドゥルはずっと後の時代にしか建造されていないからだそうだ．ただし，星座としての具体的な姿が描かれるようになるのはさらに後世のギリシア時代だから，その際にクドゥルに描かれた図像を借用した可能性は考えられるとのことである．

6）　前掲，近藤二郎，『星座神話の起源——古代メソポタミアの星座』(2010)．

図1-4 クドゥル境界石碑.

図1-5 デューラーの星図（1515年）に描かれたさそり座としし座（部分）.

1.4 バビロニア星座の伝播

エジプトへ

　その後，バビロニアの星座はメソポタミアの周辺域へと伝えられた．エジプト，ギリシア，ペルシアなどである．ナイル川の上流，ルクソールの近郊にデンデラという町がある．その地に位置するハトホル神殿は，クレオパトラ7世（紀元前1世紀中頃）の時代に建てられ，デンデラ神殿とも呼ばれる．この神殿の一室の天井に，かつては黄道帯星座を円形に描いたレリーフがあった（図1-6）．ナポレオンのエジプト遠征のときに持ち去られ，現在はルーブル美術館に所蔵される．

　円形の外周部にはエジプト固有の星座が描かれ，その内側にバビロニア起源と思われる黄道帯星座がかなりの数見られるという．おひつじ座，おうし座，さそり座，やぎ座，などである．黄道十二宮星座がみな描かれているとする研究者もいるが[7]，大きさも向きもまちまちな単なる図像で判断が難し

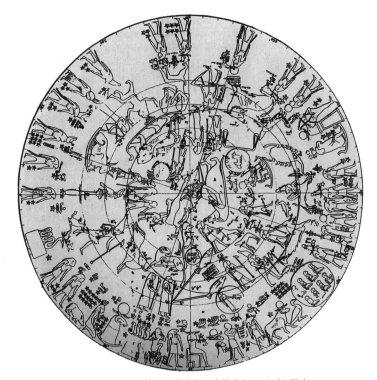

図 1-6　デンデラ神殿の黄道十二宮星座とエジプト星座.

い．しかし，ヘレニズム時代に制作された星座図であり，黄道十二宮星座はすでに確立していた時期だから，それら大部分の星座はやはりバビロニア起源と見なす以外ないだろう．黄道十二宮星座を用いる占星術もこの時代に持ち込まれたらしい．プトレマイオス朝以前のエジプトには，占星術の伝統はなかったとされる．

ギリシア世界へ

バビロニアの星座は古代ギリシアにも伝播され，黄道十二宮星座を含む占星術と星座の一大体系に整備されたことはよく知られている．その事情につ

---

7) Rogers, J. H., Origins of the ancient constellations: I. The Mesopotamian traditions, *Journal of the British Astronomical Association*, 108, 9-28 (1998).

いては多くの著書で述べられているし[8]，本書の主要テーマからも外れるから省略する．ここでは，二，三の関連する事項を紹介するだけに留めよう．

　1つは，バビロニアの星座と天文学はギリシア世界に引き継がれたが，ギリシア人はそれら全部を継承したわけではないという点である．ムル・アピン中の66個の星の名前を調べると，2種のグループに分類できることがわかる．最初のグループは，メソポタミアの神々を象徴した獣帯星座と，へび，からす，わし，うおなどの星・星座，第2のグループは，農業労働者，農具と家畜を表わす名前をもつ星座である．後者の1つは，ムル・アピン文書の表題になった犂星である．ロジャースによれば[9]，後世のギリシア人たちは，最初のグループに属する星々だけを取り入れて，ギリシア神話と組み合わせ，星座の体系を作り上げたという．

　ギリシア人が第1のグループにしか興味をもたなかった理由はよくわからないが，メソポタミアとギリシアでは気候・風土，慣習が異なるため，星座名に採用しにくかったのか，あるいは，ギリシアの知識人は奴隷制のもとで優雅に暮らしていたために，農民の農具や家畜は崇高な星座の名にふさわしくないと考えたのかもしれない．ちなみに，第2のグループの名前を星座名に用いた人々もいた．それはアラブ系の遊牧民ベドウィンの人々だったことを，中世のイスラム天文学者が報告している．

ペロッソス

　ホロスコープ占星術がギリシアなど西欧世界で広まるのは，ヘレニズム時代以降であることはすでに述べた．ローマ人の建築家，ウィトルウィウス（Marcus Vitruvius, 紀元前70頃-紀元前10頃）の著書によると，ペロッソスという名の人物が，メソポタミア方面からギリシア領のコス島にやって来て学校を開き，弟子たちにバビロニアの天文学・占星術を教えたとされる．そこで教授された占星術の内容は，太陽・月，惑星，黄道十二宮星座などの天体が人の一生に大きな影響を及ぼすというものだった．

8）　たとえば，野尻抱影編，新天文学講座 I，『星座』（1964）；原恵，『星座の神話——星座史と星名の意味』（1975；新装改訂版，1996）；同，『星座の文化史』（1982）．

9）　前掲，Rogers, J. H., *Journal of the British Astronomical Association*（1998）．

14 第1章 星座の誕生と歴史

　天文学史の中で，バビロニアで天文学・占星術に従事した人物の個人名は
ほとんど伝わっていない．その意味で，このベロッソスは数少ない例外であ
り，注目すべき人物といってよいだろう．

1.5 メソポタミアの星座以前を考える

　1.3節に紹介したメソポタミアの星座は，文字に記された最初のまとまっ
たものであり，それゆえにギリシアを通じて現代まで継承され，私たちが用
いる星座の直接の先祖となった．だが，その歴史に残された記録はある程度
すでに体系化されたものだから，たとえば，星の位置を示すのに，なぜ黄道
を基準にするようになったか，などの経緯まではよくわからない．本書では，
そのような，星座に関する，より始原的な要素も議論してみたい．もちろん，
推測に頼らざるを得ない面が多く，はっきりした結論を得るのは期待できな
いけれど．

　ところで，星は，メソポタミアだけではない，地球上のどこからでも見え
る．だから，近東地域以外の人々も有史以前の原始人類の時代から，星々に
対してさまざまな思いと空想の気持ちを抱いていたことは疑う余地がない．
こうした原初の星座の起源は，各民族の伝承，民話，神話，天文占い，など
に痕跡を残していると思われる．本節では，それらの断片的な手がかりもい
くつか考察してみる．

基本星座の数

　メソポタミアで生まれた黄道十二宮星座は現在の星座体系の中心をなし，
12個の星座からなっていた．また，中国の場合は第2章で詳しく論じるが，
もっとも歴史が古く基本としての星座は28個の星座，「二十八宿」である．
これら星座の数として12と28とが採用されるようになった理由を考えてみ
よう．

　まず，十二宮星座の12という数の由来であるが，これは容易に想像がつ
くように，1年を12カ月として数えた習慣の名残りだろう．1年の長さを月
の満ち欠け（朔望月，29.5日）の回数で数えると，12回（約354日）と11

日余になるから，1 年を 12 カ月にするか[10]，13 カ月にするかの 2 通りの選択肢がある——実際，古代中国の殷王朝（紀元前 1600-紀元前 1000 年）の時代に刻まれた甲骨文[11]には，各月の名前として 1 月から 12 月のほかに "13月" が出てくる．しかし，13 という数字は割り切れる約数もなく扱いにくいため，1 年を 12 カ月とするのが一般的になったのだろう．よって，十二宮星座は，太陽が各月ごとに位置する星群の個数から生まれたと考えられる．

　一方，二十八宿は，28 個からなる古代中国の代表的な星座である．これは，月が星々の間を一周する周期が 27.33 日（恒星月という）であることからきているにちがいない．月が 1 日ごとに通過する星群の数を数えて二十八宿が誕生したのだろう．中国の場合，27 個の星座にしなかったのは，28 個であれば中国人が重視した東西南北の 4 方位にもうまく配当できるからだったのではないだろうか．

黄道の概念

　次に，黄道という考え方がどのようにして生まれたかであるが，星々の間を運行する月・惑星の通り道として認識されたのがおそらく始まりだった．月・惑星の，目に見えない通り道を天球上に定めるのに，初期には，通り道近くにあり目立つ星，または "星の群"（asterism）[12]を利用したと思われる．つまり，星々の黄緯の値が黄道を基準にして測定によって決められたのは後の時代で，最初は逆に，いくつかの星の群または「宿」から黄道までどのくらい離れているかを目測か，原始的な器具で求めていたと思われる．そう推測する 1 つの根拠は，たとえば，『天文要録』（7 世紀中頃）という中国の天文占書の中で引用されている古代の記述である．各二十八宿から月・惑星の通り道までの南北方向の角距離が示されているが，大部分は数度という大き

---

10) この場合は，数年に 1 回，余分の月である「閏月」を入れて，実際の季節と暦の上での季節がずれないように調整した．

11) 殷王朝の中心地，殷墟から発掘された．亀の甲羅や牛の肩甲骨に刻まれた占いのための文書で，天文記事も多数含まれる．甲骨文字は漢字の原形でもある．

12) 現在の星座に相当する英語はふつう constellation である（"ともに" を示す接頭語 con-と，星を表わすラテン語 stella からきている）．それに対して，星座の一部や古代からの星の群のことを，天文学史では asterism と呼ぶことが多い．

16 第1章 星座の誕生と歴史

な誤差を伴っていて，日測で得た値である可能性が高い[13]．しかも，度ではなく，「尺」という古い角度の単位で与えているのである[14]．このことは，当初は星の群を元にして黄道という概念が形成されたことを物語っている．

　現在の黄道は，天球上の太陽の通り道として定義されている．しかし，星は昼間は見えないから，星々に相対的な太陽の位置は直接には知りようがない．そこで，古代人は，太陽から角度でおよそ90度，または180度，東西方向に離れた空に見える星，つまり，日の出直前か日没後，あるいは真夜中に真南に見える星を基準にして，太陽の黄経・赤経を逆算して求めたのだった．この優れたアイデアは主として中国で太古の時代から広く行なわれたが，メソポタミア，エジプトにも似た例は見られる．

黄経・赤経の原点

　天体の経度を測る原点は現在は春分点だが，本来，黄道と赤道の2つの交点である春分点か秋分点かのどちらでもよいはずである．古代の中国では，新年の初めを春分や冬至にとっている．これは，寒くて薄暗い日が続き，農作物が収穫できない長い冬から，動植物，人間が活発に活動を開始できる季節に移り変わる春分を祝って，年の初めにしたのだと思われる．天球上の春分点を黄経・赤経の始点に採用したのも，おそらく同じ考え方に基づくのだろう．これに関連する話題として，秋分点における黄道十二宮星座の問題がある．

　ギリシアの黄道十二宮星座では，元来はてんびん座はさそり座の一部だったが，後の時代にさそりの爪の部分から分かれて，独立な星座になったとされる．現在の秋分点はほぼおとめ座付近にあるが，古代（紀元前2000年頃）には歳差のためにてんびん座付近にあった．"てんびん"は釣り合い，均衡を象徴する図像である．そのために，昼夜平分（昼と夜の長さが同じ）になる秋分点にてんびん座が創作されたと多くの本では説明している[15]．しかし，

---

13) 中村士，天文占書中の数値データ検証の試み，『東洋研究』，第205号，4節（2017）．
14) 角度という観念がなかった古代人は，遠方の天体の見かけの大きさを表わすのに，地上の長さの単位を用いた．おおよそ1尺は1度に相当することが，過去の天文記録の分析から示されている．
15) たとえば，前掲，原恵，『星座の文化史』（1982）．

昼夜平分になるのは秋分点だけではない．春分点でも同じことであり，なぜ秋分点にてんびん座が選ばれたかの納得のいく説明にはなっていない気がする．

星座の起源に関する３つの型

　星座の起源は，これまで述べてきた西欧と中国のもの以外に，ユーラシア，北米，南米，ポリネシア・ミクロネシア，アボリジニ（オーストラリア），イヌイット（北極圏）などがいままでくわしく調べられている．それら世界中の古代星座からその起源に関する特徴を取り出してみると，次の３つの型に分類できるように思われる．

(1)　星群の中の個々の星に神，人，動物を配当し，それらの間で物語・神話によって関係づけるもの，

(2)　１つの星群全体に対して，神話にでてくる人・動物の図像および，建造物・器物などの図形を当てはめるもの，

(3)　星群が構成する星座の形に，日常的に使う道具・物の形を対応させるもの．

第１の型

　まず（1）の場合であるが，各民族に伝わる星座にはこのタイプのものが圧倒的に多い．とくに，北米の先住民やユーラシア辺境民族の星座にはこの種の星座物語が顕著である．夜ごと天空に輝き，相互の配置がまったく変わらない星々は，原始人類にとって正体不明の超自然的な存在であり，畏敬や信仰の対象と見なされたのはごく自然なことだった．そのため，それぞれの星を擬人化したり，彼らの神，神話・伝説に関係する人物になぞらえたりしたのも十分理解できる．その意味で，星座の起源に関する３つの型の中では，このタイプ（1）がもっとも太古の時代から行なわれたのではないかと私は想像している．

　たとえば，いくつかの星が小さくまとまったプレアデス星団[16]（日本名は

---

16)　天文学では，星々が空間的に密集しているものを「星団」と呼ぶ．プレアデス星団は，大きな望遠鏡で見ると数百個の主に青い星の集まりであり，星々は集団で生まれることを示して

すばる）は，古代人類に強い印象を与えたらしく，たいていの民族の間でこの星団についての伝承，神話が残されている．プレアデス星団を 7 人の姉妹の物語にまつわる星座とするのは，古代ギリシアに限らず，北米を含む多くの地域に共通する世界的な傾向らしい[17]．この星団の星は，肉眼では一般に 5 個から 8 個が見えるが，なぜか星座の場合，どの地域でも 7 人姉妹とされる．これには何か共通な理由があるのかもしれない．

　もう 1 つの例は，北斗七星である．この 7 個の明るい星からなる星の群を，1 個の星座として見るのではなく，個々の星を熊とそれを追う数人の猟師になぞらえる見方が，ユーラシアと北米インディアンの両方の星座にあるという[18]．熊は新旧両大陸のどちらにもいる大型獣だし，猟師も特別な人々というわけではないが，熊と猟師という組み合わせが両方で共通しているのは，偶然にしては少し話が合いすぎる気がする．

　約 1-1.5 万年前，最後の氷河期が終わったが，それ以前の北半球の多くは氷河に覆われ，現在シベリアとアラスカを隔てるベーリング海も，海面が低下してベーリンジアと呼ばれる陸橋でつながっていた．一方，10 万年以上も前にアフリカ北部から出発して各方面に進出した現生人類の先祖は，2-1.5 万年前にはシベリアの東端に到達した．そして，1 万数千年前頃になると，人類はベーリンジア陸橋を渡って，北米の西海岸沿いからロッキー山脈の切れ目に開いた“無氷回廊”を通って，北米の五大湖付近や東海岸方面に広がっていった．彼らが現在の米国先住民の先祖になったとされる[19]．一方，北米の西海岸沿いをさらに南下したグループは，メキシコや南米にまで到達したらしい．これはいまでは，考古学的にも人類学的にもほぼ確立された話とされている．

　もしそうであれば，プレアデス星団や北斗七星に関する星座の起源が，ユーラシアと新大陸で共通することが，あるいは説明できるかもしれない．つまり，北米に移住した古代の人類が，これら星座についての伝説・神話を旧

いる．
17) 後藤明，『天文の考古学』(2017).
18) たとえば，日本民話の会・外国民話研究会編訳，『世界の太陽と月と星の民話』(2013). この熊の場合，現在のおおぐま座の熊（Ursa Major）とはたぶん関係はない．
19) 関雄二・青山和夫編著，『アメリカ大陸古代文明事典』(2005).

大陸から携えて行ったという可能性である．これを証明するのはおそらく困難だろうが，星座の起源に関する魅力的な1つの仮説ではなかろうか．

第2の型

次に，1つの星群全体を神話や伝説の登場人物，動物などの星座に見立てる（2）の場合を考えよう．この典型がギリシアの星座である．ギリシアの大天文学者トレミー（プトレマイオス）が著わした『アルマゲスト』に，48個の星座の一覧表が載っている（表5-1を参照）．現在の星座名とほぼ同じ名の各表題に続いて，その星座を構成する星の位置を，たとえば尾の上とか尾の付根などと記しているから，トレミーの時代にはすでに星々の配置と星座の図像との対応はだいたい確定していたにちがいない．星座の星々の一まとまりの形からは，私たちには想像もできないような物語，神話と結びついているものが多い．しかも，主神ゼウスをはじめとして，ギリシアの神々の不道徳な行為の結末が星座になっている場合が少なくない．これはおそらく，それよりずっと昔から伝わっていた伝承，ギリシア神話を，ある時代に強い影響力のあった個人の作家か詩人，または少数の学者が，豊かすぎる想像力を働かせて星座の体系にまとめ上げた結果だろうと私は推測する．

中国の星座には時代変遷があったが，ギリシア星座の場合は『アルマゲスト』からほとんどそのまま西欧世界に受け継がれてきた．このように，2000年間にもわたって古代星座の体系が変わらずに伝えられてきたことを見るとき，ギリシア文明の影響力の大きさにいまさらながら驚かざるをえない．

第3の型

最後に，星座の中の星々の配置に，日常的に使う道具・物の形を対応させる（3）の場合を考察してみる．例として北斗七星を取り上げよう．この"斗"は長い柄のついたひしゃくのことで，私たち東アジアの人々にとってこの星座の形から連想する日用品としてはごく自然なものであろう．一方，古代の中国では，北斗七星のことを皇帝（または天帝）が乗る乗り物とも見なしていたことが前漢時代の石刻絵図からわかる（図1-7）．また，図はないが，ムル・アピンのリスト中に"荷車"という名の星座があり，これも北

20　第1章　星座の誕生と歴史

図 1-7　北斗七星を，皇帝（または天帝）を運ぶ乗り物に見たてた星座図（原図は武梁祠の石刻画）．北斗の柄の2番目の星ミザールに付いている小星は中国では輔星と呼ばれた（羽の生えた小人がもつ星，アルコルのこと）．

斗七星に想定されている．

　もう1つの例はオリオン座である．ギリシアの星座では勇敢な猟師オリオンのベルトの部分にあたる三ツ星は，中国の二十八宿では単純で，数字の3を意味する「参」（星座の場合は"しん"と読ませる）である．日本の古い星座名ではつづみ（鼓）星などとも呼ばれるが[20]，この呼名がオリオン座の星々の配置からきていることは日本人には明らかだろう．ところがインドネシアでは，昔からオリオン座は牛に引かせる農具のワクル，つまり鋤に見たてられていた（図 1-8）．この星座が横倒しになって明け方に地平線から昇ってくる時期が，農作業を始める季節だったからである．そのほか，ムル・アピンには，杖，くびき，弓，天秤，舟，などの星座名が見られるが，これらも (3) のタイプに属する可能性が高い．

　以上見てきたように，星座の起源における (3) のタイプは，それぞれの民族が慣れ親しんだ日常的な用具，生活習慣を反映していることが了解される．そのため，人間の高度な精神活動や心理状態に基づく (1) 型の星座よ

---

[20] 前掲，野尻抱影編，『星座』(1964).

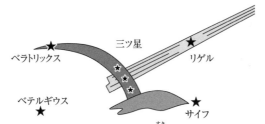

図 1-8 インドネシアの星座,ワクル(鋤).オリオン座に相当する.

り,素朴で単純な (3) 型の方が起源が古いと思われる読者がいるかもしれない.しかし,私は逆に,(3) の星座の起源の方が,時代が (1) より新しいのだろうという気がする.なぜなら,(3) の星座名になっている道具類・乗り物などの多くは,人類が食物を狩猟・採取する生活から,定住して農耕を行なう社会に移行した約1万年前(「農業革命」,または「新石器革命」と呼ばれる[21])に発明されたと推定されるからである.これよりずっと以前,おそらく類人猿の時代から,彼らは夜空にきらめく星々を眺めて,頭の中の空想や想像の世界をそれらに結びつけていた,それが (1) 型の星座になったにちがいない.

岩に刻まれた小孔の模様は星座か

いままで述べてきたのは,星座に関する物語・図像が楔形文書,甲骨文などに記された時代の話だった.他方,岩の壁面,洞窟内,大きな岩石の表面に,一見星々を描いたように見える,小さな点,または窪みの集まりが,世界の各地に見つかっている.中には,点同士を線でつないであり,いかにも星座のように見えるものさえある.これらは,古代人が天の星々の配置をそのまま岩絵に写し取ったものなのだろうか.もし,そのような記録で信頼できるものが見つかれば,星座の起源を,いままで上に紹介してきた時代よりさらにさかのぼらせることができるだろう.だが,残念ながら現在までのところ,大多数の考古学者や天文学者を納得させる星座の岩絵は発見されていない(図 1-9)[22].

---

21) 伊東俊太郎,『伊東俊太郎著作集 文明の画期と環境変動』,第9巻(2009).
22) たとえば,2006年に中国の内モンゴル自治区で,岩に刻まれた新石器時代の北斗七星の絵

22　第1章　星座の誕生と歴史

図 1-9　内モンゴル自治区で 2006 年に発見された，北斗七星とされる岩絵．

　たとえば，旧石器時代の終わり，1-1.5 万年以上昔のスペインにあるアルタミラ洞窟の壁画を考えてみよう[23]．そこに描かれた，実に巧みで写実的な，馬，野牛，トナカイなどの絵に比べれば，古代人が，たとえば北斗七星の星の配置だけを小さい穴で岩に刻むのは一見簡単なことだったように思われる．しかし事実はおそらくそうではなかった．日常生活で親しんでいる目の前の獣・家畜や仲間の人間を描くことと，暗い夜空に散在する，ただ光るだけの点を絵にすることとは，古代人にとってはまったく違うことだったのではないだろうか．

　私たち現代人が，岩にうがたれた 7 個の小さな穴を北斗七星を表わすと認識するのは，それら 7 個の点がつくる図形の姿が，真の北斗七星の配置とおよそ相似しているからだろう．言いかえれば，実物の形と描かれた絵の形が同じ物を表わすとわかるためには，両者の形が幾何学的な比例関係をなすという暗黙の前提条件が私たちの頭の中にあるからだと私は思う．明暗，色合い，質感など，目に映る物体のさまざまな特性の中から，形の相似性という

が見つかったと報じられた．インターネットに載った写真（図 1-9）では，確かにおおぐま座の 7 つ星に近い形にも見えるが，その後この話がどう進展したかのニュースはないようである．
http://www.china.org.cn/english/features/Archaeology/178148.htm

23)　ジューリオ・マリの『古代文明に刻まれた宇宙——天文考古学への招待』（上田晴彦訳，2017）によれば，アルタミラの洞窟画で，野生動物と一緒に描かれたいくつかの点の集まりを星座と解釈する考古学者もいるという．

抽象的な特性のみに注目することによって初めて，星座のような手の届かない対象も絵として描くことができるようになる[24]．しかし，そのような観念がまだなかった古代人の作品は，たとえ彼らが星座を描いたつもりでも，それを現代人の私たちが星座と理解するのはおそらく難しい．

　北極を中心に回転する北斗七星，プレアデス星団，オリオン座などは，原始人類の心に，私たちよりもずっと強い印象を与えたにちがいないから，彼らはそれら星々をもなんとか絵に描こうと試みたはずだ——この判断にはおそらく異論はないだろう．しかし私たちは，比例とか相似とかの観念にとらわれているため，原始人が描いた岩絵が星座かどうかを正しく見分けられないのだと私は考える[25]．将来，そうした岩絵が，たとえば，他の天文学的な遺跡や証拠と一緒に発見された場合に，星座を岩に描いたことが初めて実証されるのではないだろうか．

24）　大きさや長さなど，物の量を，比例関係を利用して図式化する典型的な手法はグラフである．このグラフ表示の歴史は驚くほど新しい．フレンドリーら（Friendly, M. *et al.*, The first (known) statistical graph: Michael Florent van Langren and the "secret" of longitude, *The American Statistician*, Vol. 64, No. 2, 1-12, 2010）によれば，比例関係に基づいたグラフを 1644 年にヨーロッパで初めて発表したのは，最初の月面図を制作したオランダの天文学者ラングレン（M. F. van Langren, 1598-1675）だった．スペインのトレドからローマに至る間の町々の経度値を 1 次元のグラフとして図示したのである．

25）　星の明るさについても似たような事情があることは，第 2 章で述べる．

2

★古代中国の星座と二十八宿★

　前章では，星座の発祥についての全般的な話題と，それらの理解に必要な天文学の基礎をいくつか述べた．この章は，古代中国の星座の起源と歴史とを概観する．古代星座を含む中国天文・暦学史の研究は，日本では京都大学で長い伝統があり，西欧人の間でも主に 19 世紀後半から多くの優れた研究がなされてきた[1]．

　中国の古代文明は黄河中流域の華北地帯で紀元前 4000-紀元前 3000 年頃に誕生した．メソポタミア，エジプトにならぶ古い歴史をもち，黄河が運んできた肥沃な黄土の恩恵を受けているため黄河文明ともいう．紀元前 2000-紀元前 1500 年頃には，農耕と彩色陶器で特徴づけられる多数の邑と呼ばれた漢民族の都市国家が形成された．やがて，これら都市国家を統一支配する王が現れる．司馬遷が著わした中国古代の歴史書『史記』は，その最初の王朝を夏王朝と伝えているが，実在したかどうかの証拠はいまだ確認されていない．現在，考古学的調査で確かめられている最古の王朝は殷王朝で，その都の遺跡が殷墟（現在の河南省の最北部にある安陽市近郊）だった．殷は紀元前 17 世紀頃におこり，殷に隷属していた周によって紀元前 11 世紀の中頃に滅ぼされた．周の都は鎬京（現在の西安付近）である．紀元前 8 世紀になると，西からの異民族の侵入を受けて，東の洛邑（現在の洛陽）に都を移す．その後，周の勢力は衰えて紀元前 3 世紀まで乱世が続いた．その前半を春秋

---

1)　それらの主要な研究者は，新城新蔵，上田穣，能田忠亮，藪内清，ニーダム（J. Needham）らである．彼らの著作は巻末の参考文献に記した．

時代（紀元前 770-紀元前 403 年），後半を戦国時代（紀元前 403-紀元前 221 年）と呼ぶ．やがて紀元前 221 年に至って秦が強大になり，秦の始皇帝が中国を統一することになる．

2.1 甲骨文中の天文記事

甲骨文

　19 世紀末に，文字を刻んだ古代の骨（その頃は竜骨と信じられた）が殷墟近くで見つかり，1903 年に出版された図録によって，「甲骨文字」として知られるようになった．この文字は私たちが使う漢字の先祖であり，中国最古の文献史料でもある．現在知られる最古のものは紀元前 14 世紀頃までさかのぼるとされる．なお，殷王朝という呼び名は，その後の周が滅ぼした先代王朝のことを殷王朝と記したのであり，甲骨史料の中では殷王朝のことは「商」と書かれ，殷という言葉は出てこないそうである．

　出土した甲骨史料の解読研究から，それらの大部分は，当時の為政者が政治を行なう際のト占の目的に使われたことがわかってきた[2]．亀の甲羅の裏か，牛の肩甲骨などに小刀で占い事を甲骨文字で刻み，熱を加えたときにできるひび割れの様子で占った．占いが当たったかどうかの結果と解釈も後から追記された．占いの内容は，政治や軍事的なもの以外に，凶作・豊作の判断，雨乞いの祈願など天候に関するものも多数見られる．典型的なト占文のスタイルは，ある干支[3]の日に占い人が占う，という句で始まり，占い・祈願の文，王の言葉，占いの結果と解釈，の順であるが，全部の要素が記されていないト占文の方がずっと多い．

---

2)　殷代の末期には，ト占ではなく，記録や契約のために記された甲骨文も見られるという（NHK 取材班編，『NHK スペシャル，中国文明の謎』，2012）．現在では，甲骨片の総数は約 15 万点が蒐集されている．

3)　日の干支とは，古代中国から行なわれた独特の日の数え方．十干は甲・乙・丙・丁・戊・己・庚・辛・壬・癸，十二支は子・丑・寅・卯・辰・巳・午・未・申・酉・戌・亥である．この両者を頭から順に並べると，甲子（訓読みは，きのえね），乙丑（きのとうし），…，壬戌（みずのえいぬ），癸亥（みずのとのい），と 60 種類の組合せができる．これを「60 干支」といい，後期の甲骨文の中には 60 干支を表の形で示したものさえある．甲骨史料には 60 干支による日付の記載例が多数見られる．

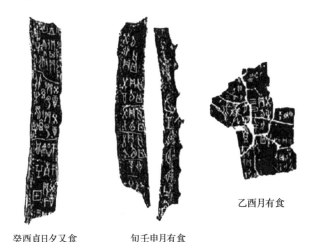

癸酉貞日夕又食　　旬壬申月有食　　　乙酉月有食

図 2-1　甲骨文史料中の日食・月食の記事．各図の下の漢字は解読された天文記事を示す．

これら甲骨史料の中に，日の干支など，暦日と，天文記事に関する記載も多く含まれていた．後者の例は，日食・月食，新星[4]の出現などである（図2-1）．とくに，殷代の暦日と暦については，董作賓の研究が重要な基礎を提供した．

董作賓の『殷暦譜』

　董作賓（1895-1963）は大学卒業後，南京の中央研究院歴史語言研究所に勤務し，1928 年から 1937 年まで殷墟の発掘を主宰した．甲骨文の研究を甲骨学として大成した人物である．董は，暦日を記した数少ない甲骨史料を駆使して，殷代の暦法に関する手がかりを求め，殷代の年暦譜の復元を試みた．それらの成果は，第 2 次世界大戦中の困難な時期に『殷暦譜』（1945 年）として出版された．

　中国古来の伝統的な暦法は，太陽による季節変化と月の満ち欠けの両方を考慮した「太陰太陽暦」である．太陰太陽暦では，1 カ月の日数は 29 日（小の月）と 30 日（大の月）がほぼ交互に現われる．この日数で 1 年を 12 カ

4）　ここでの新星は，それまで何も見えなかった天の一角に突然星が一時的に輝きだす現象を指すが，現代天文学では「新星」と「超新星」とはまったく別の現象である．

月にすると，やがて実際の季節と暦面上の季節がずれてくる．この不都合を避けるため，数年に1回，余分な「閏月」を入れて修正した[5]．ところで，甲骨文中の月名には，1月から12月までのほかに「13月」が見られた．この13月は，年末におかれた閏月と見なす以外に解釈の方法がない．よって，殷代の初め，武丁王の時代からすでに太陰太陽暦が採用されていたことが確実になった——この点を明らかにしたことが董作賓の最大功績とされる．彼は自身の発見を発展させ，甲骨文中の月食記事などを利用して，殷王朝の成立から滅亡までの暦年譜も作成した．

　ただし，この殷代年譜の復元についてはその後いろいろ反対意見が出て，現在では広く支持されているとはいえない．その理由は，董の暦年譜はもっと後世の中国暦法を暗黙に仮定している，甲骨文中の月食記事の同定が確実なものかどうかわからない，各月の初めを細い三日月が見え始める新月[6]ではなく，朔の日（月と太陽とが同じ方向にくる日）にとっている，などだった．とはいえ，甲骨文の研究者である王国維，郭沫若，羅振玉らに比較しても，董作賓の甲骨学への貢献はとびぬけていたといえるだろう．

2.2　中星

　甲骨文の最古の新星記録は次のように述べていた．「七日己巳の夕方に，明るい新星が「火」という名の星と並んで出現し，その後消えた」．時代は紀元前1300年代頃と推定される．この「火」という星は，赤い明るい1等星であるアンタレス，さそり座のアルファ（α）星と見なされていて，中国の星座名に関する記述としてはもっとも古いものの1つである（図2-2）．

堯典の四中星

　『尚書』（宋代以降は『書経』と呼ばれた）は中国最古の歴史書で，その内

5）　太陰太陽暦では1年の平均的な日数は29.5×12＝354日で，1太陽年の長さ365日より約11日短い．この差は3年で33日（ほぼ1カ月）になる．そのため，約3年ごとに閏月を入れる必要があった．

6）　古代文明では，毎月の初めを，細い三日月が見え始める「新月」にとる方が一般的だった．イスラムの太陰暦では現在でも，月の初めを三日月の観測によって決めている．

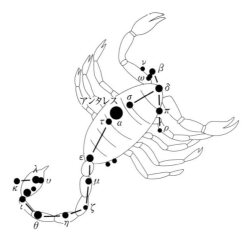

図 2-2 さそり座の 1 等星アンタレス．アンタレスは，"火星に似た赤い星"を意味するギリシア語に由来する．ヨーロッパ各国語では，「さそりの心臓」という固有名もよく使われた．

の 1 篇が尭(ぎょう)という伝説上の天子の事跡について記した「尭典」である．この中に，尭が天文学者の羲和(ぎか)に命じて天文観測をさせ，春夏秋冬の季節を定めさせたとして，次の記事が載っている．

　　日ハ中，星ハ鳥，以テ仲春ヲ殷(ただ)ス．
　　日ハ永，星ハ火，以テ仲夏ヲ正ス．
　　宵ハ中，星ハ虚，以テ仲秋ヲ殷ス．
　　日ハ短，星ハ昴，以テ仲冬ヲ正ス[7]．

意味は次の通り．「昏」（薄暗い日暮れ）のときに，
　昼の時間が中ぐらいで「鳥」という星が真南に見える時期が春分の日を決める．
　昼の時間が永く「火」という星が真南に見える時期が夏至の日を定める．
　夜の時間が中ぐらいで「虚」という星が真南に見える時期が秋分の日を

---

7) 能田忠亮，東洋古代における天文暦法の起源と発達，『明治前日本天文学史』，第 1 編第 1 章（1979）．

決める.

　昼の時間が短く「昴」という星が真南に見える時期が冬至の日を定める.

　これら季節の指標としての星が南中することを「中星」と呼ぶ. つまり,
鳥, 火, 虚, 昴の4星が昏の時刻に南中するのを見て季節を正したのである
(これら4星がどの方角に見えるかで夜の時刻をある程度知ることもできた).
堯典の四中星は, 後で述べる二十八宿の一部で, 鳥は張宿（または星宿）,
火は心宿, 虚は虚宿, 昴は昴宿の中の目立つ星であることはほぼ異論がない.
とくに「火」という星は, 甲骨文の新星記録にも出てきた, さそり座の α
星と同じ星を指すのは確実で, その異様なまでに赤い星の色が, 太古の時代
から中国人に強い印象を与えていたことがわかる[8]——「火」という呼び名
は, 赤い色に由来するのだろう. そのため, 古代中国で太陰太陽暦が出現す
る以前には, この「火」星の季節による見え方に基づいた原始的な暦が存在
したと想定し, 火暦, 大火暦などと呼ぶ研究者もいる[9].

　星々の季節ごとの見え方は, 歳差現象のために時代によって違うことを第
1章で述べた. そこで, このことを利用して, 堯典の四中星がいつの年代の
観測であるかを決定しようとする試みがかなり以前から行なわれた. たとえ
ば, フランスのゴービル（A. Gaubil）は紀元前 2800-紀元前 2550 年頃[10], 能
田忠亮は紀元前 2000±250 年頃[11], 中国の竺可槙は紀元前 1000 年頃[12], 飯
島忠夫は中東からの影響のもとで紀元前 400 年頃に成立[13]したとしており,
研究者によって推定に大きなばらつきがある[14]. これらの結果に対して藪内
清は,「昏」（日暮れ）という時刻が観測地の地方時でいつに相当するかはよ
くわからないこと, 鳥, 火, 虚, 昴という4星も単なる星座名なのか, 星座

---

8) 11 世紀, 北宋時代の学者沈括は, 北極星は星の長,「火」は二十八宿の長と述べている
　（『夢渓筆談』, 巻七の象数一, 第 120 段, 1978）.

9) たとえば, 島邦男,『五行思想と礼記月令の研究』(1971), 成家徹郎,『中国古代の天文と
　暦』(2006).

10) Gaubil, A., *Traité de l'astronomie Chinoise* (1732).

11) 能田忠亮,『礼記月令天文攷』, 東方文化学院京都研究所研究報告, 第 12 冊 (1938).

12) 竺可槙, 論以歳差定尚書堯典四仲星年代,『科学』, Vol. 11, No. 2, 100-106 (1926).

13) 飯島忠夫, 支那の上代における希臘文化の影響と儒教経典の完成,『東洋学報』, 第 11 巻,
　No. 1, 183-354 (1921).

14) 近年, Sun らは紀元前 2350±250 年を主張している. Sun, Xiaochun and Kistemaker, J. *The
　Chinese Sky during the Han*, Chap. 2 (1997).

30 第2章 古代中国の星座と二十八宿

の中の個々の星を指すのかが不明なこと，現在私たちが読める「堯典」は，そこに記された時代よりじつはずっと後世に書かれたと考えられること，などの理由を挙げて，四中星の記録から年代を推定するにはいくつかの仮定が必要になり，あまり意味がないと批判した[15]．しかし，いずれにしても，四中星の観測年代は甲骨文が記された殷代か，またはそれ以前までさかのぼる可能性はやはり高い．

日暮れに南中する星，中星を観測して季節を知る方法は，1.5節でもふれたが，太陽から経度で東に90度離れた空に見える星を利用する，中国独自の優れたアイデアだった．これに対して，古代エジプトでは，夜明け前にほぼ太陽と一緒に東の地平線から昇ってくる，全天でもっとも明るい恒星，おおいぬ座のシリウスを観測して季節を決めていた．これを「ヒライアカルの出」（日の出前出現，heliacal rising）という．この現象を利用して，エジプトでは1年の長さを365日と4分の1とする太陽暦が早くから用いられた（シリウス年，ソチス年と呼ばれる）．この頃のエジプトでは，ヒライアカルの出はちょうどナイル川が氾濫する時期の始まりにあたっていた．ナイル川の氾濫は上流から肥沃な土壌を中下流域にもたらす．そのため，ヒライアカルの出は農作業開始の季節であると同時に，新年を祝う重要な節目とエジプト人は見なしたのである．1.3節ですでに紹介したが，似たような現象が，メソポタミアのムル・アピン文書にも，日の出前に東の地平線に昇る星のリストとして掲載されていることは興味深い．ただし，ヒライアカルの出を起こす星々は歳差のために時代によって異なるので，現在のエジプトではシリウスの日の出前出現とナイル川の洪水とは一致しないことに留意してほしい．

2.3 中国の古代星座

1.3節でも述べたように，現在では星座とは，1928年に国際天文学連合が決めた88個の星々のグループのことを一般にはいうが，中国で「星座」という漢語が文献に現われるのは唐代以降だそうである．それ以前には，二十

---

15) 藪内清，『中国の天文暦法』，第I部2章および5章（1969）．

八宿のことを「星宿」,他の星座は「星官」(または天官)と呼んで区別していた.後者の呼び名は,古代中国の官位制度と社会組織を星の世界に反映させて名づけられたことからきている.本書では,混乱の恐れがない限り星宿と星官をまとめて星座と呼ぶことにする.

北極中心志向

中国では,専制君主が国家を支配する根拠として,「観象授時」と称する政治思想が有史以前の伝説に属する堯帝・舜帝の時代から非常に強かった.たとえば,『尚書』には,「うやうやしく天の意思に従い,日月星辰を観て,謹んで人民に時を授ける」という意味の文言が見られる.つまり,地上の皇帝は天帝の意思を代行してまつり事,政治を行なう(天子という言葉も同じ趣旨である),そのため,天帝の意向を見落とさないように,天文職の者に絶えず夜空を監視させた.また,王朝の交替時には,新たに天命を受けたことの証として,人民に授ける新暦の採用など,諸制度を改めさせた.これを「受命改制」と呼ぶ.こうした古代中国に特有な政治観の背景には,天と地

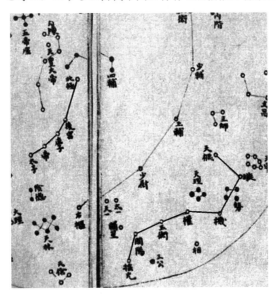

図 2-3 『新儀象法要』中の北極中心円図の一部.見やすくするため,北極五星と北斗七星の連結線は筆者が描きなおした.

32　第2章　古代中国の星座と二十八宿

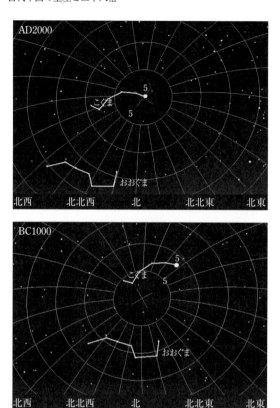

図2-4　西暦（AD）2000年と紀元前（BC）1000年における天の北極（中央の＋印），こぐま座の北極星（○印），および北斗七星との位置関係．プラネタリウムソフト，ステラナビゲータ（Ver. 6）で描いた．

上の人間とは互いに影響を及ぼし合うと儒教が説いた，「天人相関の説」の考え方があったのだろう．

　それでは，天帝の居場所は天のどこなのだろうか．それは天の北極域だった．すべての星々は，日周運動によって天の北極を中心に回転する．一方，地上の政治や社会も支配者たる皇帝を中心に動く．だから，太古の時代の宮廷天文学者が星々を命名したとき，皇帝が住む宮廷と廷臣らの官職，施設，政治制度の組織などを神聖な場所と見なした天の北極域に投影して考えたことはごく自然なことだったろう．

科学的な中国星図としてはもっとも古い，11-13 世紀の宋代に制作された「淳祐天文図」や『新儀象法要』中の星図によれば，現在の北極星（こぐま座 α 星）を含む 1 つの星座を天帝の居所と見なしていたことがわかる（図 2-3）．図 2-3 で，北極と書かれた北極星に連なる星々（「北極五星」と呼ばれた）に，皇帝の一族名である，後宮（皇后の意），庶子（皇后の子息），帝，太子（皇太子）と順に記されているのがそれである．私たち現代人の感覚では，もっとも目立つ明るい星 α 星を天帝に選びそうな気がするが，「帝」と書かれた星はなぜかこぐま座ゼータ（ζ）星という暗い 4 等星だった．また，不思議なことに，隣りの星座にも天皇大帝という名が見える（「帝」の星を天皇大帝と書いた史料もある）．

しかも，いまでこそ，こぐま座は天の北極にあって日周運動の中心であるが（図 2-4，西暦 2000 年），「帝」などの星名が誕生したと考えられる紀元前 1000 年頃の時代は，図 2-4（紀元前 1000 年）でわかる通り，こぐま座も北斗七星（おおぐま座）も天の北極からおよそ等距離でかなり離れており（角度で 15 度くらい），回転中心の付近には目立つ星はなかった．だから，こぐま座の部分がなぜ天帝の座に選ばれたのかはよくわからない．第 1 章の終わりでも注意したように，私たちとは異なる古代人特有の判断基準があったと想像されるが，私たち現代人には理解しがたい．あるいは，中国の古星座はもともとがいくつかの原資料からの寄せ集めだったため，その名前が不統一になった可能性もある[16]．

中国星座の変遷と特徴

ここで，12 世紀頃までの中国星座の歴史と特徴とを概観しておこう．二十八宿以外の星座を最初にまとめて記述したのは，『史記』の中の天官書（紀元前 91 年頃の成立）である．著者は，前漢の武帝時代の歴史家で天文学者だった司馬遷（紀元前 145-紀元前 87 頃）で，後漢の『漢書』天文志（西暦 92 年頃）も『史記』の内容を踏襲している．この時代には二十八宿も含めた約 118 星座，星の数は約 780 個が知られていた．星座名の大部分は，すで

---

16) 大崎正次，『中国の星座の歴史』，中国星座論の章（1987）．

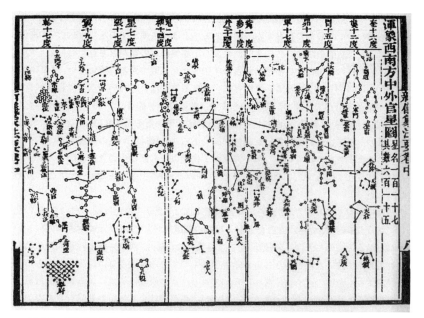

図 2-5 『新儀象法要』(1092 年) 中の長方形星図. 西の半分で, 中ほどの横線が天の赤道. 中央付近右の赤道上に参宿 (オリオン座) の三ツ星が見える. 図の上端に, 各宿の距星の宿度が記されている.

に上で述べたように, 宮廷の官職, 組織, 文物の名が多く, 中国の中央集権的官僚国家の体制を天に投影した姿になっている.

次に, 8 世紀の唐代に編纂された天文占書, 『開元占経』では, 297 星座, 1,442 星と数が大幅に増えた. このことから, 『開元占経』に収録された星座の多くは, 後漢 (25-220 年) 以降に追加されたと推定できる. これら星座と星の数は古代ギリシアのものよりかなり多い反面, 中国星座の大部分は西洋のものに比べて小さいのが特徴である. 1 星しかない星座も少なくない. また, 中国の星表の場合, 17 世紀初めに西洋の天文学知識がヨーロッパ人宣教師によって中国に導入されるまでは, 星の明るさ (等級) をほとんど考慮しなかった点も, ギリシアの星表と比較して大きな違いだった. その理由は, 中国天文学が日・月, 惑星の天球上の見かけの動きだけに興味があり, 星の正体は何かなど, 物理的な特性にまったく関心をもたなかった伝統のためだろう.

唐代の著作でもう1つ注目すべきは『歩天歌』である．この著者は6世紀末頃，隋の丹元子（丹元子は王希明の筆名）と伝えられる．星座名を覚えやすいように漢詩の形にまとめた書物で，古代ギリシアのアラトス（Aratus）による星座詩，『ファイノメナ』（*Phaenomena*）の中国版といってもよいだろう．『歩天歌』の星座は，その後の宋代，元代の星座とだいたい同じであるから，中国星座の体系は唐・宋の時代に確立されたということができる．

宋代（960-1279年）・元代（1271-1368年）は，有能な天文学者を輩出し，星の位置観測の技術も大きく進展した時代である．それに伴って，現代の眼で見て科学的といえる最初の星図が宋代に初めて現われた．蘇頌が1092年に著わした『新儀象法要』の星図である．印刷された星図としては最古といってよい．北極中心の円図（図2-3参照）と赤道が中央に記されたメルカトル地図のごとき長方形図からなる（図2-5）．西欧で用いられたような円筒投影法[17]は使っていないが，形式的にはヨーロッパ近世の星図に近い．

もう1つ，この時代の中国星図でもっとも名高いものに，石刻の「淳祐天文図」（石碑のタイトルは「天文図」）がある．「蘇州（石刻）天文図」という別名でも知られている．12世紀末の原図を元に，13世紀中頃に石碑に刻まれた．天の北極を中心に二十八宿星座の境を示す経度線が放射状に出て，偏心した黄道の円と天の川（銀河）の輪郭も描かれている（図6-2を参照）．

中国星座の分類

星座の数が時代を追って増加した結果として，全天の星座をいくつかのグループに分けて整理する分類法が用いられるようになった．その1つは，「三家星座」と通称される分類である．『史記』天官書によると，戦国時代の紀元前4世紀頃，魏の国に石氏（石申）という天文学者がいた．彼が著わしたと伝えられる『石氏星経』は，多数の恒星の名前と位置データを数値で示している．この書で彼は，全天の星々を，二十八宿，および66個の星座である中官と30個の外官に分類した．石申とほぼ同時代の人である斉の甘公

17）　地球の球体に赤道で接する円筒を考え，球の中心から球面上の点を円筒上に投影する方法．地図ではメルカトル図法という．極に近い地方の形が実際より大きく引き伸ばされる欠点がある．

36 第2章 古代中国の星座と二十八宿

（甘徳）も，『開元占経』によれば，全部で約110個の星座を設けた．さらに，殷時代の伝説的な天文学者である巫咸は，40個あまりの星座をつくったとされる．

4世紀になると，呉の太史令[18]だった陳卓（生没年不詳）は占星術的な注釈を加え，この3人の天文学者による星座を1つにまとめて星図（おそらく円形の星図）を作成した．また，元嘉年間（424-453年）には，同じく太史令の銭楽之が天球儀上で，石申，甘徳，巫咸の星座に属する星々を赤，黒，白色に塗り区別したとされる．以後，この分類方法は継承され，三家星座，三色星座と呼ばれるようになった．これら三家の星座はそれぞれ全天に散らばっている[19]．

それに対して，天をいくつかの領域に分ける星座の分類もあった．その1つは，二十八宿と三垣に分類するやり方で，『歩天歌』や『宋史』天文志などに採用されている．三垣とは，紫微垣，太微垣，天市垣のことで，「垣」は囲いや城壁を意味する．紫微垣は天の北極を中心とする部分で，天帝の宮廷に相当する領域だった（北京の紫禁城も紫微垣に通じる呼名である）．太微垣は紫微垣の外側，天市垣はさらに太微垣を取り巻く領域である．

もう1つの分類は，中宮，二十八宿，外官といい，三重の同心円状に領域を定める方法である．天の北極を中心とする中宮，その外側のおおよそ赤道に沿った二十八宿，そして二十八宿より南の天域に属する星座を外官と呼んだ．この分類は，初唐の太史令だった李淳風（602-670）が用いたやり方で，彼の編纂になる『晋書』天文志，『隋書』天文志などに見られる．

この中宮，二十八宿，外官という分類は，第1章で述べたように，ムル・アピンの星々が，赤道帯であるアヌ，赤道帯より北のエンリル，赤道帯より南のエアと名づけられた3つの分野に分類されていたこととよく似ていて興

---

18) 「太史令」は本来，各王朝の国家文書を管理する高級役人だったが，後になると天文・暦学のみを扱うようになった．国家天文台の長官に相当するといってよい．

19) 大崎正次の調査によれば，三家の星座同士にはほとんど重複がない．また，石申の星座は明るい星が多いが，甘徳の星座は石申の星座の隙間を埋めるようにつくられ，巫咸の星座に至っては2人の後の落穂ひろいのような暗い星ばかりの星座である．そのため大崎は，甘徳・巫咸の星座は石申の星座ができた後に設けられたのだろうと推測している（前掲，大崎正次，『中国の星座の歴史』(1987)）．

味深い．星座の数が100個近くに増えてくると，ある星座や星が天のどこに位置するかを調べるのに，だいたいの場所をまず知る必要があった．そのために，分野を分けて分類することが洋の東西を問わず行なわれたのだろう．

敦煌星図

本節の最後に，「敦煌星図」について簡単に触れておく．1900年に中国人の道士によって敦煌の莫高窟から偶然に発見され，その後，英仏の探検家によって大量にヨーロッパに持ち出された一群の古文献を「敦煌文書」という．その中に，唐代の700-710年頃につくられたと推定される『敦煌巻子星図』があった．図2-6はその巻物状星図の一部を示す（一部の星座の星々は朱に塗られていた）．内容は，紫微垣の円星座と，赤経をほぼ十二等分した天域（十二次）に属する星座を描き，占星術と暦を兼ねた説明が添えられている．たとえば，十二月から始まり，毎月の太陽が位置する二十八宿名と，昏（日暮れ）と旦（夜明け）の中星を記している．

図2-6からわかる通り，「敦煌星図」は星図といっても，個々の星座のご

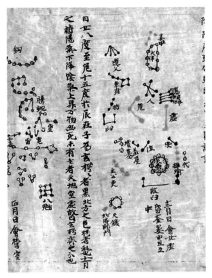

図 2-6 『敦煌巻子星図』の一部．下方に，十二月の太陽の位置は二十八宿の女と虚，昏の中星は奎と婁，などと記されている．

く大ざっぱな見取り図であり，星座同士，星同士の位置関係を正しく表わしたものではない．観測に基づいて全天を1枚に描いた星図を"森"にたとえれば，「敦煌星図」はその森に生えた"個々の草木"をスケッチ風に示したものにすぎない．よって，「敦煌星図」はしばしば最古の星図として本や論文の中で紹介されてきたが，本書が対象とするような科学的な星図とは別に議論すべき史料と私は考える．

2.4　二十八宿

前節では中国星座のいくつかの分類法を見たが，どれも二十八宿だけは独立したグループの星座として扱われていた．このことからも，古代中国の天文学においては，二十八宿はいかに特別な存在だったかがよく理解できる．実際，堯典の四中星の記事や「星宿」という独立した呼び名からもわかる通り，二十八宿は季節を知る指標としてもっとも早い時代から用いられた星座群だった[20]．

二十八宿の起源

「二十八宿」とは，おおよそ赤道または黄道に沿って設けられた古代中国に固有の28個の星座である．中国科学技術史の大家ニーダムは図を示して，紀元前2400年頃の赤道に沿っているとしているが[21]，その場合も赤道から角度で20度以上離れた宿が複数できてしまう．また，黄道に沿うと見なした場合でも，やはり20度以上離れた宿がいくつも見られることから，赤道と黄道とのどちらに沿うのか明確にいうことはできない（図2-7）．このことは，二十八宿は最初から赤道や黄道を意識した体系として生まれたのではなく，時代の異なる星座の複数のグループが不統一なままで後に1つにまとめられたことを示唆する．

事実，『開元占経』に引用された「石氏星経」の二十八宿宿度には「古度」

---

20)　二十八舎ともいう．英語では lunar lodge とか lunar mansion と訳している．「宿」は，星座の場合だけは「しゅう」と発音するのが正しいとされる．

21)　前掲，ジョセフ・ニーダム，『中国の科学と文明』，第5巻，天の科学，図94 (1991).

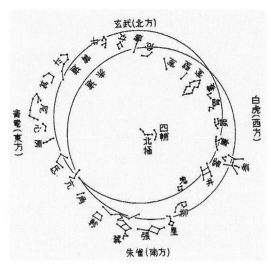

図 2-7 二十八宿の配置.「淳祐天文図」から二十八宿を抜き出した図. 古代中国の星座図はこのように, 北極を中心にした, 現代の星座早見盤のような円形の図から始まったらしい.

として, 半数におよぶ宿に対して大幅に異なる数値が注記されている (表4-2 を参照). これはずっと古い時代にできた, 二十八宿の別体系の名残りだった可能性が高い[22].

各宿の名前は, 通常はすべて 1 字の漢字,

角, 亢, 氐, 房, 心, 尾, 箕,

斗, 牛, 女, 虚, 危, 室, 壁,

奎, 婁, 胃, 昴, 畢, 觜, 参,

井, 鬼, 柳, 星, 張, 翼, 軫,

で表記されるが, 歴史的には, 複数の漢字で書いたり, 別称・あて字も使われた. たとえば, 牛宿は牽牛, 井宿は東井とも表記された.

「宿」は月が宿る 28 個の星の場所を意味する. この呼名と数字は, 月が星々の間を 1 周する平均周期, 27.33 日からきていることは疑いない. 月が

---

[22] 1977 年に安徽省で発見された前漢時代の夏侯竈墳墓から二十八宿円盤が発掘された. この円盤の周囲には宿度の数値が刻まれていて,『開元占経』中の古度の値にほぼ一致するという (藪内清,『科学史からみた中国文明』, 1982).

天を1日ごとに移動する位置の目印として二十八宿が生まれたのである。しかし、0.33日という端数があるため、単純に考えれば27宿でも28宿でもよかったはずである。事実、後述する曾侯乙墓からの発掘史料では、室宿を西縈、隣りの壁宿を東縈と記しているから、元来は「縈」宿が1つで27宿だったのが、後に西と東に分かれて28宿になったと思われる。28宿に改めたのは、中国の伝統だった、宇宙の四方位をつかさどる四神（北方玄武、東方青龍、南方朱雀、西方白虎）にちょうど7宿ずつ配当するためだったのだろう。

　この二十八宿という天の目印は、やがて、惑星や太陽の位置を示す目的にも使用されるようになったし、天文占星術でも重要な役割を演じた。7, 8世紀に著わされた初期の天文占書である、『天文要録』や『開元占経』などを読むと、動く天体である日・月と惑星がどの宿にいるかによって、非常に多数の卜占記事が古文献から引用されている。とくに『天文要録』には全50巻のうち、各宿に対してそれぞれ200個以上の占い文を記した28巻が含まれていた。

インドのナクシャトラ

　じつは、古代インドにも中国の二十八宿に相当するヒンドゥー占星術の星座体系があり、ナクシャトラ（Nakshatra）と呼ばれた。ナクシャトラと二十八宿とは歴史的に相互に関係があったのか、あったとすれば、どちらからどちらへ影響をおよぼしたのかが西欧では1800年代初頭から長い間論争のまとだった。双方ともバビロニア星座の影響を受けているという説もあり、いまだに明確な結論は出ていない。

　自然神への賛歌と宗教典礼について記したインド最古の韻文詩、「リグ・ヴェーダ」（紀元前14–紀元前12世紀頃の成立で、中国の甲骨文史料と同年代）では、ナクシャトラという言葉は単に星の意味で使われているが、後のヴェーダではいくつかの星の固有名も見られるという。ナクシャトラには、27個と28個の星を有する2つの体系があった。インド古代数学と天文学の専門家、ピングリー（D. Pingree）によれば、ヴェーダ時代のナクシャトラでは、各宿の名前が実際にどの星を指しているのかはほとんどわからない。ナ

クシャトラの表を載せている史料で，具体的な西洋の星名との対応を与えているものもあるが，これらはずっと後世につくられたらしい[23]．もしそうだとすれば，仮に紀元前1000年代以前にごく原始的なナクシャトラの情報がインドから中国にもたらされたとしても，少なくとも春秋・戦国時代の二十八宿に関する天文学的知識は中国独自のものと判断してよいように思われる．

ただし，ナクシャトラのリストの最初に書かれた「クリティカ（Krittika)」という星は，リグ・ヴェーダの時代からプレアデス星団（すばる）を意味したのは確からしい．そして，クリティカを1番目においたのは，この時代には，経度の原点としての春分点がこの星座付近にあったためと考える研究者もいる．

曾侯乙墓——最古の二十八宿記録

二十八宿に言及しているもっとも古い文献は『周礼』で，複数個所に二十八宿を意味する文言が出てくるが，個々の宿名は記されていない．ちなみに『周礼』とは，周王朝の政治家，周公旦が著わした政治制度の書とされるが，実際には戦国時代以降に書かれたものらしい．二十八宿という言葉と星宿の固有名が現われる最初の史料は，『呂氏春秋』である．これは，戦国時代末期，秦の始皇帝の宰相を務めた呂不韋が，彼の周囲に集まった多分野の知識人による文章を編纂させた一種の雑書で，紀元前239年に完成した．

従来知られていた上記の文書史料に対して，近年，考古学史料の中にも二十八宿の記載が発見された[24]．1978年，中国の湖北省随県（現在の随州市）で戦国時代の一諸侯の巨大な竪穴墓（16.5 m×21 m）が発掘され，副葬品として多数の青銅器や器具，楽器，道具類1万点以上が見つかった．その中の銅鐘に記された銘文から，戦国初期の曾という国の君主「乙」の墓であることが判明した．そのため，「曾侯乙墓」と呼ばれる．文献史料から，埋葬年代は紀元前433年頃（楚の恵王56年）と推定されている．

---

23) Pingree, D., History of mathematical astronomy in India, *Dictionary of Scientific Biography*, Vol. XV, 533-633 (1978). インド人は，ナクシャトラの星々の位置を観測で決めることには関心がなかったという．

24) 王健民ほか，曾侯乙墓出土的二十八宿青龍白虎図象，『文物』，第7期，No. 278, 40-45 (1979).

42　第2章　古代中国の星座と二十八宿

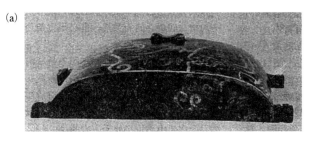

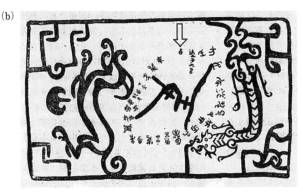

図 2-8 (a) 曾侯乙墓の副葬品である漆木箱．長さ 83 cm × 幅 47 cm × 高さ 20 cm．
(b) 曾侯乙墓の漆木箱のふたに描かれた北斗と二十八宿の文字．⇩印は，第1番目の角宿を示すために筆者が書き入れた．

　副葬品の1つに，衣類や身の回りの小物を入れたと思われる漆木箱があり，その蓋の上に二十八宿の文字が書かれていた（図 2-8）．右に青龍，左に白虎の姿を描き，中央に大きく誇張変形させた「斗」（北斗七星）の字（篆書体）が記される．この北斗を取り巻いて，上方の「角」宿（図の⇩印）から始まり軫宿まで，時計回りに二十八宿の文字がすべてわかる．中央の北斗の字画は，4個の宿，心宿，危宿，畢宿，張宿を指すように変形されている．この4宿はそれぞれ，四神が象徴する四方位に属する宿だった．紀元前 433 年という曾侯乙の死去年代から見て，この漆木箱は現存する最古の二十八宿記録ということができる．

　被葬者である曾国の乙は，地方の一豪族で，観象授時を実践するような専制支配者，皇帝ではなかった．また，知られるかぎり，とくに天文学に興味をもったり天文に関係が深かった王侯というわけでもない．そのような人物

の遺品である衣装箱のデザインとして二十八宿の文字が正しい順序で書かれていたということは，紀元前5世紀中頃（春秋時代末）には，二十八宿は人気のある宇宙観として支配階級，知識階級の間には浸透していたことを物語るものだろう．また，この事実は，一部の二十八宿の起源はもっとずっと古いことを強く示唆する．ただし，紀元前5世紀の時代にすでに，すべての二十八宿が具体的にどの星座・星を指すのかまで確立されていたかどうかはわからない．

2.5　星位置の測定と渾天儀

ギリシアの黄道主義と中国の赤道主義

　第5章でもふれるが，天球上の星の位置は，古代ギリシアでは基本的に黄道に沿って測る経度（黄経）と黄道から南北にどれだけ離れているかを示す黄緯とで表わした（図1-2参照）．一方，古代中国では，初期の時代から赤道を基準にして星の位置を表現した——これはおそらく，天の北極付近を神聖な宇宙の中心と見なした，古代中国の伝統と関係があるのだろう．中国の天文学者が，天球上で黄道の配置を決め，それに対して星々の位置を示すようになるのは，かなり後世の後漢の頃からである．

　図2-4の紀元前1000年の図からわかるように，この時代には北斗七星はいまより天の北極にずっと近く，1年中夜空に見える周極星だった．だから，当時の人々にとっては，北斗の柄は北極を中心に回る現代の時計の針のように見えたにちがいない．しかも，北斗の星はどれも2等星と明るく，7星がつくる形も整っていたから，彼らは北斗七星に注目しなかったはずはない．

　『史記』の天官書によれば，二十八宿の配置や順序は，じつはこの北斗七星の天球上の向きと深い関係があるとされる．たとえば，角宿が二十八宿の最初になった理由を次のように説明する．当時，星が最初に見え始める日暮れ（昏）に，南中（子午線通過）する星は北斗七星の柄の先の2星である．これらを，北極星を含むこぐま座の2星とつなぐと，ちょうど角宿の星（おとめ座のスピカ）と交わる（図2-9）．そのため，角宿を第1番目の宿に定めた．同様に，真夜中，明け方における北斗の向きにしたがって，斗宿，参宿

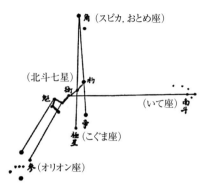

図 2-9 『史記』天官書で説明された北斗七星と二十八宿との位置関係．史記の記述にしたがって朱文金が描いた図[25]．括弧付きの星座名は筆者が説明用に書き加えた．

との関係が定まったと記されている．

　しかし，星の位置を測るのにごく原始的な器具しかまだなかったであろう春秋戦国以前という大昔に，本当にこのような複雑なやり方で二十八宿が定められたのかどうか，私はおおいに疑問に感じる．おそらく『史記』が書かれた時代には，二十八宿がいかに形づくられたかはすでにわからなくなっていた．そのため，後知恵で上のような説明をせざるを得なかったのではないだろうか．しかし，いずれにしても，古代中国では星座の天文学に関して，北極と赤道とが非常に重要な役割を演じていたことは了解いただけたと思う．

渾天儀の発明

　二十八宿が，季節を知る指標として天文暦学者にとって重要だっただけでなく，宮廷の占星術者からも重視されたのは，日・月，惑星が黄道に沿って移動する際の位置の目印の役割をになっていたからだ．その後，暦と占いの両方の精度を高める目的で，星の位置を数値的に測定する観測装置が考案された．その代表が「渾天儀」（渾儀ともいう）である．

　天を，大地を中心とした球面と見なす宇宙観・宇宙構造論は「渾天説」と呼ばれる．文献上は，張衡[26]が1世紀に著わした『霊憲』に書かれた記述

---

25) 朱文金，『史記天官書恒星図考』(1927).
26) 張衡 (78-139) は後漢時代の天文暦学者，機械工学者，発明家，文人．太史令になった．天

図 2-10 北京の古観象台に展示されている渾儀．明代の 1439 年に北京で製作された渾儀のレプリカ．

が最古であるが，渾天説のアイデア自体は紀元前数世紀頃からあった．この宇宙構造の考えに基づき，宇宙を模型化したものが渾天儀だったから，相似の原理によって，天球上の角度を渾天儀の目盛りの角度として読み取れたのである．

中国における渾天儀の開発と改良の歴史は非常に長い[27]．前漢武帝の時代，太初暦の改暦（紀元前 104 年）のときに，天文学者の落下閎がつくった渾天儀によって二十八宿の位置観測が初めて行なわれたとされる．後漢の賈逵は，星の黄緯・黄経も測れる黄道銅儀を製作したと『隋書』天文志は述べている．また，唐代の李淳風がつくった渾儀は非常に複雑で，六合儀，三辰儀，四遊儀などからなり，月の運動の測定もできた．しかし，あまりに複雑化したため使い勝手が悪くなり，その後も種々の改良と簡略化が試みられた（図 2-10）．

と地は「鶏卵の殻と黄身」のような関係という「渾天説」を説き，渾天儀の製法も述べた．地動儀という世界初の地震検知器を考案したことでも知られる．

27) ニーダムは，前掲，『中国の科学と文明』，第 5 巻，天の科学（1991）の中で，大きな表を用いて清朝に至るまでの渾儀の変遷を解説しているが，わかりやすい説明からはほど遠い．

二十八宿の位置表現——距星，去極度と宿度

　各宿の天球上の位置を数値的に測定するためには，宿内の星を1つ決める必要がある．この星を「距星」という．宿内の他の星々の位置は，この距星を基準にして相対的に表示された（距星は多くの場合，宿内の西端近くにある星が選ばれた）．現在では，赤道座標系に基づき，恒星の位置は赤緯，赤経で表わすのがふつうである（第1章参照）．これに対して，古代中国では，赤緯の代わりに「去極度」（＝90度—赤緯）を用いた．一方，経度については，目的の星と距星との赤経の差で表示し，入宿度と呼んだ．ここで，度の単位であるが，古代中国では全天一周が私たちが使う360度ではなく，いわゆる「中国度」である365度4分の1だったことに注意してほしい[28]．

　ところが，二十八宿の各距星自身の経度値は直接には与えられない．その代わりに「宿度」を用いた（広度と呼ぶ文献もある）．これは，ある距星とそのすぐ東隣りにある距星までの赤経差のことで，中国史料中の星表にはどれも，この宿度値が各距星の経度に相当する量として記されている．私たち現代人の感覚からすれば，この宿度は奇妙な量である．当の距星の座標ではない，東隣りの距星までの角距離があたかも当該の距星の座標のごとくに記されているからである．このため，個々の宿度を見ただけではそれらの星の天球上の位置はまったくわからない．全周にわたる28個の宿度の数値が1組になって初めて，二十八宿同士の相互関係，つまり，天の北極を中心とした二十八宿の距星がつくる28角形の形状が決まる．しかしそれでも，宿度の値からはこの多角形が北極回りの回転に対してどの方向を向いているかは依然知ることはできない（図2-7を参照）．

　この一見不可思議な宿度という量が採用された理由は，隣り合う距星同士の角距離に相当する宿度は渾天儀によって簡単に測定できた反面，春分点のような目に見えない経度の基準点から星までの経度を観測から決めるのは難しかったからであろう．また，春分点から測る経度の場合，歳差現象によって個々の星の赤経値はゆっくり変化していく．それに対して，宿度は隣り合う距星の相互角距離だから，第3章で示すように，1000年程度の期間では

28）　西洋の天文学知識が入ってくる以前の中国では，角度の単位は，太陽が天球上を1日で動く平均の角度を用いており，これを「度」と呼んでいた．

2.5 星位置の測定と渾天儀 47

歳差によって宿度の値はわずかしか変化しない．二十八宿が成立した頃の中国天文学者は歳差現象を知らなかったが[29]，二十八宿の宿度の値は長期間にわたって変化しないことを彼らは経験的に認識した結果，宿度という量をあえて採用したのかもしれない．事実，宿度，去極度はともに，直接見えない赤道や春分点に依存せずに，初期の渾天儀の基本機能だけで測定できる量であり（コラム1を参照のこと），当時の技術レベルに即した実用的な賢い選択だったともいえるのである．

コラム1　渾天儀の基本構造と仕組み

渾天儀の構造と使用法を図で解説した歴史上の文献は多数あるが，どれもわかりやすいとはいいがたい．ここでは日本の渾天儀の写真を用いて，去極度，宿度をどのように測定したかを説明する．図1は仙台藩の天文学者だった藤広則（1748-1807）が1776（安永5）年に製作した渾天儀で，現在は仙台市天文台に展示されている（重要文化財指定）．

藤広則は，仙台藩の著名な天文学者，戸板保佑の弟子だった．実際に観測に使用された渾天儀としては日本で現存唯一である．必要最低限の機能だけを備えたシンプルな構造であり，かえって仕組みも理解しやすい．

地平環（直径は約105 cm）は水平におき，SNを正確に地上の南北方向に合わせて設置する．子午線を表わす子午環はSとNで地平環に直角に固定され，赤道環も観測地の緯度に応じた傾きで子午環にRで固定されているから，PQを結ぶ線は天の北極の方向を指すはずである．子午環の直径より少し小さい時角環が，子午環の内側でPQを軸として自由に回転できるように取り付けられている．また，この時角環の面に平行に，渾天儀の中心Cの周りに回転する視準棒XY（アリダード，望筒のこと）が付属する．観測者は時角環と視準棒XYとを回転させて，測定したい距星にXYを向けXからYを見て狙いを定める．

赤道環と時角環には，中国度で0.5度の最小目盛りが全周（365度4分の1）に

---

[29] 中国では東晋の虞喜が，西暦330年代に「歳差」を初めて発見したとされる．虞喜の場合，おなじ時節，たとえば夏至の日の日暮れに南中する星が古代の記録に比べてずれていることに気づき，黄道上の冬至点や春分点が西にゆっくり移動する，つまり歳差現象を発見した．虞喜は歳差による黄経の変化率を50年に1度（中国度）としたが，この値は真の値よりは少し大きすぎた（杜石然ほか編著，川原秀城ほか訳，『中国科学技術史（上）』，第5章，1997）．

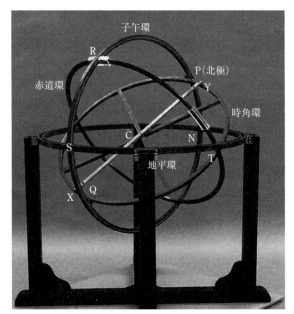

図1 仙台藩の藤広則が製作・使用した青銅製の渾天儀.

刻んである．よって，弧 PY に相当する角度を時角環の目盛りで読めば，それが去極度である．また，距星1に向けたときの，赤道環と時角環の交点であるTの目盛りと，そのすぐ東側にある距星2の対応する目盛りとの差を求めれば，その値がすなわち距星1の宿度を表わすことになる．

　中国の渾天儀の場合，標準的な大きさは直径約2mあった．それに対して，この仙台藩の渾天儀は直径が約1mと小さかったから，天体の方向によっては，観測者の頭や渾天儀の各環が邪魔になってうまく狙えないこともあっただろう．しかし，藤広則らによる観測記録が残されているところをみると，十分実用になったと思われる．

距星の同定

　古代中国の星図・星表中に記された星々の位置から，歳差理論によって観測年代を推定する際，西洋で近代に測定された精密な恒星の位置データを使用する．だから，中国のどの星が西洋のどの星にあたるかをまず知らねばならない．これを星の同定という．

明末から清朝の時代にかけてヨーロッパの優秀なイエズス会宣教師らが多数中国に渡来した．その最初の代表的な人物はマテオ・リッチ（中国名，利瑪竇，Matteo Ricci, 1552-1610）で，アメリカ新大陸をアジアに紹介した世界地図の『坤輿万国全図』（1602 年），ユークリッド幾何学の漢文訳である『幾何原本』（1607 年）などで知られる．彼らの中には宮廷天文官に就任した者もおり，西洋天文学の知識と方法とを取り入れた中国書をいくつも刊行した．それらの中で，戴進賢（ケーグラー，I. Kögler, 1680-1746）が他の宣教師や中国人学者の協力で 1755 年に出版した『儀象考成』には 1744（乾隆 9）年に新たに観測された 1,300 個あまりの星の赤経・赤緯も収録されている．ただし，それらの星はみな中国名で記され，西洋の星と照合ができなかった．

明治 30-40 年代，上海の余山天文台にいた土橋八千太師[30]は，天文台長だった宣教師のシュバリエ（S. Chevalier）と協力して，非常な苦労のすえに『儀象考成』の星々の包括的な同定を初めて発表した[31]．その後も何人かの研究者の調査によって，現在では大部分の中国名の星は西洋の星との照合に成功している．二十八宿距星の同定ももちろん，昴宿（プレアデス星団，すばる）以外はほぼ確定していると見てよい――昴宿は小さな散開星団なので，当時の観測精度を考えれば，星を同定できないのは仕方がない．

表 2-1 に二十八宿と距星をまとめておいた．その同定欄は，二十八宿距星のバイヤー記号による同定を示す．ドイツのアマチュア天文家だったバイヤー（J. Bayer）は，1603 年に約 1,700 個の星を含む星座帳『ウラノメトリア』（*Uranometria*）を出版した．この中でバイヤーは，各星座の主要な星々に対して，ラテン語の星座名とギリシア語のアルファベット（または数字）とを組み合わせた略号を用いて星名とした．以後この伝統は踏襲され，現在も広く使用されている．たとえば，表 2-1 で，角宿の距星はバイヤー記号でいう

---

30) 土橋八千太（1866-1965）は長野県諏訪の出身．諏訪を訪れたフランス人宣教師の説教を聞いて感激し，洗礼を受けた．その後，上海に行き，イエズス会に入会して余山天文台に勤務する．その間，フランスに留学，パリ大学のポアンカレのもとで数学，パリ天文台では天文学を学び，学士号を取得した．上海に戻り，余山天文台副台長に就任する．1911（明治 44）年日本に帰国し，創立されたばかりの上智大学で漢文と数学を教えた．1940（昭和 15）年から 6 年間，上智大学の第 3 代学長を務めた．

31) Tsuchihashi, Y. et Chevalier, S., *Catalogue d'étoiles fixes observées à Pékin sous l'empereur, K'ien-long* (Zo-se Observatoire, 1911).

50　第2章　古代中国の星座と二十八宿

表2-1　二十八宿の名称と特性. 等級欄は，星の明るさを示す実視等級である.

No.	二十八宿名	星数	意味	同定	等級
1	角	2	つの	α Vir	1.0
2	亢	4	首	κ Vir	4.2
3	氐	4	根	α Lib	2.8
4	房	4	部屋	π Sco	2.9
5	心	3	心臓	σ Sco	2.9
6	尾	9	尾	μ Sco	3.1
7	箕	4	みの	γ Sgr	3.0
8	斗	6	南の斗（杓）	ϕ Sgr	3.2
9	牛	6	牛，牧童	β Cap	3.1
10	女	4	女	ε Aqr	3.8
11	虚	2	空虚	β Aqr	2.9
12	危	3	屋上	α Aqr	3.0
13	室	2	家，野営	α Peg	2.5
14	壁	2	かべ	γ Peg	2.8
15	奎	16	脚	ζ And	4.1
16	婁	3	絆	β Ari	2.6
17	胃	3	胃	35Ari	4.6
18	昴	7	プレアデス	17Tau	3.7
19	畢	8	網，ヒアデス	ε Tau	3.5
20	觜	3	うみがめ	λ Ori	2.9
21	参	10	三つ星	δ Ori	2.2
22	井	8	井戸	μ Gem	2.9
23	鬼	4	亡霊	θ Cnc	5.3
24	柳	8	やなぎ	δ Hya	4.2
25	星	7	星，七星	α Hya	2.0
26	張	6	張られた網	υ Hya	4.1
27	翼	22	つばさ	α Crt	4.1
28	軫	4	戦車の台	γ Crv	2.6

と「α Vir」，つまり，おとめ座（Virgo）のα星，スピカに相当する. 他の距星の同定も同様である. この表からもわかるように，4-5等という星がいくつも含まれている. 私たち現代人の感覚からすれば，こんな暗い星をなぜわざわざ基準星たる距星に選ぶ必要があったのか理解しがたいが，当時は図

2-9 に示したような星相互の位置関係の方を重視したためだろうか.

なお, 漢代の落下閎らが測定した二十八宿の去極度, 宿度の具体的数値は, 第4章で紹介する.

暦に見る二十八宿と二十四気の盛衰

二十八宿は太古の時代に, 昏 (日暮れ) に南中する星を見て季節を知る手段 (中星) として始まったこと, また, 二十八宿が体系として完成したのは, 少なくとも紀元前5世紀以前だったことを 2.2, 2.4 節で述べた.

ところで, 現在私たちが使うカレンダーには, いまでも立春, 雨水, 啓蟄, 春分などの日付を記しているものが少なくない. これはご存知のように, 「二十四節気」である (中国では二十四気と称していた). 中国の暦は古代からずっと太陰太陽暦だった. 太陰太陽暦では, 数年に1回「閏月」を入れて暦面上の季節と実際の季節がずれていくのを調整したが, それでも1カ月程度のずれが起きる. これでは農作業の計画などに不便なため, 太陽の天球上の位置を示す二十四節気が導入された[32]. しかし, 私たちが現在使う太陽暦では日付そのものが季節を表わすから, 二十四節気の記載は本来必要ない. にもかかわらず, 二十四節気がいまだに廃らないのは, 単なる日付より, 立春, 雨水などの方が言葉の響きとして季節感が感じられるためかもしれない.

この二十四節気の起源はいつ頃なのだろうか. 二十四節気の名称の一部, 雨水, 啓蟄などは, 初期の二十八宿と同じくらい古い時代から季節の目安として使用されたらしい[33]. 秦の始皇帝時代の紀元前3世紀中頃に, 政治家, 呂不韋が編纂させた『礼記』月令には, 二十四節気の名称のうち約半数だけが記されているそうで, 二十四節気の成立途中の史料であることを物語っている[34]. 二十四節気が完全な形で記載されたのは, 後漢の班固らが編纂した『漢書』律暦志からである.

西暦紀元の前後になると, 最古の暦法である漢代の太初暦 (または三統暦,

---

32) 後の時代になると, 閏月をどの月に入れるかの規則 (置閏法という) を定めるのに二十四節気が重要な役割をするようになる.

33) たとえば, 中村士・岡村定矩, 『宇宙観 5000 年史 —— 人類は宇宙をどうみてきたか』, 第 2 章 (2011).

34) 前掲, 能田忠亮, 『礼記月令天文攷』(1938);『明治前日本天文学史』, 第 1 編 (1979).

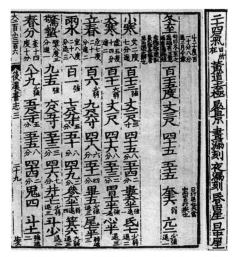

図 2-11 『後漢書』律暦志中の二十四節気と二十八宿中星（一部）．各節気の名称の下には，太陽がいる星宿の入宿度，また，各行の下に，昏の中星と旦の中星の宿名と度数が，度の端数まで記されている．

紀元前 104-西暦 84 年）や四分暦（85-220 年）が現われ，暦法によって計算された二十四節気の日時が暦に載るようになる．だがこの場合でも，暦には必ず二十八宿の中星も併記された．『後漢書』の律暦志には，二十四気の各節気について，太陽が位置する二十八宿の入宿度，および「昏」と「旦」（明け方）における中星の数値が記されているし（図 2-11），約 1,000 年後の『宋史』でも同様に二十四気とともに中星データが明記されていた[35]．ただし異なるのは，前者では度の端数までくわしく書かれていたのに対して，後者では度切りですませている点である——これは一見，時代に逆行するようで奇妙に思える．その理由は，後世になると，太陽・月の運動理論が精密化して二十四気の時刻が正確に計算できるようになった結果，二十八宿中星のくわしい予報が実際上はもはや不要になったからであり，それでもなお伝統にしたがって単に形式的，象徴的に表示していたにすぎないことがわかる．つまり，漢代頃には暦としては重要な意味をもっていた中星が，時代が進むにつれてその意義を失い，二十四気にとって代わられたのだった．

---

35) 任継愈主編，『中国科学技術典籍通彙』，天文巻第 3 巻，「後漢書」および「宋史」の律暦志（1993 頃）．

3

★キトラ古墳の天井星図と年代推定★

　現在，日本全国に散在する古墳の総数は約 16 万基，そのうち奈良県は 8 番目に多く約 9,600 基であるとされる．古墳がつくられた 3 世紀半ば過ぎから 7 世紀末頃までの約 400 年間を指して，古墳時代という．大型の前方後円墳が建造されなくなった 7 世紀に入っても，方墳，円墳，八角墳などはつくり続けられた．この時期を古墳時代終末期と呼ぶこともある．高松塚古墳とキトラ古墳は終末期の古墳に属する．

3.1　高松塚古墳

高松塚古墳と天文図

　1972 年 3 月，明日香村にある高松塚と呼ばれた直径約 20 m，高さ 5 m の円墳の発掘調査が始まった．開始後まもなく石室の中に，複数の男女群像を極彩色で描いた壁画が見つかり，世間を驚かせた．東壁には四神の 1 つである青龍と太陽，西壁には白虎と月，奥の北壁には玄武が描かれ，天井には北極五星と二十八宿の星座図が配置されていた．石室は，切り出した石板を組み合わせて表面に漆喰を塗り，二十八宿の星々にはそれぞれ小さい円形の金箔を用い，星座を示すために星同士は朱線でつながれていた．高松塚古墳の築造年代は藤原京の時代（694-710 年），被葬者は出土した骨片・歯の分析から，50-60 歳の成人男子と推定された．現在では男女群像の図は国宝に指定され，「高松塚壁画館」が開設されている．以下の天井天文図の議論は，主

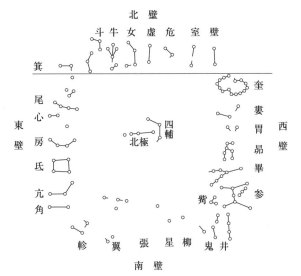

図 3-1 高松塚古墳の天井の二十八宿図．現地調査に基づき藪内清が描いた図．上部の水平な線は，石室石板の継ぎ目．

に藪内による 1975 年の調査報告に基づいている[1]．

　藪内は文化庁調査団の一員として 1972 年に石室内に入り，天井天文図を実見した．その調査と写真から藪内が復元したものが図 3-1 である．星々が線で結ばれているため，二十八宿を容易に判別でき，各宿の形はかなり正確だった．中国の伝統にしたがって，7 宿ずつを四方位に配当している．ただし，南側の宿は過去の盗掘のために，一部の宿しか形が残っていない．

　図 2-7 と比べてみれば明らかなように，高松塚古墳の二十八宿は実際の天上の配置を北極中心の円図として描いたものではない．時計回りに 7 宿ずつを四角形に並ばせた様式的な描き方であり，これは中国の五行説[2]という伝統的な観点から天の北極と四方位の星座をデザイン的に配置したものと思われる．

---

1) 藪内清，壁画古墳の星図，『天文月報』，第 68 巻，No. 10, 314-318 (1975).
2) 陰陽五行説ともいう．古代中国の自然哲学的思想で，自然界は陰と陽の相克，および五元素である木，火，土，金，水の相互作用と循環とですべて説明できるとする考え方．

朝鮮と中国の壁画古墳

　ところで，人物風俗図や四神，天文図を描いた壁画古墳は朝鮮と中国にも もちろん存在する．とくに，朝鮮の高句麗では3世紀から7世紀初めの期間，多数の壁画古墳が建造され，発掘調査されたものだけでも100基に達するという．現在の北朝鮮平壌の西部に多い．星座が描かれたものもいくつかある．舞踏塚古墳の天井天文図には，北斗七星らしき星座を含む数個の星座が認められるが，ごく大雑把な描き方である[3]．平壌近郊の真坂里（まはり）4号墓の天文図は，星を金箔の小円で示した二十八宿が反時計回りに描かれているとされるが，星同士は線でつながれておらず，星座の大きさと配置は現実の空からはほど遠い[4]．

　一方，中国の洛陽付近で1974年に発掘された北魏（386-534年）時代の元乂（げんがい）という王侯の墓の天井には，星同士を線で結んだ30-40個の星座が北極を中心に描かれ，大部分の二十八宿も含まれていた．円図の中央には天の川も走っている．しかし，高松塚古墳の天文図とは規模も描き方も大きく異なり，奈良時代の日本の天文図に結びつくような要素は見当たらない．

　二十八宿の配置で高松塚古墳の星座に似ていたのは，1973年に報告された新疆（しんきょう）省トルファンのアスタナ古墳の天文図である．唐代の中頃，7世紀中頃-8世紀中頃の建造とされる．各宿の形は高松塚のものよりかなり図案化されているが，四方に7宿ずつ1列に並べるやり方は同じである．あるいは，中国の古都，西安や洛陽あたりで考案された二十八宿の図柄が，一方はシルクロード方面に伝わり，他方は極東の日本に伝来したのだろうか．

　以上述べたように，高松塚の二十八宿天文図はその発見当時は，従来知られていた中国・朝鮮の天文図と比較しても，実際の星座の形にもっとも近いと見なされていた．ところが高松塚古墳発掘から約25年後，近世中国の星図と見まごうばかりの円形星座図が，同じ明日香村の小古墳から発見されたのである．

---

[3]　前掲，藪内清，『天文月報』（1975）．有坂隆道，『古代史を解く鍵——暦と高松塚古墳』（1999）．

[4]　全浩天，『世界遺産　高句麗壁画古墳の旅』（2005）．

3.2 キトラ古墳天井星図の発見

本書のプロローグでもふれたように，キトラ古墳の天文図が見つかったのは 1998 年の本格調査のときだった[5]．それまで知られていた，中国，朝鮮，日本の古墳星座図とは大きく異なり，ずっと後の時代，13 世紀中頃に中国で石碑に刻まれた円形の科学的な星図によく似ていた．そのため，キトラ古墳の天文図は内外の天文学史研究者の間でも大きな驚きをもって迎えられた．

高松塚およびキトラの古墳壁画の比較

まず，高松塚とキトラの古墳壁画の特徴を簡単に比べてみよう．キトラの場合も，高松塚と構造がよく似た長方形の石室内に，四方の壁に四神の図である東方青龍，北方玄武，西方白虎，南方朱雀が描かれ，埋葬した後に墓を閉じた口が南側を向いていた（図 3-2）．

四壁の四神図以外に描かれた壁画は，じつに精緻に見える天井の円形星座図，その東西に接して日・月の図，そして，四神が描かれた各壁面の下部にそれぞれ 3 個ずつ，合計 12 個の十二支図だった――十二支図は高松塚古墳にはない．十二支図とは，いわゆる，ね，うし，とら，……の漢字，子，丑，寅（えと）で呼ばれ，獣頭人身の図像（頭が獣，体が人間）で表わされる．この十二支も，赤道を十二等分して天の領域を定めた中国の「十二次」に通じるもので，天文暦学に関係がある[6]．

キトラ古墳と高松塚古墳とはいろいろ共通する点が多い．キトラ古墳は同じ明日香村の中，高松塚の南方わずか 1.2 km のところに位置し，大きさも高松塚とよく似た直径約 20 m の円墳である．石室の石は凝灰岩から切り出

5）「キトラ」は地元の農民が昔から呼びならわしていた通称である．この呼名の由来を，特別展『キトラ古墳壁画』図録（2014）では，盗掘穴から玄武と白虎の絵が見えたので「亀虎（キトラ）」になったとしている．しかしこの説は，筆者の耳にはこじつけのように響く．白虎はともかく，玄武は蛇と亀がからみ合った姿だが，なぜ目立たない亀の方を採用したのか．しかも，なぜ亀虎をわざわざキトラと重箱読みにする必要があったのか，納得がいかない．呼名の由来は不明とする方が正直なような気がする．

6）木星は 12 年で天を 1 周する．そのため，古代中国では「歳星」と呼ばれ，木星の天球上の位置によって暦の年初にあたる十二支（えと）を決めたことを，劉歆は『漢書』律暦志に書いている（前掲，藪内清，『中国の天文暦法』，1969）．

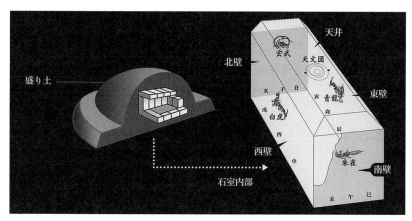

図 3-2 キトラ古墳の石室の構造．高松塚古墳では，天井の石板の形がキトラと若干異なる．

表 3-1 石室の寸法比較．

古墳名	奥行	幅	高さ
高松塚[*1]	2.65 m	1.03 m	1.13 m
キトラ[*2]	2.40 m	1.04 m	1.24 m

(*1) 藪内清,『天文月報』(1975).
(*2)『キトラ古墳壁画』図録 (2014).

した厚い石板を組んでつくられていることも同じである．石室のサイズを比べるとじつによく似ていることがわかる（表 3-1）．高さは大人がかがんでやっと入れる程度だから，天井星座図を描いた絵師は，お棺のような台に上向きに寝て作業をしたにちがいない．このように小さな石室は，中国や朝鮮の古墳では考えられないサイズであり，その中に精緻な人物風俗画や天文図像を描いたことから，日本人独特のミニサイズ志向が当時から現代まで脈々と受け継がれていると私には感じられる[7]．

---

7) 小さな石室につくったのは別の理由もあったのかもしれない．『日本書紀』の 646（大化 2）年の条によれば，大化の改新で「薄葬令」が出された．これは，身分に応じて築造する墳墓の規模を制限した勅令である．前方後円墳があまりに巨大になりすぎたため，建造の経済的負担と人民の労役を軽減するのが目的だったとされる．天皇の陵にかける時間を 7 日以内に制限する，などと記されているが，高松塚やキトラの小型古墳でさえ，実際に 7 日で建設するのは不可能だったことだろう．

58　第3章　キトラ古墳の天井星図と年代推定

　天井石の継ぎ目が石室の奥から3分の1のあたりを通る結果，高松塚でもキトラでも石板の継ぎ目が天文図にかかっている点も共通している（図3-1を参照）．考古学と文献上の考察から，キトラ古墳の建造年代は7世紀末から8世紀初めと推定されている．キトラの方が若干早いという専門家の議論もある．しかし，古墳形式と発掘品の特徴や四神描画の差だけからわずか10-20年の違いがわかるとは信じられないので，両者はほぼ同じ年代に建造されたとみておくべきだろう．

　以上述べてきた種々の共通点，同じ地域，非常によく似た石室の構造とサイズ，建築法，壁画のテーマと描き方，推定された築造年代，などを考え合わせると，私には次のように思えてならない．奈良地方には様式と大きさが異なる古墳が多数残されているから，7世紀末から8世紀初めにも古墳を建造する職人グループがいくつか同時に存在したことだろう．だが，高松塚とキトラの場合，上に述べた理由によって，おそらく同一のグループが両方とも築造した可能性が高いということである．ただし，被葬者は異なるため，2人の出自・身分に合わせてそれぞれ別の天井天文図が描かれたのではなかろうか．

キトラ古墳天井星図の調査・計測と特徴

　本書ではいままで，天文図（星座図）と星図という言葉の違いをあまり意識せずに使ってきた．本書の主目的は，実際の天文観測に基づいて描かれた星の図，科学的な情報を含む星の図に関する歴史を，それらの成立年を中心に調べることである．よって，今後は，そうした科学的な星の図を「星図」，それ以外の，様式的・象徴的な星座の図は「天文図」と呼んでなるべく区別していきたい．また，本章で明らかにするように，キトラ古墳の天井星座図は前者に属するため，キトラ古墳の天井星図，またはキトラ星図ということにする．なお，科学的星図の要件は3.5節で再度述べる．

　私たちがキトラ星図の計測と解析を行なうようになったいきさつは次の通りである．キトラ古墳内部の壁画は発掘後，はく離やカビなどによる被害が目立ち始めたため，2004年頃から，壁画の下地である漆喰層ごと剥がして壁画全体を他所に移し，修復清掃した後に，保存管理する措置がとられた．

この移設の過程で，フォトマップという手法を用いてカメラレンズによる幾何学的歪みなどを補正した，精密なキトラ星図のデジタル画像が作成された[8]．この調査は文化庁からの委嘱により実施されたため，この星図のデジタル画像を利用させていただくことができた．キトラ星図の1998年の調査結果は，すでに宮島らによってくわしく報告されている[9]．しかし，2014年の私たちの調査では当時に比べて測定データの質も量も倍増したから，それらのデータに基づいて，新たな目で再検討・解析を行なった結果が本章に紹介する内容である．

『キトラ古墳壁画』図録によれば，キトラ星図で確認できた星座数は68個，星の総数は約300個だった．文化庁・奈良文化財研究所がこのキトラ星図のデジタル画像から線画にしたものがあり，それを少し加工したものを図3-3に示す．

大部分の星像は，直径約6mmの丸い金箔[10]で，それらを朱の線で結び星座の形を示している．大きさは，内規円，赤道と黄道，外規円の直径がそれぞれ，約17cm，40cm，61cmだった．偏心した黄道円は，1998年の調査当初から宮島によって指摘されていたように，まったく間違って描かれていた[11]．図2-7に示された正しい黄道の向きと比べてみると，たとえば，原図を天井に写しとるときに紙を裏返しに置いた可能性が考えられる．また，星座の形から判断して翼宿と張宿は入れ違っているらしい．似たような誤りは他にもいくつか見られるが，漆喰面上への描画は石刻星図やフレスコ画などと同じく，一度描くと修正が困難なためにそのままになったのだろう．

測定は，星図のデジタル画像を原寸大にプリントしパネルに貼りつけ（赤道円の直径は40.1cm），赤道円の中心である北極の位置をまず決めた．次に

---

8) フォトマップの計測精度は1mで3mm以内という．前掲，『キトラ古墳壁画』図録（2014）．

9) たとえば，宮島一彦，キトラ古墳天文図と東アジアの天文学，『東アジア古代の文化』，97号，58-69（1998）．橋本敬造，キトラ古墳星図——飛鳥へのみち，『東アジア古代の文化』，97号，13-31（1998）．Renshaw, Steven L., Astronomical iconography in Takamatsu Zuka and Kitora Tumuli: Anomalies in the adaptation of astronomical and cosmological knowledge in early Japan, *Mediterranean Archaeology and Archaeometry*, Vol. 14, No 3, 197-210 (2014).

10) 保管室内で星像を間近からルーペで観察したが，金箔というよりむしろ，厚さ0.2-0.3mmの金の板から切り出した小円板という方が当たっている．

11) 前掲，宮島一彦，『東アジア古代の文化』（1998）．

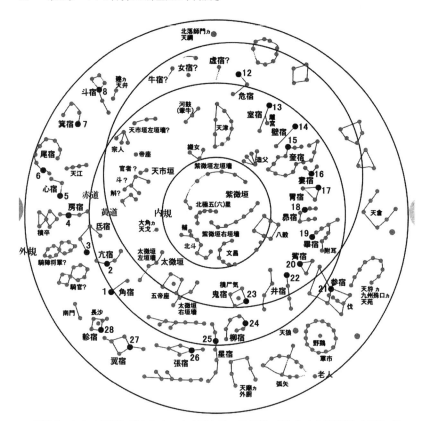

図 3-3 キトラ星図に描かれた二十八宿と他の星座群.『キトラ古墳壁画』図録に掲載された図に,一部修正と説明の語を加えた.各二十八宿の黒丸の星は,筆者が調査の過程で同定した距星である.去極度,宿度の実際の測定については本文参照のこと.

物差しと分度器によって,二十八宿距星の,この北極を基準にした去極度と相対赤経(隣り合う距星の経度の差)を測定した.古代ギリシアのステレオ投影法などと異なり,中国天文学には幾何学的投影変換の考え方はなかったから,北極から星までの星図上の距離がそのまま去極度を表わしており,測定自体は単純である.長さの測定精度,赤道中心の決定精度は約 0.5 mm,北極回りの角度の測定精度は約 0.5 度だった.

赤道円の中心(北極)から北側約 4 cm の所に石室石材の継ぎ目があり,天井壁画全体にわたって漆喰が剥がれ落ちていた.これは石室の石板同士が

長年かかってわずかにずれたのが原因と思われる．この継ぎ目の北側にある星座（心宿から婁宿まで12個の星座）は赤道円の中心に対して移動した可能性があったが，朱で描かれた内規円と赤道，および外規円の線は継ぎ目の両側で連続していたし，以下に述べる解析の結果からも，継ぎ目の両側で系統的な差異はとくに認められなかった．

内規円・外規円

　中国の円星図の特徴の1つは，北極を中心とした内規（上規ともいう）と外規（下規）と称する2個の円である．内規は，日周運動によって北極を中心に回転する星々が地平線下に沈まない限界の天の領域であり，大地が球体であることから生じる．緯度の値をϕ（度）とすると，円星図上の赤道の半径と内規の半径は$90 : \phi$の比になる（図1-1参照）．外規は，逆に地平線上に決して現われない南天の星の限界線で，その半径は赤道半径に対して$(180 - \phi) : 90$の関係がある．キトラ星図の場合，内規と赤道の直径比から得られた緯度の推定値は37.6-38.1度で，宮島がすでに求めていた値と当然ながら大差なかった[12]．ところで，この内規円・外規円の大きさから計算した緯度を，星が観測された場所の緯度と見なすかどうかという問題があるが，この問題は次章で改めて取り扱うことにしたい．

キトラ星図の星の同定

　キトラ星図に描かれた星々の位置から，歳差理論を用いて星の観測年代を推定するには，その前提として2段階の同定作業がまず必要になる．第1段は，二十八宿の距星が西洋名のどの星に相当するかを決めることである．この結果はすでに前章の表2-1に示した．

　次に，キトラ星図に描かれた星座の星々が中国星座のどの星に対応するかを知る必要がある．これは調査者の主観に頼らざるを得ず，正しい同定が難しい．キトラ星図の星座の形はかなり歪んだり，大きさが誇張されて描かれているからである．たとえば，昴宿の大きさは実際の5倍近くも大きく描か

---

12)　宮島一彦，日本の古星図と東アジアの天文学，『人文学報』，82号，45-99（1999）．

表3-2 キトラ星図から測定した距星の赤緯と宿度（単位は360度制の度）．第1欄の数字が図3-3の距星番号に対応する．牛，女，虚の3宿は，星像が剥離しているため測定できなかった．そのため，斗宿の宿度は危宿までの経度差（54.4度）と見なして解析した．去極度の数値に2.23 mm/度を掛ければ生の測定値が得られる．最後の欄（「推定年」）については本文で後述する．

No.	二十八宿名	距星	去極度	赤緯	相対赤経	宿度	推定年
1	角	α Vir	92.2	-2.2	0.0	11.0	-64
2	亢	κ Vir	84.6	5.4	11.0	9.0	-23
3	氐	α Lib	95.5	-5.5	20.0	15.0	-82
4	房	π Sco	104.3	-14.3	35.0	6.8	-255
5	心	σ Sco	112.2	-22.2	41.8	7.8	-76
6	尾	μ Sco	126.3	-36.3	49.6	19.1	8
7	箕	γ Sgr	117.4	-27.4	68.7	12.9	19
8	斗	ϕ Sgr	119.5	-29.5	81.6	54.4	150
9	牛	β Cap					
10	女	ε Aqr					
11	虚	β Aqr					
12	危	α Aqr	98.1	-8.1	136.0	16.1	-79
13	室	α Peg	83.6	6.4	152.1	16.1	-137
14	壁	γ Peg	81.7	8.3	168.2	5.1	-118
15	奎	ζ And	67.3	22.7	173.3	19.8	42
16	婁	β Ari	71.4	18.6	193.1	7.9	-102
17	胃	35Ari	73.1	16.9	201.0	11.9	-61
18	昴	17Tau	61.7	28.3	212.9	15.7	-274
19	畢	ε Tau	68.3	21.7	228.6	17.2	-105
20	觜	λ Ori	67.7	22.3	245.8	1.9	-2
21	参	δ Ori	94.6	-4.6	247.7	8.0	-69
22	井	μ Gem	64.8	25.2	255.7	29.6	165
23	鬼	θ Cnc	63.7	26.3	285.3	4.3	-185
24	柳	δ Hya	77.7	12.3	289.6	16.1	-88
25	星	α Hya	86.5	3.5	305.7	10.3	-9
26	張	υ Hya	94.6	-4.6	316.0	23.4	-313
27	翼	α Crt	109.1	-19.1	339.4	11.9	
28	軫	γ Crv	114.4	-24.4	351.3	8.7	-279

れているし，鬼宿や軫宿の四角形は正しい配置から約45度回転しているから，キトラ星図の作者は星座を原図からフリーハンドで写した可能性が高い（漆喰の表面には，最初に大ざっぱな位置の見当をつけるために，定規を使わず手だけで描いた，下書きの星の連結線が多数見られた）．そのため，別の古星図や他の研究者による同定と比較しても，どれが距星なのかなかなか判断できない．私自身がいまだ疑問に感じている同定もいくつかあるが，本書の研

究で最終的に採用した距星の同定が，図3-3に示した番号付きの黒丸である．
以下では，この同定を元に，上に述べた方法で位置を測定しデータの解析を
行なった（表3-2）．

3.3 キトラ星図解析の前提と方針

　この節から3.5節までは，星図・星表の年代推定に関して筆者が考案した
統計学的方法を説明しており，本書のもっとも重要で特徴的な部分でもあ
る[13]．そのため，ある程度数理的な記述を避けて通れなかったから，数学や
統計が苦手な読者はわかりにくいと感じられるかもしれない．そこで，数式
を含む統計的議論と歳差理論の計算などは附録で解説し，本文ではデータ解
析の方法を中心になるべく視覚的に示すように努めた．また，逆に，星図・
星表の数値データに歳差理論を適用して自分で年代推定を試してみたい人の
ためには，関連する数表のいくつかと具体的な計算法を附録に与えておいた
ので，興味ある読者はそちらも参照いただきたい．

2つの基本仮定

　キトラ星図および他の星図・星表の成立年を推定するに際しては，次の2
つの仮定をした：

(1)　二十八宿距星の観測はみな，数年以内に行なわれた同一年代のもの
　　　と見なす．

(2)　距星の位置が長年月にわたって変化するのは，歳差だけが原因であ
　　　る．

　2.3節で述べたように，中国の星座数と星の総数は時代とともに増加して
きたから，それらの座標には観測年代が異なる星座のグループがいくつか混
在している可能性は十分にあるが，文献上の記録がない限り，それらのグル
ープを区別するのは至難の業である．この点を考慮せずに一緒に解析すれば，
意味のない年代が得られたり，残差（測定値と歳差による理論値との差）が

---

13)　3.3-3.5節は主に，中村士，キトラ古墳星図および関連史料の成立年の数理的再検討，『科
　　学史研究』，第III期，第54巻，No. 275，192-214（2015），を元にしている．

大きくなったりするだろう．しかし，少なくとも二十八宿については，(1)の仮定は満たされていると考えられる．なぜなら，二十八宿は中国星座の基本的枠組みであり，もっとも古い時代から測定されてきた星々だからである．また，二十八宿中の28個の距星はどれもみな比較的明るいため，どんな星図や星表にも必ず現われる．よって，これら28個の星々の組を，多くの星図や星表の成立年を調べるのに統一的に使える，共通の"プローブ（探り針）"として利用しようというのが本書の方針である．

(2)は，この仮定によって，星図・星表中の星々が観測された年代を一意に推定することがはじめて可能になる．星の位置が長年月にわたって一方向に変化する原因には，歳差のほかに「固有運動」[14]がある．だが，一般に古代星表・星図の数値が含む種々の誤差の大きさに比べて1000年程度の固有運動の累積効果は十分に小さいから，ここでは固有運動の影響は無視して歳差の効果だけを考えることにする．

二十八宿を年代推定に用いる利点

本書で，二十八宿を年代推定のプローブとして統一的に使用するのは，上に述べた理由以外に，他の重要な意義もある．それは，二十八宿距星が赤経に関しておおよそ全天360度に分布していることである．星の位置を観測する場合，たとえば，渾天儀の据付けが水平から少し傾いていた場合，観測データには渾天儀の設置誤差として含まれてしまうが，観測者はそれに気づかないことが多い．このことは，天域の一部にある星しか観測しないときにはとくに問題になる．観測データに偏りが生じ，それが年代推定の偏りとして影響するからである．

一方，二十八宿データの全体を一組として年代推定に使用すれば，上記の測定誤差は全周で正の値と負の値とが大体同程度に現われるため，全体としてはほぼ互いに打ち消し合って，測定の偏りはずっと小さくなる．その結果，

---

14) 星の固有運動 (proper motion) とは，銀河系内の星の3次元運動のうち，視線方向（奥行き方向）に直交する横方向の見かけの運動のことである．固有運動は，エドモンド・ハレー (E. Halley) が1718年に発見した．明るい星のほとんどが示す固有運動は角度で1秒／年以下だから（国立天文台編，『理科年表』，2018），1000年でも0.3度に達することはない．

推定年代も偏りの少ない正しい値が得られると期待されるのである（ただし，設置誤差がない場合に比べて多少推定誤差が大きくなるのはやむを得ない）.

年代推定の方法──最小二乗法

すでに述べたように，中国の古星図・星表に現われる量は去極度と宿度であるから，ある距星について，その観測値（O）と歳差理論による理論値（C）をたとえば50-100年おきに計算し，(O−C)の大きさが最小になる年を求めれば，それが観測された年代ということになる．後に例を紹介するが，過去に行なわれた年代推定はほとんどがこのやり方だった．しかし，星の観測値には必ず種々の誤差が含まれるし，その誤差の大きさは不明なので，個々の星々から求めた年代は一般にほとんど信用できない．そのため，「最小二乗法」[15]と呼ばれる手法を使うのが普通である．これは，二十八宿の距星全体にわたる$(O−C)^2$の平均値（またはその平方根）が最小になる年代を探す方法で，本書でも基本的にはこの考え方に沿って解析を行なう．

まず，直接の観測量である去極度と宿度のデータについて解析を行なった．しかし，最小二乗法によって去極度と宿度とを別々に解析したとき，得られた年代が互いに矛盾しなければ，双方を組み合わせる方が情報は増えるわけだから，一般に推定の精度が上がる．また，フリーハンドで星座が描かれている場合には，去極度と宿度の両方を同時に用いるような最小二乗法の解析が必要になる．

フランスの哲学者デカルト（R. Decartes）は著書『方法序説』（1637年）の中で，平面上の直交座標（デカルト座標）の概念を初めて導入したといわれる．これによって，幾何学的な図形を代数的に計算したり，数値データを用いたりして正確な画像やグラフを描くことが可能になった．また，カメラオブスキュラ[16]を用いた投影画像と幾何学の比例関係に基づいた，いわゆる科学的な描画が西洋で広く行なわれるようになるのは16-17世紀からである．

---

15) 最小二乗法は，1801年に発見された最初の小惑星セレスの観測データを使って，ドイツの大数学者ガウス（J. C. F. Gauss）がセレスの軌道を求めたときに考案した方法である．いまでは最小二乗法は，理学，工学，経済など，あらゆる分野で広く利用されている．

16) カメラオブスキュラとは，ピンホールカメラと同じ原理で，暗箱内の反対側の面に外の風景などを投影する装置．この言葉は，天文学者のヨハネス・ケプラーが最初に使ったとされる．

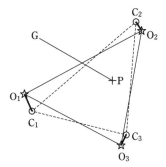

図 3-4 二十八宿距星の「位置のずれ」を最小にする年代推定法の概念図．P は北極，G は角度を測る経度の基準方向を示す．

　だが，それ以前には洋の東西を問わず，絵師がその眼力と描画能力だけに頼って描き，時には他人が本物と区別できないほどよく似た模写や贋作を制作できた．キトラ星図もおそらくそのようにして絵師が描いたにちがいない．なぜなら，一見すると全体的には近世の星図のように見えるが，部分的には星座が大きく歪んだり大きさが誇張されているからである．

　この人間による高度な模写能力がどのようにして実現されるかを数理的に解明することは心理学・脳科学の興味あるテーマだろう．しかしここでは問題を単純化して，キトラ星図の測定による距星の 2 次元的位置（O）と歳差理論によるこの星の位置（C）の，「位置のずれ」（O−C）が，二十八宿全体について最小二乗法の意味で最小になる年代を求めることにする．人間の脳は，経度や緯度など，画像を 1 次元の座標に分解して認識するのではなく，2 次元の点からなる画像のままで情報処理をしているのは確実と思えるからである．

　この方法を図 3-4 によって概念的に説明しよう．実際の解析では 28 角形になるが，ここでは簡単のため 3 星による三角形とした．P が北極，O_1，O_2，O_3 が測定位置，C_1，C_2，C_3 が歳差理論で計算した位置であり，O_1 と C_1 などを結ぶ太い線分が位置のずれに相当する（これらは実際には球面上にあるが，ここでは説明のため平面に描いている）．C_1，C_2，C_3 がつくる三角形は歳差のため年代によって向きも大きさも変化する．いまここでは，O_1，O_2，O_3 の三角形と C_1，C_2，C_3 がつくる三角形が全体としてもっとも近く

なる年代を求めたい.

この問題は,画像情報処理の分野ではパターンマッチングと呼ばれていて,工業部品の生産ラインにおける不良品の判定などに広く応用されている[17].ただし,通常のパターンマッチングと,図3-4のケースとでは,大きく異なる点がある.通常のパターンマッチングでは基準の画像と測定画像は共通の座標系による座標値が利用できるのに対して,図3-4のような宿度(たとえば,角 O_1PO_2 のこと)の場合,角度を測る経度の基準方向(G)がわからないため,歳差理論で計算した星の位置とキトラ星図上の星の位置を直接比較できないのである.この困難は後の節で扱うことにして,次節ではとりあえず宿度と去極度を別々に解析してみる.

3.4 去極度と宿度による年代推定

星図から測定された去極度と宿度がどの程度正しいかを知るためには,まず歳差の理論値を計算しなければならない.ほしい年代に対する,厳密な歳差理論による恒星の赤経・赤緯の値は,米国の大天文学者だったニューカム(S. Newcomb)による式で計算する.一方,この計算に使用する恒星の精密な位置については,現代の標準的な星表,『イェール輝星星表』(*Yale Bright Star Catalogue*)から二十八宿距星のデータを拾い出して使用する.それらの具体的方法は附録1に述べた.こうして,任意の年代におけるすべての距星の赤経・赤緯の値が求められることになる.

しかしこのやり方は,パソコンの表計算ソフトなどを用いて手計算する場合,後で述べるような推定年の誤差幅を評価するには,膨大な手間と時間がかかるため現実的ではない.これは,厳密計算の代わりに市販のプラネタリウムソフト[18]を使用しても基本的に同じ問題が起こり,しかも市販ソフトでは一般に内部計算の精度は不明である.そこで,次善の策として,西暦1年-1000年の期間で,赤経・赤緯の値をほぼ直線で近似するやり方を試してみ

---

17) たとえば,末松良一・山田宏尚,『画像処理工学』,第8章(2006).
18) ステラーナビゲータ,Ver 6.0(2006)と,The Sky という海外のソフトウエアも一部比較のために試してみた.

68   第3章　キトラ古墳の天井星図と年代推定

た（附録1）．すべての二十八宿距星について，200年おきに調べた厳密計算による値との差は大部分0.5度以下，最大の差でも0.7-0.8度を超えた例はなかった．後述のように，キトラ星図の星の経度・緯度における平均誤差は2-3度だったから，歳差の理論値はこの近似計算の精度で十分である[19]．

(1)　赤緯データの解析

　まず28個の距星について，100年おきの赤緯の理論値（C）を附録1の近似式を用いて計算し，表3-2の測定値第5列（O）と比較し，それら$(O-C)^2$の平均値の平方根を年代ごとに求めた．これは，測定値の理論値に対する誤差の平均的な大きさを表わしている．年代に対するこの平均誤差のグラフが図3-5である．3.2節でも述べたが，キトラ星図は絵師によるフリーハンドの描画であるため，10度に達する赤緯誤差を示す距星もあった．そのため，全部の二十八宿距星を用いてグラフを描くと意味のない結果しか得られない．

　ここでは，キトラ星図で測定できなかった牛，女，虚の3宿と，最小値に近い紀元前100年における$(O-C)$の大きさが5度以上だった距星を除き，残りの17個の誤差を採用して図3-5（●印）を描いた[20]．これらのデータ点にMicrosoft社のエクセルを用いて2次曲線（図中の実線の曲線）をフィットさせ，最小値に対応する観測年として紀元前73年を得た（図中の2次式による）．つまり，キトラ星図における二十八宿の去極度の観測年代は，紀元前1世紀の前半頃と推定できる．

　ただし，解析したデータには必ず誤差が含まれる．その結果として，推定年の紀元前73年にも誤差が生じるから，次にこの誤差の幅を求めなければならない．フィッシャー（R. A. Fisher, 1890-1962）らが創始した近代統計学のデータ解析では，上述した紀元前73年のような単一の推定値（点推定という）に対して，推定年の誤差幅を見積もることを「区間推定」と呼んでいる[21]（この辺の説明は，コラム2もあわせて参照していただきたい）．区間推定

---

19)　1個の星の理論値の誤差が0.7-0.8度あっても，28個の距星データに偏りがない場合は，推定年代への各星の誤差の影響は数分の1に平均化される．この点も最小二乗解析の強みである．

20)　統計学では，平均的な誤差の2-3倍以上のデータは異常な「はずれ値」として統計解析から除くのが普通である．はずれデータまで含めると，全体がそれに引っ張られて正しい結果が得られない．

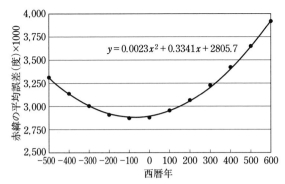

図 3-5 赤緯データの年代ごとの平均誤差（度）．ここで実際に使用した距星は，紀元前 100 年において誤差が 5 度以下だった 17 星である．

では，"ある指定した信頼度（または信頼係数，たとえば 90％）の場合，推定値はどの範囲にあるか"という表現の仕方をする．古典的な区間推定では，図 3-5 で求めた 2 次曲線と元データとの残差を用いて，推定年である紀元前 73 年の誤差幅も計算する．しかし，キトラ星図の場合のような，データ数（サンプル数，標本数ともいう）が 17 個と少なく，しかも多くが数度近い大きな誤差を有するデータでは，形式的に区間推定の計算法を適用するとあまり意味のない誤差幅が得られることが多い——測定誤差の母集団が正規分布をなすという，古典的な統計理論の前提が満たされていないからである．

　大きな誤差を含む少数データの実際的な区間推定の方法の 1 つは，解析すべきデータの組（いまの場合は赤緯値）に対して，点推定で得られた残差の分布をまずつくる．この分布をもとに，パソコン内で発生させた乱数を利用してつくった誤差を加えた模擬データを多数つくり（シミュレーションデータという），それぞれの推定年を計算し，それらの分布から信頼度を指定して推定年の誤差区間を求める（信頼区間と呼ぶ）．つまり，測定で得られたデータは，非常に大きな同種のデータ母集団からの 1 つの無作為な抽出サンプルと見なして統計解析をするのである．

　このやり方にしたがって，ここでは紀元前 100 年における測定データの残

21）　たとえば，岡本雅典ほか，『基本統計学』，第 5 章（2006）．

70   第3章　キトラ古墳の天井星図と年代推定

差の標準偏差 2.8 度を元に擬似乱数による模擬データを 100 組つくり，図
3-5 のような図を 100 枚描いてそれぞれ推定年を計算した．そして，90 個の
推定年が分布する範囲を求めた結果，信頼度 90%[22]における紀元前 73 年の
誤差幅は約 ±280 年だった．言いかえれば，信頼度 90% では，キトラ星図
の観測年代はほぼ［紀元前 50，西暦 210］年の区間ということになる．本書
では，推定年 ± 幅という形でなく，［下限，上限］という推定区間の表わし
方も必要に応じて用いることにする．その理由は，点推定で求めた推定年が
信頼区間の中央に来ない場合が起こるからである．

コラム2　統計学における点推定と区間推定

　ここでは統計解析における点推定と区間推定について概略を説明する．例として，
日本人 20 歳男子全体の体重の平均値を知りたいとしよう（この集団全体を母集団，
全体平均を母平均という）．しかし，全員の体重を実際に調べるのは現実的でない
から，とりあえず，ある大学の 1 クラス 100 人の集団について測定し，平均値 63.0
kg，標準偏差として 8.4 kg を得たとする．この平均値は，日本全体の母平均につ
いての "1 つの推定値" と見なすことができる．このような値を「点推定」と呼ぶ．

　ここで，調査した集団の人数（サンプル数，n）の平均値を M とすれば，各人の
体重（X_i）と平均値との差の 2 乗和を $(n-1)$ で割った量，$\sum(X_i-M)^2/(n-1)$ は分
散と呼ばれる．分散の平方根が標準偏差（SD）である．標準偏差は，平均値の周
りにデータが散らばる 1 つの目安を与える量で，平均値とともに統計分布における
もっとも基本的な統計量である．

　次に，別な大学のクラス 100 人を測定したら，平均値も標準偏差も違う結果が得
られるだろう．これは当然な話で，たとえば，全国で 100 個のクラスを調べれば，
M も SD もそれぞれ少しずつ異なる値になるにちがいない．その結果，最初のクラ
スの平均値 63.0 kg を考えた場合，この値を含むある区間内に母平均が存在すると
期待できる．このような推定法のことを，点推定に対して「区間推定」という．

　常識的に考えて，区間の幅をより大きくとれば，その中に母平均の値が含まれる

---

22)　学生の体重，身長などの大標本データでは信頼度を 95% か，99% にとるのが普通である．
　　しかし，キトラ星図など，古星図・星表の二十八宿データはかなり大きな誤差を含む少数標本
　　データであるため，信頼度を 90% に統一した．

頻度はより大きくなるだろう．大学生の平均体重に即していえば，たとえば $M-D$ と $M+D$ の間，つまり 55-71 kg の間にくる場合より，$M-2D$ と $M+2D$ の間，47-79 kg の間にくる場合の方がずっと頻繁に起こるだろう．この頻度のことを信頼度（または信頼係数）といい，それに対応する区間のことを信頼区間と呼ぶ．たとえば，信頼度90%とは，上に述べたような測定を100回繰り返したとすると，90回は母平均がその信頼区間に含まれるという意味である．体重などの単純な統計では，十分多くの人数をとると，その分布は正規分布（またはガウス分布）と名づけられた，釣鐘型の数学的分布をなすことがよく知られていて，信頼区間などもこの分布から理論的に計算できる．

　ところが，統計データの中には，測定の難しさやデータの欠損などさまざまな原因で，少ない数のサンプルしかどうしても得られない場合が現実にはよく起こる——本書で扱う二十八宿のデータ解析も，データ数は20個前後だから，少数サンプルの統計に属するといってよい．こうした場合には，データの分布が正規分布にならないことの方が多く，分布の形が不明な場合が大部分であるから，信頼区間を式の形で求めることはできない．その代わり，パソコンで表計算ソフトなどが使えるときは，データの分布の形が不明でも，数値シミュレーションというやり方で信頼区間を数値的に推定することができる．少数サンプルの残差に基づいた誤差分布をつくり，これを元のデータに加えた模擬データの組を多数つくって，それらを解析して信頼区間を調べるのである．この方法では，パソコンの中で発生させる乱数が重要な役割をする．具体的な事例は本文も参照していただきたい．

(2)　宿度データの解析

　ついで，キトラ星図の宿度のデータを調べてみよう．赤緯の解析のときと同様に，図 3-5 と同じような，宿度に対する平均の (O-C) の年代別グラフをつくり，その値が最小になる年代を求めた．赤緯データに比べると，誤差 (O-C) の大きさは割に小さく（標準偏差は1.8度），紀元前100年における誤差3度以下のデータ20個でグラフを描き，平均誤差が最小値になる年代として紀元前79年を得た．

　この値は赤緯の解析結果（紀元前73年）と一見よく一致しているように見えるが，以下に述べる理由で，これはたまたまそうなったと考えるべきである．赤緯データの解析の場合と同じように，残差の標準偏差1.8度を用いて乱数による模擬データを100組作成し，数値シミュレーションによって推

定年の分布を調べてみた．信頼度 90% に対して，推定区間は［紀元前 550，西暦 370］年になった（または，紀元前 79 年±約 450 年）．この区間幅は前に求めた赤緯の区間幅と重なるから，去極度と宿度の結果は互いに矛盾はしていない．しかし宿度の推定では，不確定さの全幅が 900 年もあることになる．こんな大きな誤差幅では，観測年は実質的には何も決まらなかったというべきだろう．信頼度を 50-60% に下げても不確定幅はなお ±150-200 年あった．

宿度を用いた観測年代の推定幅がこんなに大きくなった理由は，附表 1 における宿度の変化率を見れば定性的には納得できる．この表を見れば，宿度は年代とともにわずかしか変化しない量であることがわかる．具体的には，宿度の変化率は赤経変化率の 100 分の 1 以下，大部分の距星は 1000 年間で数度しか変化していない．その理由は，各距星の赤経は歳差によって同じ向きにほぼ同程度の変化をするが，宿度はそれら 2 星の赤経の差だからである．このような緩やかな変化を，ノイズとしての誤差が数度以上もあるデータの中から検出するわけだから，結果として不確定幅が ±450 年にもなったのはやむを得ない．つまり，赤緯に比べて宿度は，きわめて "感度の悪い" 測定量で，年代推定には本来不向きな量だったのである．

3.5 位置のずれを用いた解析

次に，3.3 節で述べたような，宿度と去極度の両方を一緒に用いる解析法を考える．これは，人間がフリーハンドで模写するやり方を数理的に理解する 1 つの方法でもある．また，常識的に考えても，宿度と去極度の両方のデータを一緒に使えば，情報量が増えるわけだから推定値の不確定幅は減ると期待される．天球面上の位置のずれとは，図 3-4 に示した O_1C_1 や O_2C_2 などの線分のことで，それを ΔL_1，ΔL_2 と書くことにしよう[23]．この ΔL を計算するときの問題点は，3.3 節の終わりでもふれたように，各距星の赤経をどうやって知るかである——私たちには，2 つの星の赤経の差である宿度し

---

23) 式の形で示せば，$\Delta L^2 = (\delta_O - \delta_C)^2 + (\alpha_O - \alpha_C)^2 \cos^2\delta_C$ と書ける．ここで，(α, δ) は星の赤経と赤緯，添字 O は測定値，添字 C は理論値を，$\cos^2\delta$ は北極に近づくにつれて 2 点の赤経差による距離が縮む効果を表わしている．

か与えられていない．

各宿の距星を経度原点にとる

もし仮に，28個の距星の測定された宿度すべてに誤差が全然なかったら，経度を測る原点はどこでもいいし，ある距星を原点にとってもいいはずだ．なぜなら，ΔL の計算では，赤経はつねに測定値と理論値との差としてしか現われないからである（脚注23の式を参照のこと）．この場合には，それぞれの距星の ΔL は0になるため，結局それらの平均値 $\langle \Delta L \rangle$ も0となる．このことを，西暦300年を例にとって図式的に示したのが図3-6の左図である．データ誤差がまったくないのだから，西暦300年でどの星の誤差も平均誤差も正確に0になる．

次に，もし各距星の赤経誤差が小さいと仮定しよう（図3-6の右図）．すると，各宿の距星を原点にとって，$\langle \Delta L \rangle =$ 最小として求めた推定年は，それぞれ西暦300年から少しずれた T_1, T_2, T_3 などの値になるだろう．この宿の数が3個よりもっと多ければ，それらの平均は元の西暦300年に十分近くなると期待される——右図の下の式は，そのことを示すための式である．

この予想を実際のデータで調べてみた．たとえば，24番柳宿の経度を0

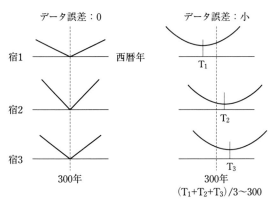

図 3-6 二十八宿ブートストラップ法の概念図．この図は3個の宿の場合で，西暦300年の観測を仮定している（歳差は1次近似式の場合）．グラフの縦軸は二乗平均誤差 $\langle \Delta L \rangle$．右図下の式は，T_1，T_2，T_3 の単純な平均だが，実際のブートストラップ法ではもっと複雑な計算法を用いる．

74 第3章 キトラ古墳の天井星図と年代推定

度として各距星の相対経度から ΔL を計算し，その平均値 $\langle \Delta L \rangle$ を図3-5のようなグラフに描き，最小値に相当する推定年を求めてみたら，紀元前88年となった．ところが，8番斗宿の経度を0度にとると，今度は西暦150年という全然異なる値が得られた．他の場合も，どの距星を経度の原点にとるかで得られた推定年は驚くほどバラバラだった．それらの全部を，表3-2の最後の推定年と書いた欄に示しておいた（27番翼宿のグラフは，紀元前500-西暦1000年の範囲で最小値が見つからなかった）．

　この結果には非常に困惑させられたが，試みにそれら全部の推定年の平均値と標準偏差を計算してみたところ，紀元前81年および122年という値が得られた．この平均値が，赤緯と宿度の解析から得られた値，紀元前73年と紀元前79年とにかなり近いのは，おそらく偶然ではなく正当な理由があるはずだ．表3-2の最後の欄の24個の推定年は，それらが総体として，必ずや真の観測年の情報を担っているにちがいない[24]（図3-6（右図）下の式は，この考え方を星3個の場合で説明している）．この直観に導かれて，成立年が既知のいくつかの星図・星表でこの年代推定法を試みた結果，いずれも妥当な誤差範囲で元の年代を得ることができた．また，推定年の精度を向上させる目的で多くの計算法を試行錯誤した末に，ようやくブートストラップ法という統計解析法にたどりついた．

二十八宿ブートストラップ法による成立年推定

　キトラ星図の成立年推定で私たちがめざすのは，各宿の距星を経度の原点にとって求めた推定年の組（表3-2の最後の欄）から，できるだけ少ない手計算の手間と時間で，しかも精密な区間推定を行なうことである——ここで，"精密"とは，推定誤差の区間幅を狭められるという意味である．筆者が調べた限り，この両方の目的にもっともかなう方法がブートストラップ法だった．以後，この方法による二十八宿の年代推定法を二十八宿ブートストラップ法（または二十八宿BS法）と呼ぶことにする．

---

24) N個のデータがある場合，その総体はN次モーメントまでのN個の統計的情報をになっているが，古典的な平均値や分散はその1次モーメント，2次モーメントだけを利用しているにすぎない．

ブートストラップ法とは，米国の統計学者エフロン（B. Efron）が1979年に発表した新しい区間推定法である．とくに，測定のデータ数が少なく，大きな誤差を含み，しかもデータ誤差の母集団分布が正規分布ではない，または分布が不明な測定に対して大きな威力を発揮する．広い分野の統計解析ですでに多数の実績がある[25]．厳密な統計理論に裏打ちされた正統的な解析法であるが，計算法は単純な算術計算の繰り返しであるため，パソコンの表計算ソフトを使用した処理に適している．多種類の統計量の誤差に対して，精密な区間推定ができるのも大きな特徴である．その具体的計算法は，数理的な議論や数式が出てくるので附録2で説明した．ここではそれを用いて求めた結果だけを述べる．

キトラ星図の観測年代の信頼区間は，信頼度90%では［紀元前123, 紀元前39］年となった[26]．この区間の中心からの幅は約±40年だから，表3.2の推定年データ全体から計算した古典的な標準偏差122年の約3分の1になっている．ゆえに，この二十八宿BS法による推定区間の幅±40年は，宿度と赤緯の測定値を個別に解析した場合（3.4節）の推定幅，±280年や±450年に比べて圧倒的に狭い，つまり，精度の高い区間推定といえるだろう．

推定した成立年の精度比較

以上，宿度，去極度，位置のずれのデータを用いた，キトラ星図の成立年推定の結果をここでもう一度まとめておこう．信頼度はいずれも90%である．

(a) 宿度：［紀元前550, 西暦370］年（または，紀元前79年±約450年）．

(b) 去極度（赤緯）：ほぼ［紀元前350, 西暦210］年（または，紀元前

---

25) Efron, B., Bootstrap methods: Another look at the jackknife, *The Annals of Statistics*, Vol. 7, No. 1, 1-26 (1979); Chernick, M. R., *Bootstrap methods: A practitioner's guide* (1999)；吉原健一，『Excelによるブートストラップ法を用いたデータ解析』(2009)．

26) 試みに信頼度を95%に設定した場合，推定年代は［紀元前129, 紀元前31］年（あるいは，紀元前81±49年）になったが，これを90%信頼度の結果と比べると大きな違いはないことがわかる．よって，他の星図・星表の解析でも，とくに断らない限り90%の信頼度の場合を求めることにする．

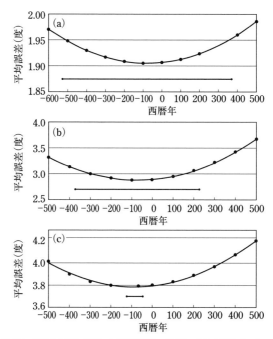

図 3-7 年代ごとの平均誤差（度）と信頼区間の比較．(a) 宿度データ，(b) 去極度データ，(c) 位置のずれ．曲線状の各グラフの下に示した横棒の長さが信頼区間を表わす．(c) が圧倒的に小さい，つまり，推定の精度が高いことを示している．

73 年 ± 約 280 年）．

(c) 位置のずれ：[紀元前 123, 紀元前 39] 年（または，紀元前 81 年 ± 約 40 年）．

とくに，推定区間の違いを視覚的にわかりやすく示すため，図 3-7 に 3 者のグラフと信頼区間（各グラフの下の横線）を比較しておいた．最終的な推定結果はもちろん，もっとも精度の高い（信頼区間の幅が狭い），位置のずれに二十八宿 BS 法を適用して得られた (c) であることはいうまでもない．

モデル解析

ところで，上に得られたような，従来の方法による幅に比べて驚くほど狭い推定区間は，本当に正しい推定なのかという疑いが当然起こるだろう．つまり，BS 法という方法自体が，観測年が未知の星図といった課題に対して，

いつも正しい結果を与えるのかという疑問である．この問に答える手段の1つは，次のような「モデル解析」を行なうことである[27]．ここでは，歳差理論で計算した，西暦300年における二十八宿距星の厳密な赤経・赤緯値に，擬似的な正規乱数によるノイズを加えた仮想的測定データをつくり，前節で述べた方法で表3-2のごとき28個の推定年を計算し，BS法で解析してみた．BS法が正しいなら，初めに仮定した西暦300年がこの方法で再現されなければならない．

キトラ星図の測定値に近い，3種の大きさのノイズ（誤差）を赤経と赤緯に別々に加えたデータをつくり，解析した結果を附表3に示す．加える擬似正規乱数ノイズの標準偏差（SD）として，1.5度，1.0度，0.75度の3種類で模擬測定データを作成し，それぞれに位置のずれの最小値を与える年代を求めた結果が附表3の最後の欄に推定年として示されている．異なる3種類のノイズを試みたのは，ノイズの大きさに応じて推定区間の幅がどう変化するかを見るためである．

キトラ星図の場合と同様な，120回の再サンプリングを行なって得られた推定区間は次のようになった．信頼度90％に対して，SD＝1.5度の場合，信頼区間は［282, 337］年，SD＝1.0度の場合，［282, 319］年，SD＝0.75度の場合，［261, 298］年だった．これら推定区間の中心はいずれも，当初の仮定である西暦300年から10-20年程度である．また，区間の半幅でいえば，それぞれ約28年（SD＝1.5度），18年（SD＝1.0度），18年（SD＝0.75度）だったから，加えたノイズに応じてほぼ小さくなっていることがわかる[28]．

すなわち，このモデル解析の結果と比較するなら，キトラ星図における二十八宿距星のデータのBS法による解析でも，真の観測年代が10-20年程度

---

27) 現代天文学の実際の観測でも，測定数が少なく，誤差が大きなデータの解析を行なわざるを得ないことがしばしば起きる．物理実験と異なり，天文観測では一般に，測定条件を観測者が自分で設定できないからである．このような場合，採用した解析法の「モデル解析」による検証は欠かすことができない．

28) キトラ星図の解析で求められた信頼区間の幅は，表3-2に示した推定年の標準偏差の約3分の1だった．このモデル解析でも，附表3の標準偏差の値を見れば，ほぼ同じ関係が成り立っていることが見てとれる．

の誤差で正しく推定できたと結論できる.

過去の推定結果

ここで,過去の調査に基づいて得られたキトラ星図の成立年推定について
ふれておく.筆者の知る限り,推定年を与えている文献は1999年の宮島一
彦氏のものが唯一だった[29].その論文では,次のように述べている.「今回
用いた手順では去極度よりは赤経の平均自乗誤差の結果によるべきものと判
断し,これが最小となる年として紀元前65年という数字を得た.もちろん
使えるデータが少ないうえ,……この結果はごく大まかな目安としかいえな
い」.ここに記された年代は,本書の解析で得た紀元前81年±約40年にか
なり近いように見えるが,いくつか疑問点が残る.

まず問題なのは,去極度よりも赤経の測定値を使うべきとしている点であ
る.本書の3.3,3.4節ですでに論じたように,キトラ星図で測定された宿
度は,その性格上原理的に,赤経には直せないはずであるが,どのようにし
て赤経の値を得たのだろうか.

また,私たち2014年の測定では,宿度・赤緯は1998年の調査時に比べて,
より精度の高いそれぞれ2倍近い数のデータが利用できた.それにもかかわ
らず,宿度・赤緯を用いた解析では,推定年は±(280-450)年という大きな
不確定幅になった.それに対して,宮島論文では,「±」の数値は示されて
いないし,紀元前65年を得た具体的根拠も記されていない.したがって,
宮島氏の数値と本書の推定年が近いのは,偶然の一致と見なすのが妥当であ
ると思う[30].

とはいえ,あまり質が良くなく数も限られた当時のキトラのデータと,表
計算ソフトなども簡単には利用できなかった20年前の状況を考えれば,得
られた推定年の信頼性は別にして,宮島氏が解析にいろいろご苦労されたで
あろう点には深く敬意を表したい——物事は何であれ,最初に行なったとい

---

29) 前掲,宮島一彦,『人文学報』(1999).
30) ただし,後知恵ではあるが,渾天儀による二十八宿距星の初期の測定や,当時の天文学に関
する歴史の知識があれば,キトラ星図の二十八宿を実際に測定しなくても,紀元前1世紀の前
半というおおよその年代を予想することは可能だったろうという気がする.

うことが重要なのである.

キトラ古墳星図は最古の科学的星図

以上，この章で述べてきた，二十八宿の距星を利用したキトラ星図の成立年推定では，去極度，宿度，位置のずれによる解析から，いずれも矛盾のない紀元前 80 年前後（±約 40 年）という結果が得られた．これは，キトラ星図には歳差の理論を適用して年代推定ができるだけの科学的な情報が含まれていたからにほかならない．この意味でキトラ星図は，おそらく古代中国のデータに基づいた，世界最古の科学的星図ということができる．一方，キトラ古墳と同年代に制作された中国と朝鮮の古墳壁画の天文図には，本書で実施したような統計解析に耐える星図はまったく見つかっていない[31].

また，今後も見つかる見込みは低いように思える．というのは，次節で引き続き議論するが，死者を安置する古墳の内部は本来，科学的な星図を描くような場所ではないからである．そうした意味で，キトラ星図はきわめて特異な存在であり，現存唯一の最古の科学的星図と結論できる．

科学的星図の要件

なお，後の章に出てくる他の古星図・星表の解析にも関係するから，本書が科学的な星図と呼ぶための基準をここで明確にしておこう．それは次の 3 点である.

(1) 北半球，または南半球，または全天を一枚に描いていること，

(2) 渾儀などの天文観測装置で測定された，天球上の緯度・経度データを元にしていること，

(3) 上記のデータに基づき，比例関係，相似関係を利用して，星と星座を平面の円星図，または長方形星図に描いていること.

とくに (2) と (3) が重要で，本書の中心テーマである，歳差理論を適用した星図・星表の年代推定ができるためには，この条件が満たされている必要がある．この基準から見れば，「敦煌星図」は，本書が想定する科学的星

---

31) 二十八宿を用いてその観測年代が科学的に特定できる星図で残っている史料は，中国では 11 世紀末，朝鮮では 14 世紀末のものがもっとも古い（2.3 節を参照）.

80　第3章　キトラ古墳の天井星図と年代推定

図の範疇には入らないことになる（第6章でふれるアル・スーフィーの星座図
なども同様である）.

3.6　キトラ星図が描かれた時代的背景

律令国家と陰陽寮

　本章を終えるに際して，科学的な星図の形態をとったキトラのごとき星図
が，7世紀末から8世紀初めという時代に，死者を葬る古墳の中に描かれた
歴史的背景を推察してみたい．常識で考えれば，墓所内の壁画には，死者の
魂の平安と再生を願う，極楽浄土や四神など，神話的，観念的な題材こそが
当時の精神文化としてはふさわしく，現代の科学に近い精密星図を描く必然
性はまったくないように私には思える．実際，朝鮮半島の古墳壁画は例外な
く，その種の描画だったことはすでに述べた．にもかかわらず，科学的な星
図がキトラ古墳の天井に描かれたのはなぜか．

　7世紀後半の大和における政治状況を見てみると，天智天皇（626-671）の
死後に「壬申の乱」（672年）が起こり，弟の天武天皇（631?-686）が巻き返
して政権を奪った．こうした混乱はあったものの，この2人の天皇によって
律令国家の建設は着実に押し進められていった．その一環としてつくられた，
天文暦学に関係する役所としては，中国の制度をまねた陰陽寮があった．

　国が編纂した最初の正史，『日本書紀』[32]で，陰陽寮の記述が初めて現われ
るのは675（天武4）年正月，役人としての陰陽師の初見は684（天武13）年で
あるが，陰陽師はそれ以前から存在していたらしい[33]．また，よく知られて
いるように，『日本書紀』には，皇太子時代の天智天皇（中大兄皇子）が初
めて製作させた「漏刻」（水時計，660年），天皇即位後に漏刻を新台に置き
鐘鼓を打たせた記事（671年）など，陰陽寮の設立に至る前段階の記事が見
える．

---

32)　坂本太郎他校注，『日本書紀』（上・下），『日本古典文学大系』，No. 67 (1967).

33)　陰陽五行説に基づいて天文・地相など種々の占いを行なった専門職の役人．天文博士は彼ら
　　を統括した代表者だった．中国の陰陽五行説は本来，自然哲学に関する学問だったが，日本人
　　はその内容が理解できなかったため，陰陽師は陰陽道と称した占い・迷信の面ばかりを扱うよ
　　うになった（国史大辞典編集委員会編，『国史大辞典』（第2巻），同（第9巻），1988).

図 3-8 釜山に近い慶州の「瞻星台」.

　天武天皇の場合は，天武自身が天文占いに強い関心を抱いていたことをうかがわせる記述が『日本書紀』に見られる．「即位前期」の記事には，「天文・遁甲を能くしたまふ」，とあるし，天武元年6 (671) 月の記事では，広さ十丈あまりの黒雲が天空を流れたのを見て，燈火をかかげ自ら「式」（占いの道具）をとって占い，壬申の乱において自分が勝利することを予見している．また，675 (天武4) 年正月5日には，初めて「占星台」を建てたとあるから，それ以前から，正規の役人ではないにしても，天武の周囲には天を監視する役割を担った天文生のごとき人々がいたにちがいない．
　この占星台がどのような構造だったのか，奈良のどこにあったかは不明だが，同じような目的に使用されたと思われる施設が古代朝鮮でもつくられていまも残っている．それは，韓国の釜山に近い慶州の「瞻星台」である[34]．

---

34) 辞書によれば，「瞻」には，見る，見上げるの意味しかないから，瞻星台は文字通り星の観測所だろう．一方，日本の場合，音は同じだが「占」の文字を使用したのは，占星台の主な目的が占星術と考えられたためではなかろうか．

82　　第3章　キトラ古墳の天井星図と年代推定

この遺跡を天文台であると初めて報告したのは，戦前の日本占領時代に韓国にいた気象学者の和田雄治で，後に朝鮮総督府の気象観測所長になった．高さ約9mの筒型，花瓶のような作りの花崗岩の石積みで，中間の高さに1mほどの正方形の窓が南に向いて開いている（図3-8）.

　李朝朝鮮の後期に編纂された『（東国）文献備考』などには，新羅時代の647年，善徳女王のときに建立されたと記されている[35]．この年号は，日本で占星台が建造された675年より28年前である．この頃の日本は，中国や朝鮮半島からの文化を盛んに取り入れていた時代だったから，天武天皇は慶州に瞻星台が建設されたというニュースを知らされて，奈良にも同じような占星台をつくろうと決心したのではないかと私は想像している.

天武天皇時代の天文記録

　『日本書紀』に始まって，多くの歴史文書から天文記事を広く蒐集した『日本天文史料総覧』という本がある[36]．それによれば，620（推古28）年の赤気（オーロラらしい）の記録が初出である．その後，この推古28年から674（天武3）年までの55年間に採録された天文現象が12件だったのに対して，天武4年から684（天武12）年までの9年間に同じ数の12件の天文記事が現われる．しかも，星座名を初めて記すなど，記述もそれ以前よりくわしい．天武天皇の時代だけに天文現象が集中して起こったとは考えられない．おそらく天武は，"支配者たる皇帝は天文現象に現われる天帝の意思を見てまつりごとを行なう"という，中国古来からの政治思想である観象授時を日本で初めて実践しようとした天皇ではなかったか．こうした意図をもって，天武が天文観測を熱心に行なわせた結果が，9年間に12件という数の天文記事になったのだろう[37]．天武が編纂させた『日本書紀』の代表編纂者は，天武の息子だった舎人親王である．舎人親王は天武の意向を受けて，上に紹介した多数の天文記事を意識的に『日本書紀』に採録したのかもしれない．

---

35)　全相運，『韓国科学技術史』，第1章（1978）．全相運，許東粲訳，『韓国科学史——技術的伝統の再照明』（2005）.

36)　神田茂編，『日本天文史料総覧』（1978．原著は1935）.

37)　ただし，後年明らかにされたことだが，日月食の場合は，実際には起こらなかった，暦法による計算上だけの事例も含まれていたことは注意を要する.

キトラ星図は天武天皇の遺産

　それら天文現象（とくに天変）の監視を行なったのが，上に述べた天武4年の占星台だったはずだ．占星台で天文博士・天文生が天変を監視し，その報告を受けて陰陽頭（陰陽寮の長官）が内裏（宮中）に「密奏」（内密の報告）したのである．最初の推古28年のオーロラの記録以後，時代が下がるにつれて，客星（新星のこと），彗星などの天変が出現した星座の位置の記載はくわしくなる．初期の記録に見られる，昴宿（すばる）などは一般人でも知っている星座だが，それ以外の星座は天文生でも星図がないとわからないし，陰陽頭への報告も具体的に書くことができなかっただろう．

　天武の頃から少し時代は下がるが，722（養老6）年7月3日には「客星閣道辺に見はるること凡そ五日」，同7年9月9日の「熒惑〔火星のこと〕太微左執法中に入る」，727（神亀4）年3月25日の「熒惑東井西亭門に入る」などの記事が『続日本紀』には現われる．占星台で星空を見上げる天文生が，これらの星々，閣道（カシオペア座），太微左執法（おとめ座），東井西亭門（ふたご座）を同定するためには，中国の天文書とくわしい星図がなかったら困難だったにちがいない．

　以上の状況から判断して——その星図が遣隋使・遣唐使によってもたらされたのか，朝鮮半島経由で伝わったかはわからないにせよ——3世紀，陳卓の流れをくむ中国の星図で，おそらく星座・星名を記したものが天武の時代にはすでに日本に伝来していて，それがキトラ星図の原図になったことは確実と思われる．さらにいえば，キトラ星図の存在は，天武天皇との関係を抜きにしては考えられない．それゆえ，"キトラ星図は天武の遺産"である，と私は思うのである．

キトラ古墳の被葬者は？

　最後に，キトラ星図の制作者と古墳の被葬者との関係について簡単に考察してみよう．キトラ古墳の被葬者は皇族皇子や地方豪族などの説がいままで出されているが，考古学的にはいまだ候補者を絞り込めないようにみえる[38]．3.1節にも述べた通り，東アジアの古墳壁画の常識から考えて，キトラ古墳

の天井星図はごく例外的な存在であろう．キトラ星図のような科学的要素を含む星図は，占星台，陰陽寮に勤務した天文技術職の関係者以外には本来無縁のものである．

　そうした特殊な題材がキトラ古墳の内部にあえて描かれたということは，この被葬者が占星台の天文博士らと深い関係があった人物，たとえば，陰陽寮の長官かパトロンだったのではないかと私は想像する．占星台の人々は，自分たちの上司ないしは保護者だった人物の死を悼んで，彼らの仕事の象徴である星図を古墳内に描いたのではないだろうか．ただし，天文博士や陰陽寮の長官の名が『日本書紀』以後の正史に記されるようになるのは，天武天皇の頃よりだいぶ後の時代である．天武の時代はまだ律令制度が整備されつつあった時期で，政治に直接関与する組織ではなかった陰陽寮などの長官は，天武の親族，たとえば舎人親王や，他の部局の責任者がおそらく兼務していたのだろう．そのため，『日本書紀』など正史の編纂者はその名前を把握できなかった可能性が高い．よって将来も，キトラ古墳の被葬者の具体名をつきとめるのはたぶん困難だろう．

---

38)　たとえば，白石太一郎編，『古代史を考える——終末期古墳と古代国家』(2005)；来村多加史，『高松塚とキトラ——古墳壁画の謎』(2008)；山本忠尚，『高松塚・キトラ古墳の謎』(2010).

★キトラ古墳星図の原典を求めて★

　前章では，キトラ星図に描かれた二十八宿の観測年代はほぼ紀元前 80±40 年（信頼度 90%）であると推定した．ちなみに，この頃の日本の歴史状況を考えてみよう．紀元前 1 世紀頃は，大陸から伝播した稲作栽培と金属器の使用が行なわれ，各地の遺跡から出土する弥生式土器で特徴づけられる弥生文化の時代だった．1 世紀に書かれた中国の歴史書，『漢書』地理志によれば，日本人は倭人と呼ばれ，九州北部から西日本にわたって 100 以上の小国が分立していた．日本の社会全体を統治できる支配者はまだいなかった．

　そのような状況下では，中国のような暦や国家占星術が必要だったとはとても思えない．まして，日本人が天文儀器を使って二十八宿の位置観測を行ない，星図をつくったなどとはとうてい考えられない．したがって，キトラ星図の原図はずっと後世に中国か朝鮮からもたらされたことは疑いない．そこで，この章では，このキトラ星図の原典を追究してみたい．

　まず，キトラ星図の原図が紙に描かれていたのは確実である．大陸から伝来した星図の原紙を日本で写し取って使用したのだろう．歴史記録によれば，610（推古 18）年に高句麗の僧，曇 徴 が，日本に製紙法を墨や絵具とともに伝えたとされる[1]．しかし，もちろん，このキトラ星図の原図紙は残っていない．中国でも，星図を最初に描いたのは，4 世紀の呉の太史令，陳卓だったと記録されるが（2.3 節），全天の星図として残っている最古のものは，

1）『日本書紀』の巻 22，推古紀にある記述．推古 8（610）年春 3 月に，高麗王は僧の曇徴らを日本に派遣し，絵の具や紙と墨のつくり方を伝えたと解釈されている．

86　第4章　キトラ古墳星図の原典を求めて

『新儀象法要』や「淳祐天文図」など，ずっと後の時代の制作であることは
すでに紹介した．したがって，キトラ星図の原典への手がかりは，星図では
なく歴史文書の中の記述か，星表の形で探すしかない．科学的内容をもつ星
図は，星表を元に描かれるのが普通だからである．

4.1　中国正史の中の天文暦学資料

筆者の目には，中国の歴史は世界史上ほかに類を見ないきわめて特異な例
として映る．世界史における国の興亡では，勝者は敗者の国を文化も含めて
徹底的に破壊し，敗者の歴史・文化は残らない場合が少なくない．ところが
中国の場合は，太古から現代まで3000年以上にわたってほぼ連続して，周
辺諸国に対して政治的・軍事的な支配者の地位を保ち，学問，文化も継続的
に発展させた．蒙古族，満州族など，異民族による王朝が成立しても，やが
て漢民族の体制と文化に同化されていった．その結果，滅亡させたり征服し
た前の王朝の歴史を，国の正史として記録する伝統が古代から維持できたの
だろう．このような例は，他の四大古代文明や，ローマ帝国，大英帝国など
にも見当たらない．

二十四史

中国歴代の王朝について記した正式な歴史書は，まとめて二十四史，また
は二十六史と呼ばれる．漢代の司馬遷の『史記』に始まり，明王朝までが二
十四史，最後の王朝である清朝までを含める場合は二十六史である．これら
は，国の公式な事業として学者を動員して編纂させたもので，一般に正史と
いう．それら二十四史のタイトルと，成立年および巻数を表4-1にまとめて
おいた．多くが100巻を超える大部な歴史書であることが見てとれる．

二十四史の各王朝史にはほとんどの場合，「律暦志」や「天文志」と題し
て，暦，暦学・数学，天文記録，天文占，度量衡，音楽・楽器に関する巻が
含まれるのが普通である．中でも天文暦学はとくに重要視された．その理由
は，第2章でもふれたように，古来から中国では，観象授時，受命改制とい
う政治理念，すなわち，地上の皇帝は天帝の命によって政治を行なうという

表 4-1 二十四史の表.

No.	書名	成立年	巻数	No.	書名	成立年	巻数
1	史記	前漢（紀元前 91）	130	13	隋書	唐（656）	85
2	漢書	後漢（82）	100	14	南史	唐（659）	80
3	後漢書	宋（432）	120	15	北史	唐（659）	100
4	三国志	晋（3 世紀末）	65	16	旧唐書	後晋（945）	200
5	晋書	唐（648）	130	17	新唐書	北宋（1060）	225
6	宋書	南斉（488）	100	18	旧五代史	北宋（974）	150
7	南斉書	梁（6 世紀前半）	59	19	新五代史	北宋（1053）	74
8	梁書	唐（636）	56	20	宋史	元（1345）	496
9	陳書	唐（636）	36	21	遼史	元（1345）	116
10	魏書	北斉（554）	114	22	金史	元（1345）	135
11	北斉書	唐（636）	50	23	元史	明（1370）	210
12	周書	唐（636）	50	24	明史	清（1739）	332

伝統がきわめて大きな意味をもっていたからである.

政治イデオロギーとしての天文・暦

　中国には古くから「正朔を奉ずる」という言葉がある. 「正」は年の初め, 「朔」は月初め, 正朔は正月元日であり, 転じて暦を意味する. つまり, 暦を奉ずるとは, 支配者から暦を頒布されてその統治に服する, 臣下となる, という意味である. 支配者が暦を独占管理するということは, 天帝が地上の支配者を選ぶという考え方, つまり観象授時, 受命改制の一環であり, 天文と暦, 国家占星術は, 古代中国の伝統に根ざしたきわめて重要な政治イデオロギーであったため, 正史には必ず律暦志と天文志が含まれたのである. 逆な言い方をすれば, 宮廷の天文学者以外の人間が私的に天文・暦を取り扱うことは許されなかった.

　実際, 後漢以来, 天文・暦の知識は, 宮廷内の太史局（国立天文台）の天文官僚だけによって独占され, 国家機密にされてきた. 唐代の官制・法制を記した『唐六典』（738 年）では, 天文観測装置や天文・暦の本は, 資格のない部外者が使用しないように, 宮廷の天文部局外にもち出すことを厳しく禁止していた. この法による規制は 17 世紀の清朝になっても継続し, 『大清会典』（1690 年）の事例には, 宮廷天文学者以外の者が, 天文・暦を研究したり, 渾天儀を製作したり天文暦学の書物を蒐集した場合は厳罰に処する,

88　第4章　キトラ古墳星図の原典を求めて

と記されている[2].

　以上のような歴史事情だったから，中国宮廷内の天文観測記録がたまたま民間に残り，現代まで伝えられたなどということはまず起こり得ない．また，その頃の民間人が，高価な青銅製の渾天儀を自ら製作して星を観測したなどということも，当時の社会・経済事情を考えればまず不可能だった．したがって，キトラ星図の原典である二十八宿の位置観測データも，正史の中の律暦志，天文志で探せばよいことになるし，事実それ以外の選択肢はない．

　ここで少し脱線して，試みに，天文・暦を中心とした中国の政治イデオロギーがどのようにして生まれたかを憶測してみよう．ごく初期の支配者は，おそらく武力的手段によってある地域とその人民を支配したにちがいない．しかし，国としての規模と支配者の権力が強大化するにつれて，その支配を制度として正当化する根拠や口実が必要になってくる．ここで，支配者の側近の中に，頭が働く者（たぶん古代天文学者の原型）がいた．彼は，"天が支配者に対して，天帝に代わって地上の人民を支配するように命じた"，と主張するように支配者に入れ知恵をした．これは，支配を正当化する手段としては巧妙でしかも有効なやり方だった．なぜなら，天が命じたと主張されれば，他の対抗者は，手が届かない超自然的な天（天帝）を相手に反論することもできなかっただろうからである．

　また，暦に関しては，暦は農耕民族にとって農作業に非常に役立つものだから，それを提供する者を支配者として認めざるを得なかった面もあっただろう．このようにして，古代中国では天文・暦に基づく政治イデオロギーがしだいに確立されていったのではないだろうか．他方，天帝の意思を見落とさないために，宮廷の天文官はたえず天を監視したことも第2章ですでに述べた．その結果，過去の珍しい天象異変，天文現象，日月食，新星・超新星，彗星・流星，オーロラの記録が，中国歴史書の中に膨大な量が蓄積された[3]．これらは，地球自転の長年的な減速，超新星爆発と星の進化など，いまでも現代天文学と地球物理学への研究材料を提供する宝庫になっている．

2）　Nakayama Shigeru., *A History of Japanese Astronomy*, p. 15 (1969).
3）　たとえば，北京天文台主編，『中国古代天象記録総集』(1988).

4.2 「石氏星経」二十八宿の年代推定

　第 2 章で見たように，中国星座の体系は石申と甘徳が定めたものが最古であり，戦国時代（紀元前 4 世紀頃）までさかのぼると伝えられてきた．とくに，二十八宿のような基本的に重要な星座は，それらの宿度と去極度が歳差のために後世の観測と食い違うようになっても，古代の権威の方を重んじた伝統から，石申・甘徳の値がそのまま使い続けられたようである[4]．実際，キトラ古墳が建造された 700 年前後の時代は，中国では唐王朝が誕生して以来約 80 年，朝鮮では新羅が唐を後ろ盾に朝鮮半島を統一してから 20 年あまりであり，漢代以来この頃までに，中国で二十八宿全部を新たに観測したデータは知られていない[5]．

　よって，本節では，前章で用いた解析法を石申・甘徳による二十八宿データに適用して，その成立年の観点からキトラ星図との関係を調べてみることにしよう．

「石氏星経」

　石申・甘徳の時代の二十八宿の星表データはもちろん残っていない．『漢魏叢書』中の『甘石星経』と呼ばれる本には，石申の観測とされるデータが載っているが，その出自と真贋はあまり明確ではないらしい[6]．ところで，唐朝の太史令だったインド人天文学者瞿曇悉達が，開元年間（713-741 年）に著わした『開元占経』と題した書物がある．全 120 巻におよぶ大部な占星術書である．その巻 60-64 に，「石氏曰く」で始まる二十八宿の位置観測データが引用されており，巻 65-68 に記された約 100 個の中官・外官の星のデータも含めて「石氏星経」と呼ばれる．観測量は，宿度，去極度，黄道内外

4）　藪内清，宋代の星宿，『東方学報』，第 7 冊，42-89（1936）.
5）　前掲，藪内清の『中国の天文暦法』（1969）によれば，唐の僧一行が担当した大衍暦改暦のとき（721 年）に，梁令瓚らが新たに黄道遊儀をつくり二十八宿の宿度を測定したという．一行の観測によるとして「元史」に載っている宿度一覧表（図 6-4）中の数値は，そのときの測定なのだろう．また，前掲，ニーダムの『中国の科学と文明』，第 5 巻，天の科学では，梁令瓚が一行とともに黄道遊儀を製作したのは 725 年頃で，そのときのデータが『旧唐書』と『新唐書』とに引用されていると述べている（筆者は未見）.
6）　前掲，能田忠亮，『東方学報』（1931）.

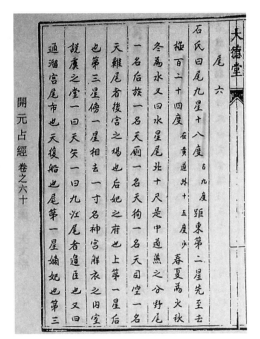

図 4-1 『開元占経』中の「石氏星経」に関する記述．これは 6 番尾宿の例である．「石氏曰く」に続いて，尾宿の星の数，距星の宿度，その古度，去極度，黄道内外度の数値が記されている．

度の 3 種で（黄道内外度については後述する），これが現在知られている二十八宿のもっとも古い観測データである．つまりこれが，前漢武帝の時代に，天文学者の落下閎がつくった渾天儀によって観測された二十八宿距星のデータにほかならない．

「石氏星経」の解析

まず，『開元占経』に引用された「石氏星経」の記述の例を図 4-1 に示す．表 4-2 はそれら「石氏星経」の宿度と去極度の数値をまとめたものである[7]．角度は全周が 360 度ではなく，365 度 4 分の 1 とするいわゆる中国度である．二十八宿の場合，数値はどれも度の小数以下を書かない「度切り」で表示さ

---

7) 任継愈主編，『中国科学技術典籍通彙』，天文巻，第 5 巻，「開元占経」(1993 頃) からとった．

4.2 「石氏星経」二十八宿の年代推定　91

表 4-2 「石氏星経」に記された二十八宿の宿度と去極度. 2 番亢宿の去極度の数値は欠落している. また, 21 番参宿の去極度は「94 度半少」とあり, 上田穣の解釈 (1930) にしたがって 94.4 度とした. 古度は 2.4 節を参照.

No.	二十八宿名	距星	宿度	去極度	古度
1	角	α Vir	12	91	12
2	亢	κ Vir	9		
3	氐	α Lib	16	94	17
4	房	π Sco	5	108	7
5	心	σ Sco	5	109	12
6	尾	μ Sco	18	124	9
7	箕	γ Sgr	11	118	10
8	南斗	ϕ Sgr	26.25	116	
9	牽牛	β Cap	8	110	9
10	須女	ε Aqr	12	106	10
11	虚	β Aqr	10	104	14
12	危	α Aqr	17	99	9
13	室	α Peg	16	85	20
14	東壁	γ Peg	9	86	15
15	奎	ζ And	16	70	12
16	婁	β Ari	12	80	15
17	胃	35Ari	14	72	11
18	昴	17Tau	11	74	15
19	畢	ε Tau	16	78	15
20	觜觽	λ Ori	2	84	6
21	参	δ Ori	9	94.4	9
22	東井	μ Gem	33	70	39
23	輿鬼	θ Cnc	4	68	5
24	柳	δ Hya	15	77	18
25	星	α Hya	7	90	13
26	張	υ Hya	18	97	13
27	翼	α Crt	18	99	13
28	軫	γ Crv	17	99	16

れており, 斗宿の宿度だけが 26 度 4 分の 1 と記される[8]. この「石氏星経」のデータを用いて, キトラ星図のときと同様な解析を試みた.

　この宿度の値を全部合計してみると, 365 度 4 分の 1 にはならず, 366 度 4 分の 1 となった. これは『開元占経』までの時代に起こった筆写の間違い

---

8) この斗宿の宿度に見られる端数を余分な度数, 「斗余」と呼ぶことがある. これは, 二十八宿の成立初期においては, 斗宿の次の牛宿を 1 番として数えたため, 365 度 4 分の 1 の端数が斗宿に押しつけられたのだろう.

が原因と思われる．ここではこの余分の1度を，二十八宿全部に比例配分して解析した．また，解析に際しては，中国度の全周365度4分の1を当然ながら現代の360度に直している．

ここでまず，キトラ星図の所で行なったのと同様な，100枚のグラフを用いたシミュレーションの結果をまとめておこう．信頼度90%としている．宿度の場合，観測年として西暦134年±約270年を得た．このときの平均誤差は約0.5度であり，キトラ星図の場合の平均誤差約3度に比べれば，「石氏星経」の数値はずっと精度の高いデータだったことが了解できる．

去極度の解析では，西暦21年±約250年だった．これらに対して，24番柳宿を経度の原点と仮定した位置のずれによる解析結果は紀元前59年±約20年だから，3者の解析は推定年の不確定幅の範囲内では互いに矛盾はしていない．しかし明らかに，位置のずれによる解析の方が，キトラ星図のときと同様に，ずっと精密（誤差幅が小さい）な結果であることが期待された．そこで，第3章で考案した二十八宿BS法を「石氏星経」にも適用してみた．信頼度90%で，推定年は［紀元前65, 紀元前43］年となった（古典的な表現では，ほぼ紀元前54±約12年）．この数値は，「石氏星経」データの観測年が，伝承である春秋・戦国時代よりはかなり新しいことを示している．

4.3 「石氏星経」の先行研究と相互比較

上で得られた値をキトラ星図の成立年と比べる前に，まず，「石氏星経」の年代に関する過去の結果を調べてみよう．「石氏星経」の観測年代は，中国天文学史においてはきわめて重要なため長い研究の歴史があり，いくつもの研究結果が発表されている．

結論から先にいえば，それらは紀元前1世紀の前半（紀元前100-紀元前50年）に集まっていて，上で求めた値と一致している．したがって，私たちが得た結果は，二十八宿BS法が正しい推定年を与えることを，過去の推定結果と比べて追認しただけと見えるかもしれない．しかし，統計学的には大きな違いがある．それは，過去の推定はどれも，得られた推定年がどのくらい確かなのかは何も述べていないことである．つまり，信頼度を与えて推定の

信頼区間を求めるという近代統計学のやり方に沿っていないのである．この点をより明確にするために，以下では過去の推定結果をいくつか紹介する[9]．

新城新蔵の推定

「石氏星経」の成立年について日本人として最初に意見を述べたのは，京都帝国大学の天文学者，新城新蔵だった[10]．詳細は不明だが，紀元前50年頃という値を1921年の日本数学物理学会年会で報告したという．おそらく，古代文献に精通した専門家としての新城の直感的判断だったのだろう．この自分の得た暫定的な結果を確認し精密化するために，新城は後輩の上田穣に同じ研究テーマを与えた．

上田穣の解析

新城の指示にしたがって，上田穣[11]は「石氏星経」中の星々の観測年代推定にとり組んだ．上田の時代に利用できた計算手段はソロバンと対数表だけだったが，当時として行ないうるもっとも包括的かつ精密な数理解析であった．上田は去極度のデータだけを用いた．その理由は，第3章でも述べたが，宿度は歳差による変化に対しては非常に感度の悪い量であることを上田は認識していたためではないだろうか．

上田はグラフによる解法を用いた．その考え方は次の通りである[12]．「石氏星経」の中の，ある二十八宿距星 S_1 の去極度が p_1 だったとしよう．すると，観測された年代の天の北極 Q は，天球面上で S_1 を中心とした半径 p_1 の円周上のどこかにくる．同様にして，別な距星 S_2 の去極度から同じような円 p_2 が描けるが，天の北極 Q はこの2個の円周の交点として求まるはずだ．実際には上田は，二十八宿距星以外の星も用いて，それら多数の円弧が

9）　詳細は，前掲，中村士，『科学史研究』（2015）を参照のこと．

10）　新城新蔵（1873-1938）は京都帝国大学の教授で，宇宙物理学教室を創始し後に第8代の京都大学総長も務めた．中国古代史・天文学史の研究でも知られ，1935年には上海自然科学研究所の所長にも就任した．

11）　上田穣（1892-1976）は新城と同じ宇宙物理学教室の天文学の教授．中国古代の天文学史について優れた研究を多く行ない，花山天文台台長も務めた．

12）　前掲，上田穣，『東洋文庫論叢』（1930）．

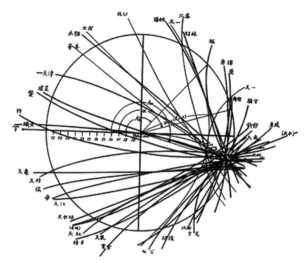

図 4-2 上田穣の図式解法の例．上田自身の図（1930 年）は線が細く不鮮明なため，この図は能田の論文（1931 年）からとった．この種の図は厳密には球面に描くべきだが，範囲が 10-20 度以内と狭いため，上田・能田の論文では平面として近似されている．

もっとも密に交わる箇所を探した[13]．

他方，歳差運動によって北極が天球面上を年代とともに移動する経路も，歳差理論で計算して描くことができる．すると，円弧がもっとも密に交わる箇所とこの経路とが一番近くなった年代が「石氏星経」の観測年代を与えるというわけである．

上に述べたような方法によるグラフの例を図 4-2 に示した．図の円の中心が 1900 年の天の北極で，歳差による北極の移動経路は混雑を避けるため描かれていない．この図では右下約 4 時の方向に，円弧が多数密集しているのがわかる．上田は図 4-2 のようなグラフをいくつも描いた結果，「石氏星経」の星の位置は，紀元前 300 年頃（4 宿）と西暦 200 年頃（18 宿）の 2 グループの観測からなると結論した．その後，能田忠亮は，上田の解法を『甘石星経』のデータに応用して，上田の結果を再確認した[14]．

---

[13] この上田穣によるアイデアは，現代の GPS 受信機が，地球上の位置を複数個の GPS 衛星からの電波伝播信号を用いて決める方法と，原理的には同じである．

[14] 前掲，能田忠亮『東方学報』（1931）．能田は，観測年代が紀元前 360 年頃と西暦 200 年頃に

4.3 「石氏星経」の先行研究と相互比較　95

上田と能田が用いた方法は，円弧の集まり具合を肉眼で判断する主観的な
やり方であり，数理統計的な方法ではない．また，次項で藪内も指摘するよ
うに，図 4-2 には個々の星の去極度の誤差が考慮されていない．もし，「石
氏星経」における 0.7-1.0 度という去極度の平均誤差もこの図の上に描いた
としたら，個々の円弧は非常に幅の太い線になり，もはやどこに曲線が集中
しているのか，目ではほとんど判定できなくなるだろう．とはいえ，手計算
の手段しかなかった当時の状況を考えれば，得られた推定年の当否は別にし
て，上田の仕事は先駆的な優れた研究だったというべきである．

藪内清の研究

上田，能田についで，「石氏星経」の成立を研究したのは東方文化学院京
都研究所にいた藪内清である．彼は，上田・能田が求めた推定年，紀元前
300 (360) 年と西暦 200 年に異議を唱えた[15]．それは次の理由による．まず，
「石氏星経」を含む『開元占経』が著わされた唐代には，虞喜が西暦 330 年
代に発見していた歳差の知識はすでに広く知れわたっていたし（2.5 節），
祖沖之がつくった大明暦（5 世紀半ば）にも歳差はとり入れられていた．よ
って，上田のいうように，二十八宿のデータに 2 種類の観測年が混在してい
たら，「年代の違った資料を同じ形式のもとで，しかも何らの注意もなく
『石氏星経』が引用することはあり得ない」とした．

そこで注目したのは，『後漢書』律暦志の記事である．「石氏星経」に曰く
として，「当時の冬至の太陽は斗宿距星から黄道上で 20 度である」と引用さ
れていた．この記事に歳差理論を適用して，藪内は「石氏星経」の観測年代
は紀元前 70 年頃と推定した．また，上田・能田が得た紀元前 300 (360) 年
頃という古い時代には，宿度と去極度が測れる渾天儀が存在したかどうか大
いに疑わしいとも論じている（正史では，渾天儀で二十八宿距星を測ったのは，
前漢の落下閎らが最初である）．

私も藪内の上記の判断に賛同するものであり，3.3 節では解析の前提とし

───────────────

密集していると述べた．

15) たとえば，前掲，藪内清，『中国の天文暦法』，第 1 部 2 章および 5 章 (1969) と，そこに引
用された原論文．

96　第4章　キトラ古墳星図の原典を求めて

て，二十八宿距星はみな同じ年代の観測という立場をとった．そして事実，
3.5節で得た解析結果は藪内の推察を裏づけている．ただし，藪内による紀
元前70年頃という言い方は誤解を招きやすい．紀元前70年頃という年代は
「斗宿の20度」だけから計算されたものだが，この数字は「度切り」である
から少なくとも±1度の幅（歳差による年限の不確定幅は約±70年）があるは
ずだ．よって，斗宿距星の記録については紀元前70±70年程度の推定年に
なると，藪内は限定的に注意すべきだったと私は思う．

　「石氏星経」には，二十八宿距星の宿度と去極度以外に，「黄道内外度」も
記されていた．この黄道内外度は従来，星の黄緯と解されて誰もとくに注目
しなかった．藪内は二十八宿以外の中官・外官の紀元前70年における黄道
座標を歳差理論でくわしく計算し，黄道内外度は，赤道の北極から黄道上に
下した変則的な赤緯であることを証明した（図1-2も参照）．また，黄道環
がまだなかった前漢時代の渾天儀の構造を考慮すれば，このような変則的な
量しか測定できなかったことを示したことも，藪内による「石氏星経」研究
の重要な成果だった．

海外の研究

　中国のPan Naiは，「石氏星経」の解析で2種の観測年代，紀元前450年
頃と西暦160年頃を得たが[16]，これは上田の結果に似ている．また，日本人
のMaeyama（当時，フランクフルト大学）は1977年に紀元前70±30年とい
う推定年を発表している[17]．

　近年，Sun, Xiaochunらも「石氏星経」の星を広範に調べた[18]．星位置の
誤差を検討するのに，フーリエ解析の方法も適用している．また，
Maeyamaと同じく，渾天儀の設置誤差によるデータの偏りも議論した．そ
うしてSunが得た推定年は，紀元前78±20年だった．

　以上が，従来知られていた，「石氏星経」の成立年の推定結果である．そ

---

16)　Pan Nai（潘鼐），*Zhongguo Hengxing Guance Shi*, Chap. 2 (1989).

17)　Maeyama, Y., The oldest star catalogue, Shi Shi Xing Jing, *Prismata Wissenscaft. Studien*, 211–245 (1977).

18)　Sun, Xiaochun and Kistemaker, J., *The Chinese Sky during the Han*, Chap. 3 (1997).

れらの中で，2種類の年代を与えた推定を考えてみよう．実際に「石氏星経」に，異なる観測年代が混じっている可能性は完全には否定できない．しかし，紀元前 5-4 世紀などという結果は，私は明らかにおかしい気がする．そんな昔に，宿度や去極度が測定できる渾天儀が存在したとは非常に考えにくいからだ．他方，紀元前 1 世紀の前半という結果（新城，藪内，Maeyama, Sun, Xiaochun）は，前漢の太初暦改暦の際に，落下閎が渾天儀を製作した年代（紀元前 104 年）の少し後だから妥当であるし，私たちの結果，［紀元前 65, 紀元前 43］年（または，ほぼ紀元前 54±約 12 年，信頼度 90%）とも一致している．よって，「石氏星経」中の二十八宿の観測年代は，私たちの結果から，近代統計学的な意味でもほぼ確定されたと判断できる．

キトラ星図の観測年との比較

以下に述べる結論は，二十八宿の観測年代だけに限った話であることを先にお断りしておきたい[19]．上で私たちが得た「石氏星経」の観測年の信頼区間，［紀元前 65, 紀元前 43］年を，3.5 節に述べたキトラ星図の観測年代の信頼区間［紀元前 123, 紀元前 39］年と比較してみよう（図 4-3）．「石氏星経」の信頼区間はキトラの区間の中に完全に含まれている．この結果が意味していることは何だろうか．それは，キトラ星図に描かれた二十八宿の位置データは，「石氏星経」のデータと同じ原典からとられた可能性がきわめて高いということである．ところで，「石氏星経」より古い観測史料の存在は

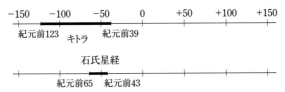

図 4-3 キトラ星図と石氏星経データによる推定年の比較．横軸は西暦年．太い横棒が推定区間．信頼区間の幅は信頼度 90% に対応するもの．

---

19) 上で見たように，別の成立年として，上田は西暦 200 年頃，Pan Nai は西暦 160 年頃を得た．彼らの推定は統計学的方法ではないため信頼性の問題はあるが，「石氏星経」に観測年代の異なるデータが混在していないと断言はできない．あるいはそのため，こうした新しい年代が求まったのかもしれない．これを確認する方法の 1 つは，「石氏星経」のデータから二十八宿を除いた星だけを用いて，ブートストラップ法で解析してみることだろう．今後の研究課題である．

98   第4章 キトラ古墳星図の原典を求めて

知られていない．したがって，キトラ星図の二十八宿データは，少なくとも
現時点では，「石氏星経」からとられたと考えざるを得ない．このことはま
た，「石氏星経」から唐代における梁令瓚と一行の観測までは，新たな二十
八宿の観測データは知られていない事実とも矛盾しない（4.2節）．

4.4 「天象列次分野之図」の解析

　全天を描いた円形星図で，韓国のもっとも著名な星図は「天象列次分野之
図」である．キトラ星図の形態は，この「天象列次分野之図」にもよく似て
いた．よって，キトラ星図の原図は，当時の日本，中国，朝鮮の国際関係を
考えれば，朝鮮半島経由で渡来した可能性も考えられる．そこで，「天象列
次分野之図」の年代推定も行なってみた．しかし，その結果を紹介する前に，
「天象列次分野之図」についてまず簡単に説明しておく．

「天象列次分野之図」の来歴

　この星図は，高さ201cm，幅123cmのぶ厚い黒曜石板に刻まれ，上部に
「天象列次分野之図」と表題が記される．図4-4にその拓本版を示した．こ
の石刻星図はソウルの昌慶苑に，17世紀後半に再刻された石碑が世宗大王
記念館に所蔵されている．この星図の来歴は，李氏朝鮮の建国者，李成桂[20]
の歴史的事績を集めた『太祖実録』には記録はないが，当時の学者，権近の
著書『陽村集』と「天象列次分野之図」の下部に書かれた彼の銘文によって
知ることができる[21]．

　それらの記述によれば，668年に唐と新羅の連合軍によって高句麗が滅ん
だとき，戦乱とともに，高句麗にあった石刻の星図（全相運によれば，4世
紀後半-6世紀初めの制作）も平壌付近を流れる大同江の水底に沈んだ．時は
流れ，李朝の太祖が1392年に即位してまもなく，失われた昔の石刻星図の
拓本を太祖に献上する者があった．太祖はおおいに喜び，早速に朝鮮の天文

---

20)　李成桂は高麗を滅ぼして1392年に李氏朝鮮を建て，漢陽（現在のソウル）を首都に定めた．
　　すなわち，李朝の初代国王，太祖である．
21)　前掲，全相運，『韓国科学史』（2005）．

4.4 「天象列次分野之図」の解析　99

図 4-4　「天象列次分野之図」の拓本．上部が円形星図，下部には当時の天文・暦学の内容とこの石刻星図の来歴，二十八宿のデータなどが記されている．

100 第4章 キトラ古墳星図の原典を求めて

暦学を担当する役所「書雲観」の天文学者に命じて，この拓本を新たに石に刻ませようとした．しかし，この高句麗の星図はずいぶん昔につくられたため，星々の位置には歳差によって大きな誤差が生じていたので，権近ら書雲観の人々は改めて星の観測を行ない，それに基づき1395年に新たな石刻星図を完成させた．それが「天象列次分野之図」であるという．

図4-4に見るように北極を中心とした円星図で，中心から放射状に出る線で二十八宿の距星の宿度を示している．天の赤道と偏心した黄道に加えて，天の川の形も表現されていて，形式は中国の「淳祐天文図」とよく似ている．円周には十二支名とともに十二の国分野に等分した領域が記され，これが分野図という表題の由来であろう．刻まれた星の総数は1,467個だそうで，三家星図の星の数は1,464個だから，星と星宿は中国の伝統的な星座体系を継承したものであることがわかる．なお，この星図が江戸時代前期の日本星図に大きな影響を与えたことは第7章で述べる．

年代推定

上記の石刻星図の拓本と，一部の欠落箇所と不鮮明な文字の部分は木版刷りの「天象列次分野之図」（天理大学所蔵）によって確認し補った[22]．図4-4の石刻星図拓本の拡大コピーで測定を始めた．しかし，距星の同定が困難な宿や，測定値が明らかにおかしいものもいくつか見つかったので，最終的な解析の結果は，星図からの測定ではなく石碑下段に記載の数値によって求めることにした[23]．

14世紀末に書雲観の天文学者によって新たに観測した結果が，図4-4の星図には反映されたと権近が述べていることを前節では紹介した．一方，石刻星図の碑文によれば，昴宿と胃宿の位置は推算によって星図の石刻時の新しい数値に改められたという[24]．碑文の最下段にそれらしい文言が見えるも

---

22) この木版刷りはきわめて珍しいものらしい．世宗時代に再刻された石刻星図は，1571年に木版がつくられ120部が配布されたと『宣祖実録』だけに記録されているという．天理大学の木版はその生き残りと考えられる（前掲，全相運，『韓国科学史』，2005）．
23) ここでは，下段記載の数値と上部の星図が同じ年代の観測であると想定している．一般に星図は，観測結果から星表をつくり，それを元に星図を描くのであるから，とくに描画の修正が困難な石刻星図の場合，星宿の位置が不正確になるのは避けがたいだろう．

のの，私にはこの解釈の当否は判断がつかない．しかし，いずれにしても，わずか数個のデータだけが改訂されている場合，二十八宿 BS 法はそれらをノイズとしか認識しないことが多い——これは二十八宿 BS 法の弱点といえるかもしれない．だが，恒星の個々のデータ誤差は知りようがない以上，他のどんな解析法を適用しても，どれが新たな観測データであるかをつきとめるのは至難のわざだろう．

　以上の制約を心にとめて，ここでは主に，下段に記載された銘文の中の宿度と去極度の値を用いて解析を行なう．解析の前に，碑文の数値（附表 4 にまとめておいた）と「石氏星経」のデータを比べてみると，宿度では氐宿だけが 1 度異なり，去極度は 9 個が両者で違っている．宿度の違いは，「石氏星経」では宿度の総和が 365 度 4 分の 1 でなく 366 度 4 分の 1 になるため，単に氐宿で訂正したのかもしれない．去極度の方は 9 個も「石氏星経」と異なることから考えて，やはり実際に書雲観で新たに測定された数値なのだろうか．

　宿度は基本的に「石氏星経」のものと同じなので，改めて解析は行なわなかった．星図から測定した去極度からは紀元前 53 年，碑文の去極度からは紀元前 51 年が得られた（平均残差は 1.2 度）．ついで，同じ碑文中の宿度と去極度を併用した位置のずれ（柳宿を基準とした場合）による解析を試みた結果は紀元前 72 年だった（推定年の誤差幅のシミュレーションは行なっていない）．そして，二十八宿 BS 法による位置のずれの解析では，推定年は［紀元前 78，紀元前 54］年（または，紀元前 66 年±13 年）となった——これが，「天象列次分野之図」の観測年代に対する私たちの最終推定結果である．このことは，7 世紀中頃まで高句麗に存在し，その後の戦乱で大同江に沈んだ古い星図が，「天象列次分野之図」に継承されたことを意味する．

　ゆえに，「天象列次分野之図」のデータも，基本的に「石氏星経」の数値と同じ原典からとられた可能性が高い[25]．そして，「石氏星経」より古い二

24)　前掲，橋本敬造，『東アジア古代の文化』(1998).
25)　「天象列次分野之図」の去極度が 9 個も「石氏星経」と異なっているのに，よく似た推定年が得られた．通常，28 個のうち 9 個ものデータが異なれば，それに応じて推定年がかなり違ってくると期待されるが実際はそうはならなかった．そのため，この 9 個は本当に実測データなのかという疑問が残る．

十八宿の位置データは知られていないことを考慮すれば，キトラ星図も「天象列次分野之図」も実質的には「石氏星経」が元になっていると結論づけてよいと思う．

二十八宿 BS 法の特徴と利点

ここで，キトラ星図，「石氏星経」，「天象列次分野之図」における年代推定の経験から得た，二十八宿 BS 法の特徴を簡単にまとめておく．

二十八宿は西洋の黄道十二宮星座に比べると，赤経方向の広がりは非常にばらばらである．もっとも広い井宿は幅が 33 度もあるのに対して，觜宿はわずか 2 度である．また，南北方向も，赤緯で＋22 度（鬼宿）から－34 度（尾宿）まで約 55 度の範囲に分散している．そのため二十八宿は従来から，歴史的事情を反映した不統一な体系と見なされてきた．

ところが，パソコン上で発生させた乱数を多用する二十八宿 BS 法では，二十八宿のばらばらな配置自体もかえって一種の乱数的な役割をするため，28 個という小さなサンプル数でかなり正確な年代推定ができたと考えられる．たとえば，複雑な曲線の式で表わされた図形の面積をパソコンで計算する場合なども，乱数を用いると少ない計算量で比較的精密な数値が得られる．これは，表計算ソフトなどのない手計算の時代には不可能だった．これらランダム数（乱数）を用いる計算法は，「モンテカルロ法」と呼ばれる手法の1 つである[26]．

二十八宿が天球上でランダムで広い範囲に分散していることによるもう 1 つの利点は，年代推定の結果に偏りが出にくいという点である．一般に，天体位置の観測では，渾天儀の設置の狂いや水平環・赤道環の偏心などが原因で，測定データに偏りが生じ，それが観測の推定年にも反映する（実際，過去の年代解析の研究者は，偏りの効果も別に考慮していた）．しかし，二十八宿は天の全周の広い範囲にランダムに分布しているため，二十八宿 BS 法で

---

26) 数式の形で表わせない現象の解析に，乱数を利用して数値実験する方法を「モンテカルロ法」と総称する．第 2 次世界大戦中の米国で，原爆開発のための計算に，数学者フォン・ノイマン（John von Neumann）らの指導で最初に取り入れられた，コンピュータの使用を前提にした新しい計算方法だった．

は，それらの偏りが相殺されて年代推定にあまり影響しないのである．

4.5 内規円・外規円

前章の 3.2 節では，キトラ星図の内規円，外規円の測定とそれから計算される緯度について簡単にふれた．ここでは，内規円・外規円から求めた緯度は，本当に星の位置が観測された場所を表わすのかを検討してみよう．

内規・外規円から求まる緯度は観測地か？

内規円・外規円と緯度の関係（3.2 節）は初等的で素人受けするためか，マスコミ報道や著書・論文でもこの緯度が観測地の場所を示すのが当然かのようにさまざまに議論されている．恒星の位置を観測した天文学者が円星図も作成し，それに観測地の緯度として内規・外規円を書き入れたという可能性はもちろんゼロではないだろう．しかし一般的にいって，"星を観測した人とその結果を利用する人は別である"という方が天文学の世界の常識である．

たとえば，現代の星座早見盤を考えてみよう．外規円に相当するのは，星座早見盤に開けられた楕円形の窓で，これは一晩に見える天の範囲を示している．早見盤の作成者は，星表のデータから円星図を描き，早見盤を利用すると想定した人々が住む地域の緯度に応じて，回転円盤に開けた楕円形の窓の形を決める．彼は，早見盤に使った星の位置がどこで観測されたかなどまったく気にしない．これと同じことで，最初に皇帝の命を受けた古代の天文学者は，渾天儀で測定した星の去極度と宿度の値を単に記録に残した．後に，この観測データを用いた円星図の作成者が，この円星図を使用する人々の便宜のために，しかるべき場所の緯度に対応する内規・外規円も一緒に星図に書き加えた，つまり，円星図における内規・外規円と星の観測地とは一般に関係がない，と考える方がずっと自然である．

西洋の場合，星座早見盤では空の窓に相当する回転円盤の原型を考案したのは 16 世紀中頃のドイツ人学者アピアヌスで，その著書の中で使われた種々の回転機構は一般に「ボルベル」と呼ばれる[27]．古代中国では回転円盤

は思いつかなかったか，出版物には不向きと見なしたために，円形星図の上に内規・外規円を一緒に描いたのだろう．

　キトラ星図の内規円から計算された緯度の値は，奈良などよりはかなり北の地域を示していた（第3章）．この原因はおそらく，キトラ星図の日本人作者が内規・外規円の天文学的意味を理解しておらず，中国か朝鮮で使用された原図の円をただそのまま写したためと思われる．

内規・外規という用語の起源

　ここでは，上に述べた，内規・外規から求まる緯度は星の観測地とは一般に関係がないという筆者の判断を，歴史資料によってもう少し具体的に証拠づけてみたい．

　内規，外規という言葉は昔からの天文学用語である[28]．もし内規円，外規円から計算される緯度がその星図に描かれた星の観測地の緯度を表わす方が普通ならば，これらの言葉は，最初に二十八宿の位置が観測された頃と同じくらい古い時代から使われ，それは文献上でも裏づけられるにちがいない——各分野の専門用語は一般に，洋の東西を問わず，そのようにして生まれてきたからである．このことを確かめるために，古代の史料・文書によって内規・外規という言葉の起源を調べてみた．

　調査対象は，正史の律暦志，天文志，およびそれらを引用した文献である．こうした用語の初出を探索するのにもっとも有用なのが，歴史の教科書にも出てくる『四庫全書』だ．その詳細はコラム3の説明に譲るが，『四庫全書』とは，清朝の時代に編纂された，中国の歴史上最大の漢籍叢書である．

　内規は上規，外規は下規とも呼ばれるから，この4個の言葉が出てくる文書・文献を『四庫全書』電子版の全文検索機能で悉皆調査をしてみた．ちな

---

27)　前掲，ピーター・ウィットフィールド，『天球図の歴史』，第3章（1997）．

28)　単独の漢字としての「規」は，実にさまざまな意味に使われる（諸橋轍次，『大漢和辞典』，1990）．それらを挙げてみると，名詞では（1）コンパス，ぶん回し，（2）丸，円形，（3）天空，天の形，（4）車輪の1回転，（5）掟，定め，（6）謀り事，（7）いさめ，戒め，（8）手本，形容詞では（9）丸い，動詞では（10）丸を描く，（11）模写する，（12）法にのっとる，（13）限る，領有する，（14）謀り事をする，（15）ただす，いさめる，などの意味がある．これらからわかる通り，「規」にはすでに円の意味が含まれるから，「内規」「外規」だけでいいはずだが，歴史的に内規円，外規円という言葉も使われてきたため，ここでもその慣例にしたがった．

表 4-3 『四庫全書』中の上規・下規, 内規・外規の検索結果.

文書名	年代	編者	文書名	年代	編者
（上規）			（下規）		
宋書（巻23）	梁（5世紀末）	沈約	宋書（巻23）	梁（5世紀末）	沈約
晋書（巻11）	唐（648年）	房玄齢ら	晋書（巻11）	唐（648年）	房玄齢ら
開元占経（巻1）	唐（732年頃）	瞿曇悉達	開元占経（巻1）	唐（732年頃）	瞿曇悉達
（内規）			（外規）		
晋書（巻123）	唐（648年）	房玄齢ら	晋書（巻11）	唐（648年）	房玄齢ら
新唐書（巻31）	北宋（1060年）	欧陽脩ら	開元占経（巻1）	唐（732年頃）	瞿曇悉達

みに, 内規は 71 文書 83 カ所, 外規は 83 文書 150 カ所, 上規は 212 文書 237 カ所, 下規は 184 文書 203 カ所が検索でヒットした. これらのうち, 内規（外規）は内部（外部）の規則を意味する法律用語としての使用, 上規と下規も測量や土地の境界などの意味で使われた用例の方がずっと多く, 天文用語としての使用例は当然ながら少数派である. そのため, 天文用語かどうかを各文書の文脈の中で判断する必要があり, かなり手間がかかった.

表 4-3 に, 『四庫全書』の中で, 内規・外規と上規・下規の言葉を天文用語として載せている文書の一覧表を時代順にまとめておいた. 用語の起源を調べるのが目的だから, 古い年代, ここでは唐・宋の時代かそれ以前の書物に限った.

各文書の用語の使用箇所を読んでみると, 一番古い『宋書』が, 緯度 36 度の場所を例にとって上規・下規を説明していた. そして,『晋書』では『宋書』の説明文をほとんどそのまま丸写しで引用しているし,『開元占経』でもほぼ同様な説明である（『開元占経』では, 上規・下規に対して「二規」という言い方も使っている）. よって, 上規・下規という用語は, おそらく 5 世紀後半に天文学者の間の共通認識になったために, 『宋書』が初めて取り上げたと考えられる. 言い換えれば, 上規・下規という概念が広まり, 円形星図にも描かれるようになったのは 5 世紀後半〜末頃からと推測されるのである.

つまり, 上規・下規という概念は, 星座を円形星図に描くようになった時代よりかなり後の時期に誕生したことが, 歴史文書の調査によって明らかにされたことになる. このことからも, キトラ星図など少なくとも古代の円星

106 第4章 キトラ古墳星図の原典を求めて

図では，上規・下規円から計算された緯度を星が観測された場所の緯度と見なすのはあまり意味がないことが了解いただけると思う．

コラム3 『四庫全書』

中国東北部にあった女直（満州）の指導者ヌルハチが，1616年に金を建国した．その後，1636年には国号を清と改め，1644年に明朝が滅ぶと清朝は中国全土を順次清の支配下におさめていった．異民族による中国支配を円滑に行なうために，清朝は懐柔目的の文治政策を重視し，学者・文人を動員して多くの書物の編纂事業を実施させた．『四庫全書』はその代表的事業の1つである．

第6代の乾隆帝時代の1741年に計画され1782年に完成した『四庫全書』は，古今の図書を勅命によって集め編纂された，中国史上最大規模の漢籍叢書である．全部で3万6,000冊，7万9,000巻に及ぶ．全体の構成は隋以来の伝統にしたがって四部（経・史・子・集）に分類整理され，それぞれが一庫に収められたので『四庫全書』という名がついた．数千人の筆写者によって手書きされた7部の全書は，中国各地の文書館に配布・保管された．朝鮮やベトナムの漢籍，西洋人宣教師による漢訳の西洋書も含まれる一方で，編纂した学者が重要でないと見なした書物や，清朝が禁書扱いにした図書は除かれている．そのため，それらを補った『続修四庫全書』なども近年出版されているが，古い中国古典資料——とくに宋・元代以前の——を調べるときにまず参照するのが『四庫全書』である．

つくられた全書7部のうち，3部がなお現存している．その1つ，北京の文淵閣の『四庫全書』はいまではすべて電子化され，パソコン上で全文検索ができるし手書き原書の画像を確認することもできる．二十四史中の律暦志，天文志ももちろん，この電子版『四庫全書』に含まれている．試みに，いくつかの代表的な天文用語を電子版で全文検索してみると，清の時代の文献がもっとも多数ヒットする．ついで宋代（960-1279年）のものも多く見つかる．清朝のものが一番多い理由は，時代が新しいことと『四庫全書』の編纂と同時代であるから当然ともいえよう．一方，漢民族による宋王朝（北宋と南宋）の時代は経済産業・文化が大きく発展した時期であり，学問や文芸の進展に伴って出版文化も栄えたために，その時代の文献も多く残ったと推測される．

各学問分野において，ある専門用語が生まれたのはいつか，どの時代から普及したのかを知りたい場合がある．その目的のために，英語の世界では『オックスフォード英語辞典』（Oxford English Dictionary; OED）がよく利用される．多くの専門

用語について，その単語を最初に使用した本のタイトルと使用箇所，出版年号が記されていて，大変便利である．この OED に相当するのが中国の場合は『四庫全書』電子版であり，英国も中国も，その出版文化と歴史に関するふところの深さを実感させられる．この点，日本は残念ながら足元にも及ばない．

　過去に筆者らは，江戸時代の天文暦学・測量書を広範に調査した書目辞典を編纂したことがある[29]．そこに蒐集された書目タイトル約 6,200 点の統計によれば，刊本が 16% に対して筆写本が 84% だった．これは，日本の天文暦学がマイナーな学問分野だったため，出版事業として成り立たず，他人から借りた本を手で写すしか方法がなかったためだろう．また，年号の記載がある書目もわずかに 31% だった．このような状況下では，OED や『四庫全書』などと異なり，ある特定の言葉の初出年代を自信をもって確定するのは難しい．

上規・下規と内規・外規

　内規・外規という言葉は，上規・下規とともに，『晋書』の中で初めて現われる．そして，天の形と天体の動きを説明する模型，「渾象」[30]の構造を説明する文章でのみ使われていた．だから内規・外規は，『晋書』の編者である房玄齢が唐代に考案した用語らしい．このことはまた，内規・外規より上規・下規の方が起源が古いことを示しており，周極星の領域を指す言葉としては，本来は上規を使うべきなのだろう．

　「外規」という言葉は，あるいは弓矢と関係があるのかもしれない．弓の練習や競技では直径 1–2 尺の円形の的を使用する．的の中心の周りに三重の円が描かれている場合が多い．諸橋の『大漢和辞典』によると，的のもっとも外側の円は「外規」と呼ばれるそうだ（単に外側の円という意味だろう）．房玄齢が『晋書』の中で内規・外規という言葉を使ったのは，渾象の仕組みを説明するのに，上規，赤道，下規の円を弓の的の三重円に対比させて考え，内規，外規という天文用語を新たに作り出したのかもしれないと私は想像している[31]．

---

29)　中村士・伊藤節子編著，『明治前日本天文暦学・測量の書目辞典』(2006).
30)　後世には，天体の位置を観測する「渾天儀」と混同されて，天球の教育用模型である「渾象」のことも渾天儀と呼ばれることが多くなったため，注意が必要である．
31)　唐代の渾象がもし存在するなら，内規・外規円を描いたものも見つかるかもしれない．

星座という言葉

『四庫全書』で探索を行なったついでに，星座という言葉がいつ頃から使用されるようになったかも調べてみた．二十八宿を表わす「星宿」という言葉に比べて，「星座」は歴史的にはもっと新しい言葉ではないかと私には感じられるが，この直感ははたして正しいのだろうか．

「星座」というキーワードで『四庫全書』の全文検索を行なった結果は次の通りである．星座という言葉は，現在では天文学以外でも一般に広く使われるため，検索でも多数の文書がヒットすると予想したが意外に少なかった．75 文書 93 カ所で，それでも天文暦学と天文占に関する書物がやはり多いという印象を受けた．それらのうち古いものをいくつか列挙してみると，『通典』，『大唐開元礼』，『（唐）開元占経』などで，いずれも唐代の編纂書である．『（唐）開元占経』では，星宿と星官の両方に対して星座という言葉を使用している．したがって，予想した通り星座という言葉は，唐代以後に使われるようになった，比較的新しい用語だったのである．

第II部

★

キトラ年代推定法で
歴史的星図・星表を読み解く

5

★『アルマゲスト』の解析とトレミー疑惑★

　本書の主要テーマはアジアの星図・星表の歴史である．しかし，その意義をよりよく理解するうえで，西洋の星図・星表の歴史と対比させてみることはおおいに役立つ．たとえば，星・星座の位置を，古代中国では赤道座標系で表現したが，古代ギリシアではなぜ黄道座標系を使ったか，などの違いを知ることは重要である．また，西洋天文学がアジアの天文学にどう影響を及ぼしたかは，天文学史における主要な研究テーマの1つでもある．

　そこで，この章では，ヒッパルコスと並んで古代ギリシアの大天文学者とされるプトレマイオス（トレミー）による星座の天文学について解説し，ついで彼の恒星の観測結果に二十八宿 BS 法を適用してみたい．トレミーの恒星観測には「トレミー疑惑」とも呼ぶべき疑いが昔から付きまとっているため，この問題を調べることは同時に，二十八宿 BS 法の性能を検証することにもなるからである．

5.1　古代ギリシアの初期の天文学と宇宙観[1]

　古代ギリシアの歴史で，星座について記述した最初の著作（叙事詩）は，紀元前 8 世紀頃のホメーロス（Homerus，またはホーマー Homer）による『イーリアス』と『オデュッセイア』や，ヘシオドス（Hesiod）による『仕

---

1)　たとえば，前掲，中村士・岡村定矩，『宇宙観 5000 年史』，第 3 章（2011）．

事と日々』までさかのぼる．前者は実在の人物か伝説かはいまだはっきりしない．一方，ギリシアで最初に誕生した科学的な天文学・宇宙観は，紀元前6-5世紀のピタゴラス学派と呼ばれた密儀的な教団が考え出したものだった．

ピタゴラス学派の宇宙観

ピタゴラス（Pythagoras）の定理に代表されるように，この教団は数学・幾何学の分野で有名だが，そのため宇宙も数学的な秩序で支配されているという強い信念をもっていた．宇宙の形と運動はともに，"完全な図形である円や球で表わせる"にちがいないと考えた．教団員の1人，フィロラオス（Philolaus，紀元前470頃-紀元前385頃）は，宇宙は大地を中心にして，内側から外側へ順に月，太陽，惑星，恒星が球殻状に取り巻き，各天体はその上を等速で回ると考えたらしい．もう1人の教団員エクパントス（Ecphantus，生没年不詳）は，大地も球体であり，その中心軸の回りに自転している，恒星天の回転は地球の自転による見かけの動きにすぎないと主張したとされる．地球の自転という考え方がこのような初期の時代にはっきり述べられた例はギリシア世界以外にはない．

同心球宇宙

アテネの有名な哲学者，プラトン（Plato，紀元前427-紀元前347）は，ピタゴラス派の宇宙観を借用し，各天体は同心球の上に貼りついて等速円運動をなすとした．その弟子だったユードクソス（Eudoxos，紀元前408頃-紀元前347頃）は，プラトンの説を発展させ複雑な同心球宇宙を考えた．それは，静止した地球を中心に，一番外側には恒星天の球殻，その内側の5惑星と月・太陽には，それぞれ数個の球殻を割り当て，全部で27個もの天球が同心的な"入れ子"の構造になっていた（図5-1）．こうした複雑な構造は，惑星が星々に対して一時的に止まったり（留という），逆行したりする運動を説明するのに必要だったのである——留や逆行など，予測しがたい"惑った"ような動きをする（ギリシア語でplaneo）星という意味で，惑星（planet）という言葉がギリシア語から生まれた．

プラトンのもう1人の弟子で，ギリシア最大の哲学者と呼ばれるアリスト

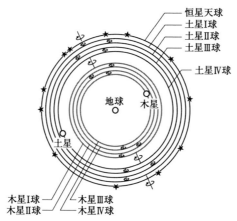

図 5-1 同心球宇宙モデル．各惑星には，図のように 4 個の同心球が割り当てられた．

テレス（Aristotle，紀元前 384-紀元前 322）も同心球宇宙を踏襲したが，単なる数学的なモデルではなく，宇宙が実際にそのような機械的構造をしていると信じていた．さらに，彼は天界と地上界とを明確に区別した．月から下の地上世界は 4 つの元素，火，空気，水，土からできていて，そこでの運動は地心に向かうか，離れるかの直線運動である．それに対して，日・月，惑星の天上界で起こる自然な運動は永久不変な一様円運動であると主張した．以後，このアリストテレスの宇宙観と思想は，後にキリスト教聖書の世界観と結びつき，中世を通して 15-16 世紀に至るまで西欧世界を支配し続けることになる．

異端派

以上が古代ギリシア初期の正統的な宇宙像であるが，それとは異なる考えをもった，いわゆる異端の哲学者，天文学者もいた．たとえば，サモスのアリスタルコス（Aristarchus，紀元前 310-紀元前 230 頃）は，太陽が宇宙の中心にあって地球はその回りを公転する．この軌道の大きさに比べれば恒星天までの距離は非常に遠いと考えていた．

他の例は，天文学者ではないが，原子論で知られるデモクリトス（Democritus，紀元前 460-紀元前 370）である．彼は，物質を細分化していくともう

それ以上分割できない最小単位（アトム，原子）が存在し，地上の物質や太陽，惑星もこのアトムからできていると主張した．デモクリトスの思想はアリストテレスらからは異端視された．しかし，複雑な物を単純な部分に還元して議論する「還元主義」が現代科学の根元的な哲学的要素であることを見れば，いかにデモクリトスが先見の明をもっていたかがよくわかる．

アレキサンドリア

紀元前4世紀後半には，ギリシアの学問文化の中心はギリシア本土からアレキサンダー大王がナイル河口の西側に建設したアレキサンドリア市に移っていた．そこではプトレマイオス朝の庇護のもと，ムセイオン（Mouseion, 英語で博物館・美術館を意味するmuseumの語源）と呼ばれた大学と図書館・博物館とをかねた大規模な学術研究施設がつくられ，ギリシア本土からも多くの学者が集まって文芸，自然科学，哲学などの研究を盛んに行なった．上に述べたアリスタルコス，比重に関するアルキメデスの原理で知られたアルキメデスはアレキサンドリアで活躍した人々であり，後の節で紹介するトレミーもムセイオンを研究の場としていた．

ギリシア人が球形と考えた地球の大きさを，科学的に初めて測定したのは地理学者で天文学者だったエラトステネス（Eratosthenes of Cyrene, 紀元前276-紀元前195頃）である（図5-2）．彼はムセイオンの館長だったため，その所蔵パピルス文書によって，アレキサンドリアの南方，アスワン地方のシエネでは，夏至の正午に深い井戸の底を太陽が照らすこと，つまり，太陽が

図5-2 エラトステネスの肖像．

真上にくることを知った．エラトステネスは，この事実とアレキサンドリアにおける太陽高度の観測とを組み合わせ，両地点が地球の中心で張る角度は地球全周360度の50分の1と求めた．そして，アレキサンドリアとシエネの距離と組み合わせ，地球の全周長を約3万9,000 kmと算定した．この数値は真の値4万kmからわずか3%しか違っていなかった．

5.2 ヒッパルコスとトレミー

惑星運動の周転円・導円モデル

古代ギリシアの天文学は，日・月と惑星の天球上の動きを理論的にくわしく説明することに多大な関心をもっていた．その理解にもっとも貢献したのが最初はヒッパルコスであり，トレミーがさらに発展させた．太陽の動きは近似的には地球中心の一様円運動であるが，実際には季節によって運動に若干の遅速が見られる．これを解決するため，円運動の中心が地球からわずかにずれた「離心円」モデルがまず考案された．

しかし，火星などの逆行現象は説明できないことが離心円モデルの最大の難点だった．そこで次に考え出されたのが，「周転円・導円」モデルである（図5-3）．このモデルでは，惑星は地球を中心に円運動するのではなく，周転円の上を惑星が等速円運動をし，この周転円の中心が地球を取り巻く導円の上を等速円運動する．その結果，惑星が周転円上で導円の内側にきたとき

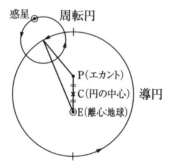

図5-3 離心円と周転円・導円モデル．エカントについては，トレミーの節（5.3節）で説明する．

に，天球上の見かけの運動は留や逆行の現象を示すことになる．また，地球までの距離も近くなるため，逆行の近辺では惑星がより明るく見える事実もうまく説明できた．

この周転円・導円モデルは，後の時代には等速円運動をする周転円を幾重にも組み合わせて，複雑な惑星運動を説明することにも使われるようになった．そして，17世紀初めにケプラーが楕円運動を発見するまで，中世のイスラム世界と西欧ラテン世界を通じて惑星の動きを説明する指導原理の役割を果たした．

ヒッパルコスの天文学的業績

ヒッパルコス（Hipparchus，紀元前190-紀元前125頃）は古代ギリシアの最大の天文学者と称えられる（図5-4）．彼は思弁的な天文学者とは異なり，アレキサンドリア市の所領だったロードス島で40年間も精密な天体観測を行ない，それを基礎にして数多くの目覚ましい天文学的業績をあげた．ただし，それらの成果は，後にトレミーがその著書『アルマゲスト』の中で言及しているだけで，ヒッパルコス自身が書いた著作はほとんど残されていない．唯一知られているものは，『アラトスとユードクソスの天文現象についての註釈』と題した著作だけである．

当時，太陽の一様な円運動からのずれは「アノマリ」（英語ではanomaly）と呼ばれた．彼は，離心円と周転円・導円の考えを太陽の長期間の観測データに当てはめて，アノマリをうまく説明した．そして，太陽軌道が円からず

図5-4 ヒッパルコスの肖像画．

れている度合い（楕円の離心率に相当）は軌道半径の約 4% であることを示した．また，月の軌道（白道という）が黄道に対して約 5 度傾いていること，黄道に対する白道の交点および近地点（月が地球にもっとも近くなる点）がそれぞれ 18.6 年（逆行），8.9 年（順行）の周期で天を一周することを見つけた．この発見には，バビロニアの日食・月食観測も利用している．さらに，地上の 2 カ所から月を観測したときの方角のずれ（視差）から，月までの距離を地球半径の 59 倍（正しくは 60 倍）と算定した．これらの成果を得るために彼は，三角法と三角関数表も考案したのである．

　紀元前 134 年にヒッパルコスはさそり座の新星に遭遇した．新星とは，それまで何もなかった天域に明るい星が一時的に輝く現象である．これは“恒星界は永遠不滅なり”とするアリストテレス的宇宙観に対する反証であった．そこで彼は，今後も起こるかもしれない新星現象などを監視する目的で，恒星の組織的観測を始めたとされる．その結果，紀元前 129 年頃に完成した星表には，おそらく 1,000 個近い恒星の黄経・黄緯と，もっとも明るい星の 1等から，肉眼でやっと見える 6 等までの光度階級が与えられていた――この光度階級は私たちが現在用いている星の等級の原型である．ただし，ヒッパルコスがつくった星表自体は失われており[2]，トレミーの『アルマゲスト』に引用された形でしか伝わっていない．このことが，後の節で述べるトレミー疑惑が生じた主要な原因となった．

　加えて，恒星の位置を彼の観測ともっと昔の観測とを比較することで，どの星も黄道に沿って，黄経が増加する向きに 100 年あたり約 1 度の割合で移動していることを見つけた．すなわち，これが「歳差」現象の発見である[3]．以上に要約したように，ヒッパルコスは長年におよぶ膨大な観測と三角法などの数理を巧みに組み合わせ，数々の発見を成し遂げたため，ギリシア最大の天文学者と呼ばれるのである．

2）　ヒッパルコスの著作，『アラトスとユードクソスの天文現象についての註釈』中の記述から，数百個の恒星位置のデータが，後世の研究者によって復元されている．

3）　ヒッパルコスは，黄経を測る基準点が動くのではなく，星々が実際に東に動くと考えていた．なお，中国では虞喜が，東晋の咸康年間（335-342）に歳差現象を発見したことを 2.5 節で紹介した．

古代ギリシアの黄道主義

　恒星や惑星など天体の天球上の位置を表現するのに，古代中国では赤道座標系，ギリシアでは黄道座標系を主に用いたことはすでに述べた．ここでは，その源流の違いを簡単に考察してみる．古代中国では，北極域に住む天帝による観象授時に基づき，強力な中央集権の国家体制を長年にわたって維持した．おそらく，そうした太古の時代からの政治・社会的な伝統が背景にあり，中国天文学では恒星天の方に主な関心が向けられた一方，惑星の詳細な運動や太陽系の構造にはほとんど興味を示さなかった．そのため，二十八宿など星々の位置も，北極を基準に測る赤道座標主義が定着したと私は考える．また，1年もかかる黄道上の動きより，1日の日周運動で確認できる赤道座標の方が，観測技術の上でも有利で効率的だったといってよい．

　それに対して，上で説明したように，古代ギリシアの天文学は，惑星の運動や宇宙の成り立ちを幾何学的に理解するという，初期ピタゴラス派の学問的伝統に沿って発展してきた．そのため，恒星などの位置表現も，日・月・惑星が運動する黄道にこだわらざるを得なかったと推定される．西洋で，日周運動を利用して天体の天球上の位置を測定し，赤経・赤緯で表わすようになるのはずっと後世の時代で，デンマークの天文学者ティコ・ブラーエ（Tycho Brahe, 1546-1601）が数々の天文観測装置を開発して精密な観測を行なった16世紀後半になってからである（5.5節も参照）．ティコは，観測精度を向上させるために，渾天儀のような経度と緯度とを同時に測定する方法を止めて，経度と緯度を別々の装置で測るように改めた結果，必然的に赤経と赤緯のデータが得られるようになったのだった．

5.3　トレミーによるギリシア天文学の集大成『アルマゲスト』

　数学者のエウクレイデス（ユークリッド，Euclid）とヘロン（Heron），エラトステネス，ヒッパルコスなど，ヘレニズム時代のギリシア人科学者が活躍したアレキサンドリアは，紀元前1世紀になると，社会不安が増大し文芸・学問も衰退しはじめた．そして紀元前47年には，カエサル（J. Caesar）が率いたローマの大軍によって占領された上に徹底的に破壊され，ムセイオ

118　第5章　『アルマゲスト』の解析とトレミー疑惑

図 5-5　16世紀初頭にドイツで出版された天文書に描かれたトレミーの想像図．トレミーは象限儀をもち，左下隅には渾天儀が描かれる．トレミーの背後にいるのは，学術・文芸をつかさどるギリシアの女神ミューズである．

ンも焼き払われてしまう．混乱した社会ではもはや天文学の研究どころではなく，その後，ギリシア・ローマの天文学は約 200 年間もの空白の時代に入る．

　ようやく西暦 2 世紀になって，新たに再建されたムセイオンに，トレミー（Claudius Ptolemaeus，または Ptolemy，西暦 90 頃-168 頃？）という名の優れた天文学者が出現した（図 5-5）[4]．しかし，トレミーの生没年と出自はほとんど判明していない．6世紀のアレキサンドリアの哲学者オリンピオドロス（Olympiodorus）は，アレキサンドリア市の東の近郊，カノープスという町[5]でトレミーは 40 年間仕事をしたと書いているが，とくに根拠は示して

4）　アレキサンドロス大王による大帝国が紀元前 4 世紀末に分裂した後に，エジプトにはプトレマイオス朝が成立した（紀元前 304-紀元前 30 年）．この王朝の名前との混同を避けるため，本書ではトレミーの呼名を用いる．

5）　アブキール湾で近年見つかった古代の海底遺跡がカノープスの一部と考えられている．

いない.『アルマゲスト』の中でトレミー自身が観測したと述べた期間, 西暦125-141年に基づき, 後世の研究者が生没年をいくつか推測しているだけである.

トレミーの天文学と業績

トレミーの著作によれば, 上に述べた期間にかなりの数の観測を行ない, 「大気差」と呼ばれる現象を発見したり[6], 光学の実験も行なった. しかし一般には, 天文学的業績という点ではヒッパルコスの方が上だったとされる. トレミーの最大功績はむしろ, 彼の時代までの地球中心的なギリシア天文学の成果を集大成した『マテマティケ・シンタキシス』(*Mathematike Syntaxis*, 数学的集成, 英語では *Mathematical Treatise*) を西暦145年頃に著わしたことである. 後にアラビア語写本からラテン語に翻訳された際に『アルマゲスト』(*Almagest*, 偉大なるものの意味) と通称されるようになった[7].

『アルマゲスト』は全部で13巻から構成される[8]. 内容は, 第6巻までが主にヒッパルコスによる太陽と月の運動理論と三角法, 三角関数表の紹介である. 第7巻, 8巻は恒星天の天文学と星表, および天の川と天球儀の構造を記述し, 第9巻以降はトレミーによる5惑星の運動理論とそれらの出没など見かけの現象を扱っている. トレミーの星表は次節の主題に直接関係するから別に改めて議論することにして, ここでは5惑星のトレミー理論について二, 三, 注目すべき点を述べるに留めよう.

トレミーの惑星運動理論

水星と金星はつねに太陽からある角度以上離れることはなく, したがって

---

6) 大気差とは, 大気の屈折作用のために地平線近くで月や太陽が実際の位置より上方向に浮き上がって見える現象. 地平線付近での浮き上がりは, 角度で約30分 (太陽, 月の見かけの直径ほど) である.

7) トレミーのもう1つの著作, 『地理学』(ゲオグラフィア, *Geographia*, 西暦150年頃) も重要である. その世界地図は, 初めて経緯度線を描き, 世界各地の地理的な座標も示したもので, とくにルネサンス以後, 西欧人の世界認識にきわめて大きな影響を及ぼしたことで知られる.

8) 邦訳には, 藪内清訳, 『アルマゲスト』, 上下 (1958) がある. これは, アルマ (N. Halma) によるフランス語訳 (1813-6) からの重訳である. なお, Toomer, G. J. による *Ptolemy's Almagest* (1984) も, 適宜参照した.

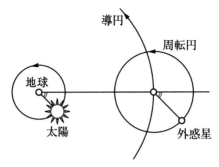

図 5-6 トレミーによる外惑星の周転円・導円モデル．

夕方か明け方の空にしか見られない（金星では，明けの明星，宵の明星で知られる）．これに対して火星，木星，土星は，太陽に対して天空上のどのような位置にも来ることができる．そこでトレミーは水星と金星（太陽中心説では内惑星），および火星，木星，土星（外惑星）についてそれぞれ，別な周転円・導円モデルを提案した．

内惑星は地球と太陽の間にあって，内惑星の周転円の中心はつねに地球と太陽とを結ぶ線上に位置している．その中心が導円の上を周期1年で回る．このため，内惑星は必ず太陽から見かけ上，ある角度以上は離れることはない．他方，火星，木星，土星の外惑星は図5-6に示すような導円・周転円の配置をとり，どれも周転円上を1年という共通の周期で回る．しかも周転円上の惑星は，周転円の中心と惑星を結ぶ直線がいつも太陽と地球を結ぶ線に平行になるような位置を占めるのである．

このように，トレミーの5惑星理論の特徴は，内惑星と外惑星とで幾何学的な運動の様子が大きく異なること，および太陽，周転円，導円の半径は，それらの比さえ惑星の見かけの動きに合えばどんな値でもよいという点だった．これらの点が，後世の天文学者コペルニクスにとっては非常に不自然なものに見えたため，太陽中心説を提唱する大きな動機になったのである．

トレミーはまた，彼の惑星運動理論を観測によりよく合わせる工夫として，離心円に加えて，「エカント」（equant）と名づけた特別な点まで導入した．これは，図5-3において，導円の中心（C）に対して，離心点（地球：E）とは反対の方向に等距離にとった点のことで，このエカント点からは惑星の周

転円の中心がほぼ一定な角速度で回るように見える点である．エカントの採用は，周転円の中心は導円上をもはや等速円運動でなく，近地点では速く遠地点ではゆっくり動く不等速円運動を意味しており，"等速円運動の組み合わせで惑星の動きを説明する"というギリシア天文学の伝統を放棄したことになる[9]．このため，エカントは後にイスラム天文学などでは大きな批判の的になった．

　各惑星の運動はトレミーの理論でかなり正確に表現できるようになったが，地球中心から見て5惑星がどういう順序で並び，どのような軌道の大きさをもつのかという太陽系全体の構造の問題には，奇妙なことに『アルマゲスト』はほとんどふれていない．じつは，『アルマゲスト』の要約版としてトレミーが後に著わした『惑星仮説』という本（アラビア語写本でのみ伝わった）には，軌道の大きさの決定原理が一応は記されている．しかし，この原理によっても，惑星相互の軌道の大きさと順序は一意に決めることはできず，周転円・導円の大きさは惑星の動きに合うように，"適当に"与えるしか方法がなかった．結局，ヒッパルコスやトレミーにとっては，太陽系の中心は太陽か，地球か，どちらが真実なのかが問題だったのではなく，惑星の見かけの動きを数学的にいかにくわしく説明できるか，だけが最大関心事だったのである．

5.4 『アルマゲスト』星表

　現在私たちが使用している88個の星座の体系は，『アルマゲスト』に含まれる星座の表が元になっている．この星表は，北天の星は第7巻の終わりから，南天の星は第8巻の最初にまとめられており，全部で48星座（北天が27星座，南天は21星座），合計で1,022個[10]の星を含む．

9）　エカント点はじつは，現代の楕円運動における「反焦点」（中心天体が占める焦点ではないもう一方の焦点）に相当している．惑星の非一様な楕円運動は，反焦点から見ると，より一様に近く見えることが知られている．したがって，エカントは実用的には優れたアイデアだった．

10）　この数は，数え方によって多少異なる．

122   第5章 『アルマゲスト』の解析とトレミー疑惑

表5-1 『アルマゲスト』星表の一部（こぐま座）．訳語は藪内の訳に基づくが，不適切と思われるものは前掲，Toomer, G. J. (1984) を参照して修正した．

星座の星	経度		緯度		等級	現在名
こぐま座						
尾端の星	双子 0°	10′	北 66°	00′	3	α UMi
その後で尾の上にあるもの	2°	30′	70°	00′	4	δ UMi
尾の付根に近い前の星	10°	10′	74°	20′	4	ε UMi
四辺形の西辺の南星	29°	40′	75°	40′	4	ζ UMi
同じ辺の北星	巨蟹 3°	40′	77°	40′	4	η UMi
東辺にある星の南星	17°	10′	72°	50′	2	β UMi
同じ辺の北星	26°	10′	74°	50′	2	γ UMi
近くの星座外の星						
東辺の2星と直線をなし，さらに南にある4等星	13°	00′	71°	10′	4	5 UMi

星表の構成

表5-1にこぐま座の例を示した．この表で，最初の星が現在の北極星（α UMi）である．第1欄には，各星が星座のどの部分にあたるかが記されているから，トレミーの頃にはすでに星座の図像と星の配置の関係がほぼ確立していたことがわかる．ただし，最後の欄の現在名に示した星の同定（バイヤー星座帳の星記号）は，現在の星座名では複数の星座にまたがっている場合もあるので注意を要する．

経度は黄経，緯度は黄緯のこと．黄経は春分点から測った値ではなく，黄道12宮星座の各原点から測っていて，中国の二十八宿の距星から測った入宿度に似ている．星の明るさである等級については前にも述べたが，1等から6等までを区別していた．

このこぐま座の例からわかるように，当時はその星座に含めなかった"星座外の星"と呼ぶ星が，他の星座の場合にも相当数見られる．また，約10個の天体については"星雲状"と注記されているが，たとえば有名なアンドロメダ座の銀河M31やオリオン座の大星雲には気づかなかったのか，または天体と思わなかったのか，とくに記載はない．

星表の作成に至る経緯

第7巻は第1-4章と北天の恒星表である第5章からなるが，初めの4章で

は一貫して，星の位置を黄道の歳差に結びつけて議論している点が私には印象深かった．第1章では，ヒッパルコスと彼以前の天文学者が，星相互の相対位置はつねに不変であることを，数個がほぼ一直線上に並んだ星の組合せを数十組も選んで示したことをまず説明する——これは，渾天儀で各星の座標を測定しなくても目で確認できる，比較的精度の高い賢明な方法だった．そして，トレミーもヒッパルコスの記述を逐一観測で確認したと述べて，ヒッパルコスの結論を支持する．

　これに対して，星々が貼りついているように見える天球は，全体として黄道に沿ってゆっくり移動することもヒッパルコスが見つけたことを紹介する[11]．とくに，ヒッパルコスの発見は黄道帯付近の星のみについてだったが，トレミーは黄道から南北に離れた星でも同じことが成り立つことを確認したと強調する．また，このことは，ヒッパルコスの天球儀[12]に描かれた星座の位置と比べても確認できるとした．

　第2章では，黄道に沿った星々の移動をもう少し具体的に説明する．ヒッパルコスの測定ではおとめ座の星スピカ[13]は秋分点から経度で6度だったが，昔のティモカリス（Timocharis，紀元前約320-紀元前260）の時代には8度あった．他のどの星もこれと同じ割合で経度が変化することを，トレミーは自分の製作した観測装置，"アストロラーベ"[14]で確認したと述べる．その方法は，アストロラーベでまず太陽と月の角距離を測り，次に月と明るい恒星の角度を測定するのである．自分の観測は，たとえば西暦139年2月（アントニウス・ピウス帝の第2年）にアレキサンドリアで行ない，ヒッパルコスの観測は紀元前129-紀元前128年（カリポス第3期の第50年）だったから，ヒッパルコス以来265年で星々は黄道上を2度40分，つまり，100年で1

---

11)　つまり，歳差運動のこと．

12)　トレミーの時代には，ヒッパルコスの天球儀がまだ存在していたと思われる．近年，「ファルネーゼのアトラス」と呼ばれる，アトラスが天球儀を頭上に支える大理石像が，ヒッパルコスの天球儀の複製品らしいという報告がなされた（シェーファー，B. E.，星座の起源，『日経サイエンス』，No. 2, 88-94 (2007)）．

13)　スピカは黄道にも秋分点にも近い，明るい1等星であるため，歳差の測定にもっとも適していた．

14)　このアストロラーベは，後世のイスラム世界，中世ヨーロッパで広く使用された小型の航海用器具，いわゆる astrolabe とはまったく異なるものである．

度だけ東に進むことを自分は知った，同じ値がヒッパルコスの著述にもあるが，彼の場合は"推定"にすぎないと注意する．

ついで第3章では，ヒッパルコスは，黄道に沿う星々の運動が天の赤道の極ではなく黄道極の周りに起こると考えたが，自分はほとんどすべての恒星の観測によってこのことを確かめた[15]．すなわち，星々は黄緯の値は不変のままで，黄道極を中心に回転するのである．トレミーはまた，18個の明るい恒星について，自分が求めた赤道座標の値とヒッパルコスによる値との比較を紹介した．以上の記述をふまえて，第4章では，自分のアストロラーベで観測しうる6等星までの星々を測定し，『アルマゲスト』の星表を作成したと述べて，表の構成（表5-1）を解説している．

この説明で注目すべき点は，表に示した星の経度値はみな，自分の観測を西暦137年の値に引き直した数値だと述べていること，および，将来におけるある年の経度は，経過した年数に応じて100年に1度の割合で比例計算し，表の値に加えれば求められるとしていることである．これは，現代の星表にも共通する考え方であり[16]，トレミーは単に"自分の観測"を表にまとめただけではなく，将来の天文学者が星の黄経の計算に利用することを想定した，近代的な発想だったといえよう．

トレミーの観測装置

星表のデータを解析する場合，どのような観測儀器が使われたかを知ることは，観測の精度に関係するから重要である．第2章では中国で使用された渾天儀について説明した．天体の天球上の緯度・経度が測定できるためには，古代ギリシア人も似たような装置を用いたにちがいない．ヒッパルコスの時代の観測装置について論じた後世の天文学者もいるが，当時の歴史資料がないため，やはり想像の域を出ない．

『アルマゲスト』の第5巻には「アストロラーベの構造」と題した章があ

---

15) 日本語の文章では主語を明確に書かないことが多く，藪内の訳でもそうであるが，トレミーがどこまで自分で観測したのか，読んでもはっきりしない．そのため，前掲，Toomer, G. J. (1984) の本の文章も参考にした．

16) 現代の星表でも，表の赤経・赤緯は，ある基準の年（星表の元期という．たとえば西暦2000年）の値を与えており，任意の年の値は歳差理論から計算するようにつくられている．

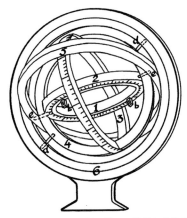

図 5-7 トレミーによるアストロラーベ渾天儀．3 番環が黄道環，ee 軸が黄道の極軸，一番内側の環についた bb は天体を狙う照準器（アリダード）．

り，かなりくわしく説明している．それによれば，円環を組み合わせた儀器と書かれているから，原理的には中国の渾天儀と同じらしい．よって，トレミーの呼び名を生かすなら，たとえば「アストロラーベ渾天儀」とでも名づけるべきだろう．ただし，円環を複雑に組み合わせた構造と機能とを文章だけで記述しているため，注意深く読んでも理解するのが容易ではない．しかし幸い，古代ローマのマリニウスの注釈に基づいて，1900 年代初めに復元された図が知られており，それを図 5-7 に引用した．

基本的には，中国の渾天儀で北極と赤道環の代わりに，黄道極と黄道環につけ換えたと思えばよい．ただ，この装置も南北の子午線に合わせて方位を正しく設置する必要があり，固定された一番外側の子午線環（6 番環）に対して，次の環は赤道極（dd 軸）の周りに回転できるようにつくられている．そのため，中国の初期の渾天儀より構造が若干複雑である．

5.5 トレミー疑惑

『アルマゲスト』の星表は，イスラムの天文学者や近世のティコ・ブラーエらがよりくわしい星表を作成するまで，西欧世界では 1000 年以上にわたって絶対的権威として使用され続けた．ところがやがて，トレミーの星表に

疑問を抱く研究者が出てくる．

疑惑の起こり

　もっとも初期には，10世紀のアラブ天文学者が自分の観測とトレミーの星表とを比べ，予期しない系統的な差が見られたことを記しているという．16世紀末になると，天文学者ティコ・ブラーエ（図5-8）がトレミーの星表に疑問を抱いた．彼は，デンマークのフベン島に専用の天文台を建設し，肉眼で達成できる最高精度の観測を長年行なったことで有名である．

　ティコが1598年に出版した星表の序文によると，彼は自己の精密な観測から，歳差によって星の黄経が変化する割合（歳差定数という）をまず決め直した．次にそれを用いて，自分が作成した星表の値をトレミーの時代に計算で引き戻し，トレミーの星表と比較してみた．その結果，トレミーの恒星位置は真の値より系統的に小さく，ヒッパルコスによる観測が100年間に1度の割合でずらされたのではないかという疑いをもった．ただし，トレミーの恒星観測では太陽の位置を仲介にしているため，太陽の位置計算に同じ大きさの誤りがあったことが原因かもしれないとも述べている．

　これに対して，フランス革命時代の大数学者ラプラス（P.-S. Laplace, 1749-1825）は，トレミーが使用した太陽運動の理論が誤っていたために，それが星表の位置に反映されたのであって，トレミーは実際に恒星の観測をせずに

図5-8　ティコ・ブラーエのブロンズの胸像．没後300年を記念して制作された．スウェーデンのルント天文台にある．

ヒッパルコスの値を単に利用したという証拠にはならないと，トレミーを擁護した．一方，パリ天文台の台長を務めたラランデ（J. J. Lalande, 1732-1807）は，トレミーの星表以外にも，『アルマゲスト』の記載の誤りやごまかしを指摘し，トレミーは未熟な観測者か，または観測など実際にしたことはないのだろうと主張した．

ドランブル

ラランデの見解に刺激されてトレミー星表の調査を始めたのが，パリ天文台でラランデの後輩だったドランブル（J. B. J. Delambre, 1749-1822）である．彼はフランス革命の直後，メートル法制定のために地球の大きさを測定する困難な仕事にメシャン（P. Méchain, 1744-1804）とともに何年も従事し，その後，2,000 頁の大著『メートル法の起源』（1806-10 年）や，古代，中世，近世の天文学史に関する分厚い著書を 6 冊も刊行したことで知られる．この古代編の第 2 巻[17]は，大部分がトレミーの『アルマゲスト』の研究に費やされていた．

ドランブルは，トレミーの太陽運動理論のくわしい解析によって，ラプラスがトレミーを擁護した立場を批判し，基本的にラランデと同じく，トレミーの星表がすべて彼自身の観測であるという主張に疑問を投げかけた．もう少し具体的にいえば，トレミーは実際に観測もしたかもしれないが，ヒッパルコスが予備的に求めた歳差の変化率，100 年間に 1 度という数値にあまりに強く影響されたため，これに合わない観測は無視した可能性が高いと述べた．事実，『アルマゲスト』の第 7 巻第 3 章でトレミーが示した 18 個の星の赤経・赤緯の全体から歳差定数を求めてみると，その平均は現在の正しい値，約 50 秒／1 年（72 年で 1 度）に近い値が得られる．しかし，トレミーはヒッパルコスの歳差値に合う 6 個の星だけを意図的に用いたのだという．

R. R. ニュートン

1977 年に米国の地球物理学者ニュートン（R. R. Newton）は，『クラウディウス・トレミーの犯罪』と題した著書を出版した[18]．この衝撃的なタイト

---

17) Delambre, J. B. J., *Histoire de l'Astronomie Ancienne*, Vol. 2 (1817).
18) Newton, R. R., *The Crime of Claudius Ptolemy* (1977).

128　第 5 章　『アルマゲスト』の解析とトレミー疑惑

ルと内容のゆえに，その後，多くの反論とトレミー疑惑への関心を広く呼び起こした問題の著作である．彼は，潮汐力による地球自転速度の長年的な変化を研究する目的で，古代の日食などの天文観測史料を調べるうちに，『アルマゲスト』も研究するようになったらしい．

　ニュートンはその著書で，トレミーの星表だけでなく，『アルマゲスト』に記された太陽・月の運動，日月食と星食，5 惑星の運動理論など，全般にわたって取り上げ，それぞれ批判を展開した．著書の序文では，トレミーを，科学が築き上げた倫理観と正直さを失墜させた詐欺師とまで決めつけている．ニュートンが『アルマゲスト』の記述の多くに共通して抱いた不信感の 1 つは，観測とトレミーの理論とがよく合いすぎるという点だった——これは，自分の理論に都合の悪い観測は意図的に除いたにちがいない．この点は，トレミーを強く擁護する立場の研究者も，程度の差はあれ，トレミーのデータと数値に不自然な傾向があることは認めている．

　ニュートンが問題にしたもう 1 つの点は，トレミー星表の黄経における度の端数だった．度の端数として現われる数値は，1/6（10′ のこと），2/6，…，5/6 と 1/4，…，3/4 とがあり，これはアストロラーベ渾天儀の目盛りが 1 度の 6 分の 1 まで読めるものと，4 分の 1 まで読めるものの 2 種類が使用されたからである可能性が高い．トレミー星表の 1,026 個の星について端数の出現頻度を調べると，黄緯の場合は，それぞれの端数は私たちが普通に期待する分布になり，不自然な点は見当たらない．ところが，黄経の方は，非常に奇妙な分布を示した（表 5-2）．

　表 5-2 は，各々の度の端数が出現した頻度の分布である．最後の欄の理論値は，私たちが単純な統計を行なったときに予想される分布を表わし，黄緯の分布はそれほど理論分布とは違わないことがわかる．ところが，黄経ではトレミー星表の場合，10′ や 40′ は理論値の 2 倍近い数があるのに対して，15′ ではわずか 4 個であり，45′ は 0 個である．こんな分布は明らかに不自然であり，トレミーは黄経のデータに何らかの操作を行なった証拠にちがいないとニュートンは主張した．それは，従来からの疑惑だった，トレミーとヒッパルコスの観測年代の差，265 年に相当する歳差 2 度 40 分を，トレミーはヒッパルコスの黄経に加えた結果だったのかもしれない．また，15′ と

5.6 『アルマゲスト』星表の解析　129

表5-2 『アルマゲスト』星表における黄経・黄緯の度の端数の分布．Newton, R. R. (1977) の第9章に基づく．

度の端数	黄経	黄緯	理論値
0′	226	236	171
10′	182	106	128
15′	4	88	86
20′	179	112	128
30′	88	198	171
40′	246	129	128
45′	0	50	86
50′	102	107	128
合計数	1,027	1,026	1,026

45′ の数が異常に少ない理由は，トレミーの渾天儀の目盛りの読みが15′刻みだったが，実質的には彼は黄経の観測をわずかしか行なわなかったためで，それが異常な分布に表われた可能性が高いとも議論している[19]．

　以上，代表的なトレミー疑惑の研究をいくつか紹介した．そのほか，『アルマゲスト』の星表に関する論文はいままで多数発表されており，もちろんトレミーの立場を擁護したものも少なくない．また，ほかの論点としては，トレミーとヒッパルコスの観測地の違いを議論したものもある．すなわち，アレキサンドリアは，ヒッパルコスが観測したロードス島より緯度で5度南にあるため，ヒッパルコスが見えなかった南天の星もトレミーの星表には含まれるはずだ．ところが実際には，そのような例は1つも見つからないという疑問である．ドランブルもこの点をすでに指摘していた．

5.6 『アルマゲスト』星表の解析

　前節の議論によれば，トレミーがヒッパルコスの星表に何らかの操作を意図的に加えたか否かは別にして，トレミー星表の黄経が現在の歳差理論で計算される値より系統的に小さいことは誰もが認める事実である．その原因の1つとして，265年分に相当する歳差2度40分を，トレミーはヒッパルコスの黄経に加えた結果だったのではないか，というのがトレミー疑惑の主要な

---

19)　その後，目盛の刻み方には別な可能性が示唆され，その場合は表5-2の黄経分布もそれほど不自然ではないという反論も出た．

130 第5章 『アルマゲスト』の解析とトレミー疑惑

論争点だった．そこで，この節では，そのことを確かめるために，二十八宿
BS 法をトレミー星表にも適用してみた．

　二十八宿 BS 法の本来の研究対象は中国系の星図・星表であるが，これを
トレミーの星表に適用しても何ら不都合はない．とくに，トレミーの時代は
「石氏星経」の年代に近いため，トレミー星表の解析は東西の代表的な古代
星表の成立年を対比させるという意味でも興味深いと考えるからである．

赤経・赤緯データによる推定結果

　中国では星の位置を表わすのに宿度と去極度，つまり赤道座標系を用いて
いた．それに対して，古代ギリシアでは伝統的に黄経・黄緯で表現したこと
はすでに見た．よって，二十八宿 BS 法による解析には，トレミーのデータ
を赤経・赤緯の値に変換する必要があったが，幸いそのような変換表が出版
されている[20]．第4章で用いた「石氏星経」の星を，バイヤー星図の星記号
を仲介にしてトレミー星表と比べた結果，18 番昴宿を除く 27 個の距星が共
通であることがわかった．そこで，以下ではこれら 27 個の星について解析
した．宿度より赤経の方が計算はずっと容易だし，トレミー星表では角度は
10 分まで与えているから，「石氏星経」以上に精密な年代推定が期待された．

　まず，キトラ星図や「石氏星経」の年代推定法と合わせるため，あえて宿
度として解析してみた．その結果は，90% の信頼度に対して，13 年±約
200 年（シミュレーションによった）となったから，この場合も，宿度は年代
推定に関して非常に感度の悪い観測量であることがわかる．これに対して，
位置のずれを二十八宿 BS 法で解析してみたところ，[63, 84] 年（または
74±10 年，信頼度 90%）が得られた．この信頼区間を，比較のためキトラ星
図と「石氏星経」の結果も含めて，図 5-9 に示した．トレミーの観測（139
年）とヒッパルコスによる紀元前 128 年の観測も細い縦棒で表示してある．

　この得られた [63, 84] 年は，『アルマゲスト』に記されたヒッパルコス
の観測年代とも，トレミーの観測年代とも明らかに異なる．したがって，ト
レミーが『アルマゲスト』の本文で述べていることと矛盾するから，やはり

---

20)　Grasshoff, G., *The History of Ptolemy's Star Catalogue* (1990) の巻末にある，トレミー星表に
　　よった．

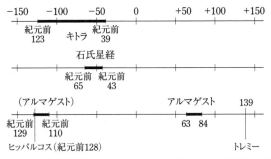

図 5-9 キトラ星図,「石氏星経」および『アルマゲスト』の推定年の比較. 横軸は西暦年. 太い横棒が推定区間. 括弧をつけたアルマゲストの説明は本文で述べる.

過去の多くの研究者が疑ったような事情がトレミー星表にはありそうである.

トレミーはヒッパルコスが発見した歳差の変化率を 1 度／100 年と述べていた（真値は約 1 度／72 年）. トレミーとヒッパルコスの観測における時間差は, 図 5-9 から 139＋128＝267 年である. 試みに, この 1 度／100 年という誤ったトレミーの変化率を用いて, この解析で求まった［63, 84］年を過去に引き戻してみよう. 267×72／100＝193 年分だけ戻せばよい. つまり, 図 5-9 の下部左に「(アルマゲスト)」と丸括弧で示した区間,［紀元前 129, 紀元前 110］年に相当することになる. ところがその部分を見ると, この区間はヒッパルコスによる観測年, 紀元前 128 年とたしかに重なっている.

このことはすなわち, 少なくとも二十八宿の距星に関する限り, トレミーが間違った歳差の変化率を用いて, ヒッパルコス星表の数値を自分の時代に計算で引き移したという従来からの疑いを支持している. この結論は, 5.5 節に紹介したトレミーへの疑いを再確認したにすぎないが, 同時に, 二十八宿 BS 法が正しい解析結果を与えることを証明したことも意味する.

なお, 推定年における測定と歳差理論の平均残差は,「石氏星経」では 0.3 度, トレミー星表では 0.7 度だった. より精密な観測のはずのトレミー星表の方が若干悪いようだが, 実際には同程度と見るべきだろう. 二十八宿 BS 法では乱数を多用するためと, この解析では歳差の理論値は近似計算を行なっていること, などが原因と思われる. とくに乱数に関しては, 計算結果はそのつど少しずつ違うことは附録 2 でも注意した. そのためこの方法では, 信頼区間の幅も大ざっぱにいって 10-15 年より狭めるのはおそらく難し

132　第5章　『アルマゲスト』の解析とトレミー疑惑

い.

『アルマゲスト』星表に対する評価

　以上, 前節でくわしく議論した通り, 2000年も昔にさかのぼるトレミー疑惑は, 400年前から今日に至るまで多くの著名な天文学者, 歴史家を悩ませてきた. 天文学史において, このように特異な例は, 知られる限りほかには見当たらない. また今後も, トレミー疑惑が完全に解明されることはないだろうと私は思う. そう考える理由を簡単に述べてこの章を終わりたい.

　それは, 私たち現代人とトレミーの時代の人々との, 観測データに対する根本的な見方の違いである. トレミーの時代には, 偶然で起こる測定誤差の考えも, データの平均という概念も存在しなかった. 測定された個々の数値は, 正しいか, 誤りか, ごまかし, のいずれかしかなかった. したがって, トレミーは, 自分の頭で暗黙に想定した結論——トレミー疑惑ではヒッパルコスの歳差値——に合わないデータは, 無視して著作に書かないか, 改ざんする以外, 仕方がなかったのだろう.

　また, 古代天文学史の大家, ギンガリッチ (O. Gingerich) の見解[21]も, もう1つの重要な側面を指摘していると思う. 彼はこう述べた. 『アルマゲスト』は現代の研究論文とは違う. トレミーの天文学理論を読者に理解させる目的で書かれた, よく練られた教科書ととらえるべきだ. ユークリッド幾何学に関する『ユークリッド原論』と同類の書なのだ. そうした著作に, 理論と合わない観測データを載せることは, 理論の信頼性を低下させ, 読者を混乱させるだけなのだと.

　とはいえ, トレミーが1度／100年という歳差値を用いてヒッパルコスのデータを意図的に改ざんしたという疑いを, 私はまだ捨てきれない. なぜなら, トレミーが本当に『アルマゲスト』星表の数値を自分で観測したのなら, ヒッパルコスと自らのデータを使って歳差値を新たに計算することもできたはずで, 1度／100年というヒッパルコスの値にこだわる理由はなかったと思うからである.

---

21)　Gingerich, O., *The Eye of Heaven: Ptolemy, Copernicus and Kepler* (1993). 1983年の原論文を再録したものである.

6

★アジアの著名な星図・星表の年代推定★

　第3, 4章で見たように，キトラ星図に描かれた星々の星表データは，それらが観測された頃よりずっと後の時代，唐代の『開元占経』などに引用されて伝わっているにすぎない．一方，キトラ星図の原図ももちろん現存しない．ただし，文献上は，4世紀の呉の太史令だった陳卓が，石申，甘徳，巫咸の星座をまとめて，おそらく円形の星図を作成したことを『晋書』天文志が記しているから（2.3節），その頃には紙に描かれた星図がすでに存在したことは疑いない．だが，実際に中国や朝鮮に残されている星図は，唐代の星表よりさらに後世に描かれたものだけである．

　そこで，この章では，それら現存する中国初期の著名な星図・星表に，二十八宿 BS 法を適用してみる（朝鮮の「天象列次分野之図」はすでに第4章で扱った）．それらの多くは西暦 1000 年頃以降のものだから，制作年代も使われた星々の観測年代もほぼ判明している．したがって，ここで二十八宿 BS 法を使用する主な目的は，年代の推定よりもむしろ，この方法の推定性能を再確認する方に重点をおくことになる．また，同時代のイスラム天文学の代表的所産である，ウルグベクの星表を二十八宿 BS 法で調べた結果も紹介してみたい．

6.1 『新儀象法要』と「淳祐天文図」

　中国の全天星図で現存するもっとも古いものは，『新儀象法要』に所載の

134　第6章　アジアの著名な星図・星表の年代推定

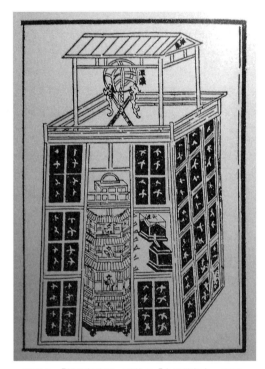

図 6-1　『新儀象法要』所載の「水運儀象台」の図.

星図である．本書は3巻からなる1088-1094年の作で，宋代の蘇頌が著わした．刊行された星図としても世界最古である（2.3節を参照）．ただし，宋時代に刷られた『新儀象法要』は残っておらず，現在見られるものは明代の再刻版だという[1]．

　蘇頌（そしょう）（1020-1101）は泉州出身のきわめて有能な機械学者だった．時の皇帝の命で，「水運儀象台」と呼ばれた巨大な天文機械時計を1092年頃，北宋の都だった開封に完成させた．この天文時計塔は，渾儀，渾象，時刻表示部を含む機械仕掛けが水力で駆動され，高さは10 mほどもあったという（図6-1）．また，西欧に先駆けて，時計の歩度を一定に保つ脱進機構を備えていた．近年，京都大学関係者らが原寸大で復元し，長野県下諏訪町の儀象堂に

1）　前掲，藪内清，『中国の天文暦法』(1969).

6.1 『新儀象法要』と「淳祐天文図」 135

展示されている.『新儀象法要』には,それらの説明とくわしい図や,観測用の渾天儀の図もあり,そのため表題が"新儀象"となったのだろう.

『新儀象法要』の星図

この星図の一部は,すでに図 2-3(北極部分)と図 2-5(赤道を中心とする西南部分)に示した.とくに図 2-5 は,円星図でなくメルカトル式地図のように表現した刊本の長方形星図としても現存最古のものである.図は全部で5 枚,図 2-3 と 2-5 以外に,残りの長方形図(赤道を上下の対称軸とする東北部分),および北極半球,南極半球の 2 図から成る.最後の 2 図は,天球儀(渾象)を制作するための参考図らしい.

図 2-5 で見た通り,図の上端には二十八宿距星の宿度値がすべて明記されている.これらの数値を,後述する石刻の「淳祐天文図」や同じく石刻の「常熟天文図」の宿度と比べると完全に一致しているから,同一の典拠からとられたことは確実である.また,『新儀象法要』は本として通常サイズの木版刷りであり,版によって星図の精粗に違いがあることが一見してわかるので,去極度に関しては図を測定しても信頼できるデータは得られないと判断した.そのため,『新儀象法要』星図の年代推定は行なわなかった[2].

「淳祐天文図」

この時代の中国星図でもっとも名高いものは,巨大な石刻の「天文図」(図 6-2(上))である.全体の大きさは高さ 2.2 m×幅 1.1 m,上半分が天文図,下半分にはかなり長い漢文が細かな文字で記される.「蘇州天文図」,または「淳祐天文図」という通称の方が従来からよく知られていた.前者の呼び名は江蘇省蘇州の孔子廟にあるため,後者は南宋の淳祐年間(1241-1252 年)に石に刻まれたのでこの名があり,本書では藪内清にしたがって主に後者の名で呼ぶことにする.

この天文図は元来 4 個つくられた蘇州石碑の 1 つで,その中の「地理図」と題した石刻の跋文に,天文図の由来が書かれていた.それによれば,1247

---

2) ニーダムによる 5 図の星図の調査では,5 図の成立年は全部が同時代でなく,紀元前,唐代,宋代のデータが混在するとのことである.

136　第6章　アジアの著名な星図・星表の年代推定

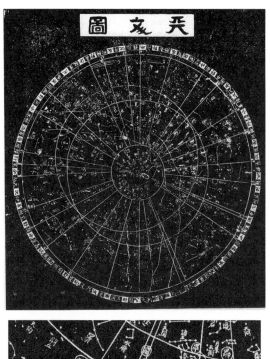

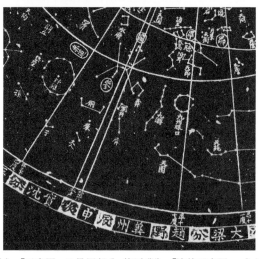

図6-2　(上)「天文図」の星図部分(拓本版).「淳祐天文図」,または「蘇州天文図」とも通称される.(下)「天文図」の参宿(オリオン座)と昴宿(スバル)付近.外周部分に宿名と宿度が記されているのがわかる.中国の星座には,参宿の南に記された,「厠」や「屎」など,驚くような名前のものが混じっているのも特徴である.

（淳祐 7）年に王致遠がこの星図を石刻したが，元になったのは彼が蜀の国で入手した本であり，その著者は南宋の侍講（皇帝の教師）を 1190 年前後に務めた黄 裳 だった．石碑下部の長い文は，1910 年代初めにすでにフランス語訳されているから，西洋人も早くから注目した星図だったことがわかる[3]．

図 6-2（上）で見るように，天の北極を中心に二十八宿距星を通る経度線が放射状に出て（この線を以後，仮に「宿度線」と名づける），偏心した黄道の円と天の川（銀河）の輪郭も描かれている．各経度線の先の円周上には宿度が記され，それらの値は『新儀象法要』のものと完全に一致している．さらにその外周には，十二次・十二支と，いわゆる「分野説」という占星術で使用する中国の地域名が白黒の帯状に描かれている（図 6-2（下））．下部の漢文はそうした内容の説明文である．

藪内清による年代推定

中国の歴史上，宋代は観測儀器が整備され，二十八宿以外の星座の位置観測も盛んに行なわれた時代だった．こうした活動が背景にあって，『新儀象法要』の星図や「淳祐天文図」が生まれたと考えられる．正史によれば，宋代には 4 回も青銅製の渾天儀が鋳造され，恒星の観測もなされた．これら宋代の恒星観測については藪内清によるくわしい研究があり[4]，ここではまずそれを要約して紹介する．

北宋時代に行なわれた観測は，景祐年間（1034-1038 年），皇祐年間（1049-1053 年），元豊年間（1078-1085 年），崇寧年間（1102-1106 年）の 4 回だった——わずか半世紀あまりの間に 4 回も観測が行なわれたことは理解に苦しむが，天文学者同士の競争が原因だったのかもしれない．中国伝統の科挙試験の受験参考書として編まれた『玉海』（南宋，全 200 巻）には，「景祐中に，太史〔天文暦学を司る官吏〕は渾儀を以て，283 星座すべての経緯距度を測った」と記されるそうで，とくに景祐年間には大々的な恒星の観測が実施されたことが知られる．

3） Chavannes, E., L'Instruction d'un Futur Empereur de Chine en l'an 1193, *Mémoires concernant l'Asie Orientale*, Vol. 1 (1913).
4） 前掲，藪内清，『東方学報』（1936）；前掲，同，『中国の天文暦法』（1969）.

138　　第6章　アジアの著名な星図・星表の年代推定

　藪内は，二十八宿の距星が，前漢の時代から宋代まで異動がないかどうか
を調べるのが主な目的で，観測年を便宜上 1050（景祐2）年と仮定し，上記
の宋代の観測値（O）と歳差理論値（C）とを比較してみた．比べたのは去
極度と宿度の両方である．その結果，いずれも（O−C）が小さかったので，
観測データは宋代の 1050 年前後の観測にまちがいないこと，および，觜宿
以外は[5]，距星は前漢時代も宋代も同じ星であることを確認できたという．

　次に，「淳祐天文図」の外周に書かれた宿度値は，景祐年間のものとは6
宿それぞれで1度異なるが，元豊年間の数値とは二十八宿すべてで一致する
から[6]，宿度の観測は元豊時代だったと断定できると述べた．以上のことを
念頭において，次項では「淳祐天文図」の観測年代を統計学的に推定してみ
る．

「淳祐天文図」の解析

　測定は大型本である『中国古代天文文物図集』[7]の星図写真版で直接行な
った．まず，内規から求めた緯度は 34.4±0.2 度だった．北宋の首都開封の
緯度は 34.8 度だから，星図の作者は開封の地を意図して内規を描いたとみ
てよいだろう．

　次に，二十八宿距星の宿度・去極度からそれらの観測年代の推定を試みた．
近世の星図・星表を解析するときに注意すべき点は，近世になると恒星の観
測精度が向上してくるために，附表1に与えた歳差の1次近似式では不十分
な場合が多くなることである．つまり，1次近似値をそのまま使うと，とく
に去極度では年代推定に無視できない偏りが起こりうる．そこで，本章以降
では必要に応じて，より正確な歳差の2次近似値（附表2）も併用した．

　最初に，星図の外周部に記された宿度値を用いて観測年代を推定してみた．
信頼区間は，キトラ星図で行なったのと同じく，最初の年代推定で得られた
残差の分布に基づいたシミュレーション法で計算した．歳差の2次近似値に

---

5)　觜宿の距星は，隣の参宿距星と赤経の値が非常に近く，歳差のために，時代によっては二十
　　八宿の赤経による順番が逆転してしまう．そのため，後世には觜宿の距星が変更された．
6)　前掲，藪内清，『中国の天文暦法』(1969) によれば，景祐年間の数値は『宋史』律暦史の記
　　載に，元豊年間の数値は『元史』暦史の記載に基づくという．
7)　中国社会科学院考古研究所編，『中国古代天文文物図集』，第82図 (1978).

表6-1 「淳祐天文図」の観測年代推定の比較. 信頼区間は信頼度90%に対するものである.

	宿度 (星図円周)	去極度 (『文献通考』)	去極度 (星図測定)
藪内 (1969)	1078-1085 年	1050 年 (仮定)	
シミュレーション法	900±160 年	1045±32 年	1100±65 年
二十八宿 BS 法	935±60 年		

よる結果は，900±160 年 (信頼係数90%)，または [740, 1060] 年となった[8]（平均残差は0.7度）. この場合も，宿度は歳差による変化に対して鈍感なため，信頼区間が±160 年と大きくなるのは仕方がない. ついで，宿度に対して二十八宿 BS 法を用いた場合，935±60 年，または [875, 995] 年だった.

次に，去極度による推定年の結果を述べる. 星図から測定した去極度を使用して得た年代は，1100±65 年 (信頼係数90%)，または [1035, 1165] 年となった. 歳差は2次近似値を用い，推定年付近で残差が異常に大きい距星6個 (3度以上のもの) は除外した. 残り22個の推定年での平均残差は1.0-1.3度だった. 一方，藪内は『文献通考』[9]から引用した皇祐年間の観測とされる去極度を与えているので[10]，それも解析してみた. 推定年は1045±32 年，または [1013, 1077] 年だった.

推定年代の検討

「淳祐天文図」の場合，去極度は文献と星図からの2種のデータが存在するため，推定年の結果も一通りでなく，複雑にならざるを得ない. そこで，藪内の研究とも比べながら，表の形で少し細かく検討してみよう (表6-1).

(1) 宿度

宿度は，星図の記載も文献も同一のデータである. 藪内は，元豊年間 (1078-1085 年) の観測としたのに対して，私たちの結果は935±60 年 (また

---

8) ちなみに，歳差の1次近似値を用いた場合は，925±220 年が得られた.

9) 『文献通考』は元朝の馬端臨が1317年に完成させた，中国歴代の制度・沿革を記した編纂書. 全348巻で，上古から南宋の1207年までの時代を取り扱っている.

10) 前掲，藪内清，『中国の天文暦法』(1969).

は［875, 995］年）となった．双方で100年以上の差があり，信頼区間の幅を考慮しても両者の時期は重ならない．この違いを考えてみると，藪内の推定は，宿度の数値が『元史』暦志の記載とみな一致するというのが根拠であり，数値自体を歳差理論に照らして検証したわけではない．一方，私たちの結果によれば，この場合28個すべての宿度データが解析に使用できたから（平均残差は0.6度），統計学的な信頼性はかなり高い．すると，両者の差として考えられる原因は何だろうか．それはおそらく，藪内が『元史』暦志から引用した宿度は，本当は元豊年間ではなく，それより100年以上昔の観測だったのだろうということである．

(2) 去極度

一般論でいえば，宿度より去極度の方が歳差による変化に対して感度が高いから，後者の方がより精密な年代推定が可能である．表6-1で，『文献通考』データによる推定は1045±32年（または［1013, 1077］年）だった．この年代は，皇祐年間（1049-1053年）に該当するし，藪内の1050年という仮定も妥当だったことを示している．また，皇祐年間は，『玉海』にも記される通り，もっとも広範な観測が実施された時期だったから，その去極度観測が後世に伝わったことは納得できる．

一方，星図からの測定値は，すでに述べたが，星表データを元に描くため，描画の不正確さがある上に，解析者による測定誤差が余分に加わるため，明確な結論を得にくい．とくに石碑の場合は石刻の修正はきかないから，位置を誤って刻んだ星宿がそのままになっている可能性がある．さらに，距星の同定の問題もある．「淳祐天文図」では「天象列次分野之図」と同じく，放射状の宿度線が描かれているので，その線上にある星を探せばよいはずだが，実際には星が見つからない場合もあり，あまり自信のない距星の同定がいくつか残ってしまった．表6-1の，1100±65年（22個の星）という結果は，このことを反映している．いずれにせよ，この年代は，宋代における4回の観測の最後の期間，崇寧年間（1102-1106年）にもっとも近い．

以上に見てきたように，「淳祐天文図」に使用された宿度の値は，統計学的検証によって，じつは宋代の観測ではなく，それより100年以上前の

935±60 年（または［875, 995］年）の観測だったことが明らかになった。ただし、このことは、宋代の 4 回の観測で宿度が測定されなかったことを意味するわけではない——おそらく実際に観測されたのだろう。しかし、歳差による宿度の変化はわずかなため（附表 1）、とくに "度切り" にした数値では、100 年前の結果とほとんど区別がつかなかった。そのため、「淳祐天文図」では昔の数値をそのまま使用したと私は想像する。しかし正史などの史料には、10 世紀中頃における宿度観測の記録は見つからない。よって、この問題は今後の研究課題にしておきたい。

　ここで、「淳祐天文図」の成立年推定から学んだ教訓を簡単にまとめておく。それは、1）星図からのデータは一般に、星表に比べてかなり信頼性が低いこと[11]、2）宿度と去極度の数値は、必ずしも同じ時期の観測によるものではないこと、および、3）正史や歴史書に書かれたデータの年代は、実際の年代と矛盾する場合があることである。とくに 3）は、古文献では数百年以前の事績を引用した場合が多いため無理からぬことで、これも統計学的なデータの検証が大きな意味をもつ事例であると考えている。

円星図の宿度線と極座標の起源

　高校の数学では極座標というものを習う。平面上の点 P の直交座標を (x, y)、原点と P を結んだ線の距離 r と、それが x 軸となす角度を θ とすれば、(r, θ) が極座標で、$x = r\cos\theta$、$y = r\sin\theta$ の関係がある。一方、中国の円星図では、去極度は北極から星までの半径であり、上に述べた宿度線はある基準の距星の宿度線から測った回転角度と見なせる。だから、去極度は r に、宿度は θ に対応すると見れば、星図上の去極度と宿度は一種の極座標であると気づかれた読者もいることだろう。

　もちろん、古代中国には球面上の三角法という概念はなかったため、本来は球面上の角度である去極度と宿度とを、便宜上平面に描いたにすぎない。他方、古代ギリシアでは、ヒッパルコスもトレミーも球面三角法を知ってい

11）　星図を地球儀のように描いた天球儀は、古くから多数存在する。一般に、そこに描かれた星々の位置データは、少なくとも科学的な観点からは、星図よりさらに信頼性が低いと懸念される。

142 第6章 アジアの著名な星図・星表の年代推定

て，『アルマゲスト』でも盛んに利用していた．また，球面上の点を平面に
数学的に変換する「ステレオ投影法」も知っていて，アストロラーベや星座
早見盤に応用された．

　平面上の直交座標という概念がヨーロッパで生まれるのは，17世紀デカ
ルトの時代である．一方，極座標の起源を調べたクーリッジによれば[12]，17
世紀のイタリアの数学者カバリエリ（B. Cavalieri, 1598-1647）が"アルキメ
デスらせん"の研究に極座標の考え方を初めて導入したらしい．また，現代
の意味での平面上の極座標を最初に使用したのは，古典力学の創始者アイザ
ック・ニュートン（I. Newton, 1642-1726）なのだそうだ．したがって，西欧
における極座標の起源は非常に新しいことがわかる．古代ギリシア人にとっ
ては，平面の極座標はあまりに初等的すぎて，かえって思いつかなかったの
かもしれない．それはさておき，黄裳が早くも1190年頃に，平面上の極座
標ともいうべき考え方を円星図に使用していたことと考え合わせると，中国
文明の先見性に脱帽せざるを得ない．

6.2　郭守敬の二十八宿観測

　漢民族の王朝だった宋代（北宋・南宋，960-1279年）には，江南地方の開
発とともに産業経済と商業都市とが大きく発展した．広州，泉州などの港湾
都市が栄え，中国的な学術・文化が花開いた．また，ヨーロッパのルネッサ
ンス期の三大発明とされる，印刷術，火薬，羅針盤は，中国では数百年も先
駆けてこの時代に実用化されていた．しかしやがて，その繁栄を謳歌する中
国人社会を脅かす動きがモンゴル高原で勃発する．

　13世紀初めにチンギス・ハンにより建国されたモンゴル帝国は，またた
くまにヨーロッパに達するユーラシア全域を支配したが，やがて4つのハン
国に分裂する．その宗家の後継者だった世祖フビライは，南宋を滅ぼして
1279年には中国全土を支配する元朝を建てた．イスラム商人が主役の，東
西の世界を結ぶ陸上の交通・貿易網が発達した．中国国内ではモンゴル人は，

---

12)　Coolidge, J. L., The Origin of Polar Coordinates, *American Mathematical Monthly*, Vol. 59, No. 2, 78-85 (1952).

初めは被支配者としての漢人の知識人を冷遇したが，次第に漢民族の学問・文化の伝統に取り込まれていくことになる．

授時暦の採用と郭守敬

元朝では従来から大明暦が使用されていたが，日月食の予報がはずれることが多くなった．暦が天象と合わなくなると，改暦と称して，より正確な暦法に改めるのが中国古来からの伝統である．そのため，世祖フビライは郭守敬（1231-1316），王恂（1235-1281）らに命じて改暦事業を開始させた．郭守敬は河北省刑台出身の優れた天文暦学者で，その後半生は，大都から通州に至る運河の建設にも大きな功績を残した水利事業家としても有名である．

改暦にあたって郭守敬は主に観測面を担当し，多くの天文儀器を考案して日・月，恒星の精密観測を5年間実施した．中国暦で重要な冬至の日時決定では，太陽がつくるノーモン（中国では「表」と呼ばれた観測装置）の影の長さを1-2週間隔てて3回測定し，2次曲線で近似する方法を用いて，平均太陽年の長さを現在とほとんど違わない365.2425日と求めた（現在の値は365.24219日）．その結果，中国固有の暦法としてはもっとも優秀とされた「授時暦」を1280年頃に完成させた．授時暦は，1年の長さが時代とともにわずかずつ変化すると考える「消長法」を採用したことでも知られる．また，日本の渋川春海が1684年に提案した「貞享暦」も，その暦法の大部分は授時暦を元にしていた．

郭守敬が製作した天文儀器

1276（至元13）年に改暦の命を受けると郭守敬は，すぐに観測儀器の製作にとりかかった．記録によれば，少なくとも13種の天文儀器を設計・製作したとされる．それらは，玲瓏儀，簡儀，仰儀，立運儀などの名前で呼ばれる．また，それらのいくつかには，イスラム天文学からの影響が見られるという．

図6-3は，郭守敬が製作した代表的な観測儀器である「簡儀」の写真である．一見して伝統的な渾儀とは構造が大きく異なり，郭守敬の独創的な才能が現われている．ニーダム[13]によれば，中国に入った最初の宣教師，マテ

144　第6章　アジアの著名な星図・星表の年代推定

図6-3　郭守敬が授時暦改暦のときに製作した簡儀．もともとは北京にあったが，現在は南京の紫山天文台に設置されている．

オ・リッチがこれを実見・考察した記録を残しているそうである．簡儀の意味は，当時複雑化していた渾儀から黄道環部分を取り除いて簡略化したことからきている．簡儀の据付が中国伝統の赤道座標系である点は同じだが，図6-3で見るように，4個の円環（赤道環，子午環など）の中心が従来の渾儀のように共通ではなく，それぞれ別々に配置されていることが大きな特徴である．ニーダムはこれら4個の円環のくわしい配置構造図も示している．赤道環には，中国度（365度4分の1）による目盛りが度と分の単位まで刻まれ，二十八宿の宿度の境界も印されていた．このことから，郭守敬は二十八宿の宿度を精密に測定する明確な意図をもっていたことが知られる．

　この簡儀で私がとくに注目したいのは，郭守敬はティコ・ブラーエと同じ発想を抱いていたという点である．ティコは，観測精度を向上させるために，従来の儀器を改めて，天体の緯度と経度とをそれぞれ別の観測装置で測定する工夫を行なったことは5.2節で紹介した．ところで，郭守敬の簡儀も図6-3でわかるように，基本的には赤経と赤緯を独立の部分で測るという考え

---

13)　前掲，ジョセフ・ニーダム，『中国の科学と文明』，第5巻，天の科学，第20章（1991）．

で設計されているから，発想はティコと同じである．ヨーロッパの天文観測技術を一変させたとされるティコより300年以上も前に，同じ考え方の観測装置を郭守敬がすでに製作していたことは，じつに驚くべきことではないだろうか．

郭守敬による二十八宿観測の解析

図6-4は，『元史』の暦志に収録された中国歴代の宿度観測値である．右端に記されるように，前漢の落下閎によるデータから始まり，最下段は元の郭守敬による至元年間の観測が表の形で与えられている．途中は，唐代の天文学者一行による観測と，宋代の皇祐，元豊，崇寧年間の3回の観測値を示す．空白の欄が多数見えるが，これらはデータの欠損ではなく，上段と数値が同じ場合は記載を省略しているのである．古代には度切りの数値しかないが，時代が進むにつれて，半，小，太，など，度の端数まで表示しており，測定精度が時代とともに向上してきたことの表われである．とくに至元年間の数値は，分の単位（中国の1度は100分）まで記録され，郭守敬の観測がいかに画期的だったかがよくわかる．

(1) 宿度

この郭守敬による宿度の観測値をまず解析してみる．歳差は2次近似値を

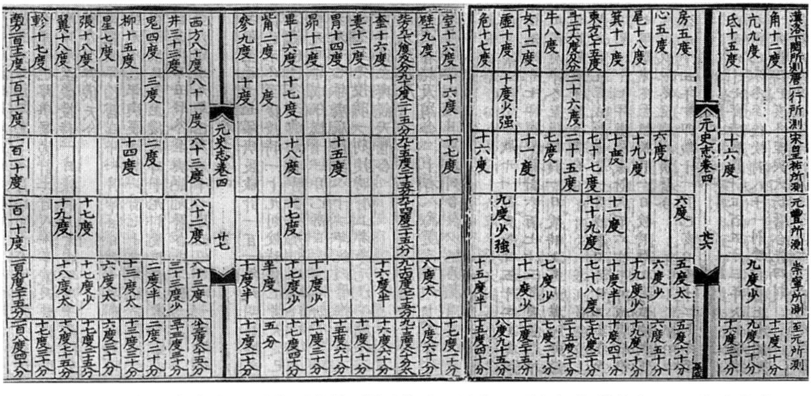

図6-4 二十八宿宿度の歴代測定値（『元史』）．原書の頁を切り貼りして二十八宿全体を1つの表にまとめた．

146　第6章　アジアの著名な星図・星表の年代推定

用い，シミュレーション法による推定年代は1277±30年（信頼係数90%），
または［1247，1307］年となった．平均残差は0.13度である．この結果は，
郭守敬の観測が1276（至元13）年の改暦命令からおそらく1-2年以内に行な
われたことを明らかに示しているし，平均残差の数値も非常に精密な測定だ
ったことを物語っている．郭守敬は従来の評価にたがわず，ティコに匹敵す
るきわめて優れた観測天文学者だったのである．

(2)　去極度

　郭守敬による去極度の観測値は正史には見当たらない．『三垣列舎入宿去極
集』と題した，恒星のくわしい位置を抄録した著作がある．1980年代に
発見された『天文匯鈔』という明代の編纂叢書中の1冊だった．原著者も抄
録者も不明だが，二十八宿を含む670個あまりの星について，各星の入宿
度・去極度とともに星座の形も図示している．数値は度の分まで記している
から，郭守敬の時代かそれ以後に測定されたものだろう．

　この『三垣列舎入宿去極集』を最初に研究した中国人学者は，1280（至元
17）年に郭守敬が観測したデータであると述べた[14]．それに対して孫小伝は，
星々の去極度を50年ごとの歳差理論値と比較してみた結果，『三垣列舎入宿
去極集』の数値は，1380年前後の観測であると結論した[15]．

　これらを念頭において，『三垣列舎入宿去極集』の二十八宿去極度を二十
八宿BS法によって解析してみよう．歳差は2次近似式の値を用いて，推定
年代は1370±16年（信頼係数90%），または［1354，1386］年が得られた．
つまり，宿度の観測は確かに郭守敬のものだったが，去極度に関しては郭守
敬より約100年後の，明の太祖洪武帝（在位1368-98年）の時代の観測だっ
たことが判明したことになる．ただし，明代の初めに新たな恒星観測が行な
われた正史の記録は知られていない．

　明代の1427年頃に，貝琳（?-1490）によって編纂された『七政推歩』と

---

14)　陳鷹，天文匯鈔，『自然科学史研究』，第5巻，第4期（1986）．潘鼐，『中国恒星観測史』
　　（1989）．
15)　陳美東編，『中国古星図』（1996）中の孫小伝による論文，『天文匯鈔』星表研究.

いう天文書がある．イスラム天文学やギリシア天文学を中国に紹介した書で，くわしい恒星表も載せている．この星表は基本的には『アルマゲスト』星表と同じだが，黄緯の数値が両者で若干異なり，『アルマゲスト』星表にない星も含まれているのだそうだ[16]．

　中国でもこの時代になると，歳差理論に基づき星々の黄経を計算で求めることも可能になった．この立場で藪内が個々の星の黄経を求めてみたら，平均の年代は 1365 年（洪武元年の 3 年前）になった．ところが，この年代はくしくも，私たちが上で去極度から推定した観測年代，1370±16 年（または [1354, 1386] 年）とよく一致している．よって，『三垣列舎入宿去極集』と『七政推歩』の星の位置は，同じ原拠に基づいた可能性が高い．藪内によれば，この観測が中国で行なわれたのか，イスラムの観測に基づく星表を引用したのかはいまだ定かでないという．

　以上，この節の例と前節の「淳祐天文図」の例で述べたことからわかるように，正史といえども歴史書に書かれた事績はつねに正しいとは限らないので，データ利用の際には注意が必要であろう．

6.3　呉越国銭元瓘墓の天井星図

　近世の歴史的な円形星図は，本書で扱ったもの以外にもいくつか知られている．「淳祐天文図」を改訂したとされる明代の「常熟石刻天文図」，北京隆福寺の「藻井星図」（1453 年頃の制作らしい）などである[17]．しかし，いままで述べた年代推定で，古星図は星表のデータに比べて一般に正確さが予想外に低いことがご理解いただけたと思う．そのため，観測精度が向上してくる近世の時代は，それら星図を手間ひまかけて測定しても労力に見合った新知見が得られないことが多く，したがって，年代を決める意義も少ないというのが経験からでた私の判断である．

　ただし，ここに 1 つだけ，きわめて例外的で興味深い中国最古の石刻星図

---

16)　藪内清，中国に於けるイスラム天文学，『東方学報』，京都第 19 冊，300-315（1950）；前掲，同，『中国の天文暦法』（1969）．
17)　前掲，陳美東編，『中国古星図』（1996）．

148　第6章　アジアの著名な星図・星表の年代推定

が存在しているので，その概要と年代解析を行なった結果を次に紹介しておきたい[18]．

呉越国の銭元瓘とは

1950-60年代に中国の杭州で，10世紀五代十国時代の，呉越国王一族の墓が発掘され，石刻の星図が発見された．941年に死去した呉越文穆王銭元瓘の墳墓と，952年に没した銭元瓘の次妃（王の側室だろうか）である呉漢月の墓だった．双方の墓室内には，互いによく似て精緻に見える二十八宿星図がいずれも天井に石刻されていた．時代は，「淳祐天文図」より300年も古い．石板のサイズは，長さ4.7m，幅2.6m，厚さ0.3mにおよぶ巨大なもので，銭元瓘の方は大判の拓本図が，呉漢月の方は復元した線画が出版されている[19]．図6-5にはその全体図と部分図を示した．

描かれた星座は，北極部分と北斗七星，および二十八宿だけであり，銭元瓘の図には内規，赤道，外規の3円が記されているのに対して，呉漢月の方は赤道を欠いている．星座名や目盛りの記載はない．以下では，銭元瓘の拓本コピーを計測して得た結果について述べる．

星図の計測と年代推定結果

伊世同の論文によれば[20]，実物の内規，赤道，外規の直径はそれぞれ，51.1cm，123.1cm，195.7cmである．拓本コピーの内規と赤道の直径を利用して筆者が決めた北極の位置を図6-5（下）に「＋」印として示した．同定した各宿距星の座標である宿度と去極度は，この北極を基準として分度器および物差しを用い，約0.5mmと0.5度の精度で測定した．附表5に，図6-5で同定した二十八宿距星の測定値（宿度と赤緯）を示す．データが空欄の4宿は画像欠損のため測定ができなかった．

まず，赤緯データの解析を行なった．100年ごとに歳差理論値を計算し，

---

18)　この節は主に，中村士，東アジア古星図・星表の成立年の数理的推定，『東洋研究』，第197号（2015）によった．

19)　前掲，中国社会科学院考古研究所編，『中国古代天文文物図集』，図69，図70（1978）．

20)　伊世同，杭州呉越墓石刻星図，中国社会科学院考古研究所編，『中国古代天文文物論集』，252-258（1989）．

6.3 呉越国銭元瓘墓の天井星図　149

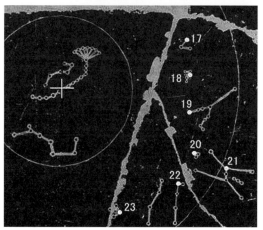

図 6-5 銭元瓘墓（941 年死亡）の二十八宿星図（拓本）の全体図（上）と部分図（下）．部分図の方で，白丸が同定した各宿の距星．算用数字は角宿を 1 として数えた，各宿の順序数（表 2-1 参照）．「+」は，内規と赤道の中心として決めた北極．右下に 21 番参宿（オリオン）が見える．

150　第6章　アジアの著名な星図・星表の年代推定

最小二乗法の意味で測定値と理論値の平方差が最小になる年代を求め（残差が5度以下だった15個の距星を使用した），擬似正規乱数による100枚のシミュレーション星図も解析した結果，90%の信頼度に対して，推定年は1033±200年，または［833, 1233］年となった．一方，宿度の最小二乗法による推定年は835年だった．宿度のシミュレーション計算は行なわなかったが，その推定の区間幅は，いままで他のすべての事例において，赤緯の推定区間幅より大きいのが常であったから，この場合も宿度の推定幅は±200年より大きいのは確実である．つまり，赤緯と去極度の推定年代は互いに矛盾しない．

　次に，それぞれの宿の距星を経度の原点として見なして行なう二十八宿BS法では，各距星に対する推定年は附表5の最後の欄のようになった（井宿については西暦200-1700年の範囲で最小値が存在しなかった）．結局，この欄に示す23個の距星の推定年について二十八宿BS法を適用し，信頼度90%に対して942±45年，または［897, 987］年が得られた．ここでも他の解析例と同様に，赤緯データのシミュレーション法より二十八宿BS法の方がずっと精密だったことが見てとれる．ただし，この推定年における平均残差は5度に達していた．キトラ星図の場合の平均残差は約4度だったから，銭元璋星図の巨大さにもかかわらず，キトラ星図に比べて正確な星図とは言い難い．

巨大石刻星図制作の背景

　次に，上で求まった観測推定年を元に，この銭元璋星図が制作された背景について検討してみよう．上記の伊世同の論文では，銭元璋星図の観測年代を，隋と唐の境界年代である7世紀初頭から850年頃の間と推測した[21]——この推測は，もちろん大ざっぱな予想にすぎず，恒星位置の統計的な議論によるものではない．中国でこの期間に大規模な恒星観測が行なわれたのは，開元年間（713-741年）以外には歴史記録がないことから，唐の開元年間の

---

21)　前掲の伊世同，『中国古代天文文物論集』（1989）では，銭元璋星図の内規円の中心に描かれた，星座「天極」の星（こぐま座β星に相当）と当時の天の北極が歳差によってもっとも接近するのが850年であるため，850年頃を観測年代と推測したと述べている．しかし，これは星の同定に誤りがあるように思われる．

観測に基づいて描かれた星図が銭元瓘星図の原図だったろうと伊世同は結論した.

　しかし，本論文で行なった恒星位置の統計解析では，上述のように，942±45年という年代が得られた.これは，生前の銭元瓘とほぼ同時代ということになる.この時期の中国には，系統的な恒星の位置観測が実施された記録はないが，二十八宿BS法の精度から見て，この解析法による年代推定が，200年以上も離れた上記の開元時代と銭元瓘の時代とを区別できないこともあり得ない.とすれば，10世紀中頃の前後50年間に，実際に観測されたデータに基づいて銭元瓘星図は描かれたと見なすしかないだろう.

　この得られた年代を解釈するヒントになると思われるのは，銭元瓘星図に描かれた星座の数（情報）と星図のサイズとの大きなアンバランスである.巨大な石板で直径2mもある外規の中に描かれているのは，北極中心部（紫微垣の一部）と北斗七星（かつて，視力検査によく利用された「輔星」も見える），および二十八宿だけであり，300個近い数の中国の他の星座は見当たらないし，星座名，星名もまったく記されていない.天の大部分が何もない空白になっている.このような一見"異常"な星図は，中国の伝統的な星図の歴史を通じて他に例を見ない存在である[22].しかも，そのような特異な星図が，銭元瓘自身と彼の次妃だった呉漢月の両方の墓のほかに，銭元瓘の正妻である馬王后の墳墓（940年没）にも，ほとんど同じサイズで同じ内容の天井星図として描かれていた[23].

　この事実から，これらの石刻星図に二十八宿しか描かれていないのは，星図が未完成のためではなく，意図的であるのは明らかだ.ほぼ同じ時期，940-950年代に3名は死亡しているのだから，これら星図の原図が同一の物だったことは確実であるし，わざわざ同じ星図を3名の墓に描いたことにもきっと大きな意味があったに相違ない.

　それら星図のサイズは，歴史上名高い，宋代の「淳祐天文図」（蘇州天文図）や14世紀末の李朝朝鮮の「天象列次天文図」に比較して，縦横の長さ

22）　前掲，中国社会科学院考古学研究所編,『中国古代天文文物図集』,および,前掲,陳美東編,『中国古星図』(1996) を参照.
23）　たとえば,潘鼐編著,『中国古天文図録』(2009).

152 第6章 アジアの著名な星図・星表の年代推定

で2倍，面積で4倍もある巨大なものだった．このような，二十八宿だけを
主題とした石刻星図を，短期間にしかも3基も，唐末の一小国家だった呉越
国が建造したということは，銭元瓘らにとって二十八宿の星座は何か特別に
重要な意味をもっていたと判断せざるを得ないのである．

　これら3基の石刻星図の建造について，私は次のような可能性を想像して
いる．銭元瓘の存命中に，銭元瓘の命令か支援かによって，ある天文学者が，
理由は不明だが新たに二十八宿の位置観測を行なった．この人物は銭元瓘の
王朝に仕えた天文占星術家か，銭元瓘の学問的パトロンだったのだろう．五
代十国の頃は乱世だったが，農業技術は進展し，文化も地方へ普及した時代
だったから，杭州付近にも天文儀器で恒星観測ができた学者が存在していて
も不思議ではない．銭元瓘の家臣とその天文学者はおそらく，夫妻3人の死
後に，彼らの死を悼み恩顧を讃える目的で，あえて他の伝統的中国星座は省
いて，呉越国で観測された二十八宿だけを星図として，墳墓内に描いたので
はないだろうか．そうした特別な観測だったために，歴代中国王朝の天文官
僚に知られることはなく，公けの記録も残らなかったと推測されるのであ
る[24]．

　終わりに，内規・外規円と赤道円から求められた緯度についてふれる．そ
れらから求まった緯度の値は37.1-37.9度だった．一方，呉越国が支配した
杭州付近の緯度は約30度であって，銭元瓘星図から計算された緯度とはま
ったく異なったため，上記の伊世同も理解に苦しむという意味のことを書い
ている．しかし，星図から計算される緯度と観測地の緯度とが同じである必
要はないことは，すでに4.5節でくわしく考察した通りである．

6.4　ウルグベクの巨大天文台と星表

　ここで，アジアの西に目を転じて，アラビア・イスラムの星図・星表を調

---

24)　ここで得た942±45年という年代は，呉越国における観測ではなかった可能性もある．6-1
　　節で述べたように，「淳祐天文図」の宿度観測は同じ年代の935±60年だった．したがって，銭
　　元瓘の天文学者が何らかの手段で後者の観測データを入手し，それを用いて石刻星図をつくっ
　　たことも，可能性は低いが完全に否定することはできない．

べてみよう．ギリシア文明が没落した後，ローマ帝国が西欧を支配したが，ローマ人は天文学や宇宙にはほとんど興味をもたず，アレキサンドリアなど東方ヘレニズム世界で培われた科学と学問は急速に衰退し，忘れ去られた．中世ヨーロッパで盛んだったのは，個人の出生の日時と天体の配置や出没を結びつけて，その人の人生・運命を占う「ホロスコープ占星術」ばかりだった．一方，ギリシア・ヘレニズムの輝かしい天文学，宇宙観の遺産を引き継いだのは，7世紀半ばにイスラム帝国を建設したアラブ人たちである．

　8-9世紀になると彼らは，帝国内に散在していた古代ギリシア天文学の文献を集めさせ，アラビア語に翻訳させた——「知恵の館」と呼ばれた翻訳センターまでつくられた．それら文献をもとに，9世紀のイスラム天文学者，サービト・イブン・クッラ（Thabit ibn Qurra, 836-901）やムハンマド・アル=バターニー（Muhammad al-Battani, 850頃-929）らは，『アルマゲスト』に基づくトレミー天文学の内容を発展させる努力を開始した．また，天文定数を改訂するために，現代の天文台に通じる本格的な観測施設が，マラガ，サマルカンド，イスタンブールにつくられた．

イスラムの星図と星表

　イスラム天文学者は，星表も基本的には『アルマゲスト』のものを踏襲した．しかし，明るい星の名前と星座の図像はイスラム固有の呼び名を用い，それらは現在でも使用されているものも少なくない．たとえば，オリオン座のリゲルとアルデバラン，わし座のアルタイル，こと座のヴェガ，はくちょう座のデネブ，などである．

　イスラムの恒星・星座に関する代表的な著作は，ペルシア系天文学者，アル・スーフィー（Abd al-Rahman al Sufi, 903-986）が964年頃に著わした『星座の書』である．アラビア語で書かれ，『アルマゲスト』の48星座を元にした星と星座の教科書といってよい．アラブ世界に独特な星座の細密画を多数載せて（図6-6），その星表には，実際に観測された星の位置とトレミーと同じ6等級に区分した星の明るさと，色までも記している．星表中の各星の黄経は，トレミー星表の元期から，アル・スーフィーの時代までの歳差の変化分，12度24分が補正されていた．アル・スーフィー星表に特徴的なのは，

154　第6章　アジアの著名な星図・星表の年代推定

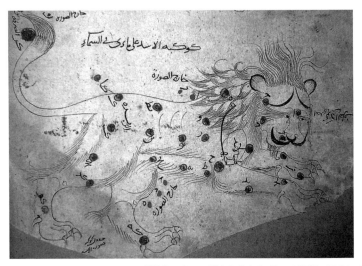

図6-6　アル・スーフィーによる『星座の書』に描かれたしし座．13世紀の写本による．

アンドロメダ大星雲やアルゴル変光星を記録していることである——これらをヨーロッパ人が知るようになるのは17世紀になってからだった．

ウルグベクの天文台と星表

　中央アジア，アラル海の南東に位置するウズベキスタン，その古都であるサマルカンドは古代からシルクロードの重要な中継基地だった．この地で1908年，ロシア人考古学者によって，巨大な天文台の遺跡が発掘された．イスラムの歴史記録などから，この天文台はウルグベク（Ulugh Beg, 1394-1449）によって建設されたことが判明した．ウルグベクはトルコ語で"偉大な支配者"を意味する通称で，正式名は Muhammad Taraghay ibn Shahrukh ibn Timur である．歴史上，ウズベキスタンの天文学者，数学者，文人で，天文学のパトロンとしても名高い．

　ティムール帝国の建国者，ティムールの孫として生まれ，長年サマルカンド地方の知事を務めた．学問・文化に高い関心をもち，そのためサマルカンドは発展し文化人が多く集まり，トルキスタン文化の黄金期を築いた．晩年はティムール朝の第4代君主スルタンにも任じられたが，後継者争いが原因

図 6-7 サマルカンド天文台の巨大六分儀の円弧部分（左）とその復元想像図（右）．

で，旅先で長男の刺客に暗殺された．

サマルカンドで発掘された遺跡は，半地下式の円弧の半径が 36 m もある巨大六分儀だった（図 6-7）．左の写真に写っている人の姿から，六分儀の目盛り円弧の大きさがいかに巨大か想像できるだろう．また，右の図は，歴史記録を元に復元された当時のこの天文台の想像図である．

私も 2009 年に，ウルグベクの没後 560 年記念の国際会議に呼ばれて，図 6-7 の天文台遺跡を見学できた．いまでは，ウルグベク天文台博物館を含む綺麗な公園に整備されていて，地下の六分儀は小さなガラス窓を通して外から見るだけで，中には入れない．しかし実物を見ると，やはりその巨大さに圧倒された記憶がある．

ウルグベク天文台は 1429 年に完成した．彼は部下のイスラム天文学者を指揮して，主にこの六分儀で自らも日月，惑星，恒星の精密な観測を行なった．その天文学的成果としては，歳差による黄経の変化率を 1 年あたり 51.4 秒角（正しい値は 50.2 秒角）と求めたこと，日月食の予報に重要な役割をする赤道面と黄道面とのなす角（黄道傾斜角という）を，23 度 30 分 17 秒（当時の正しい数値は 23 度 30 分 48 秒）と決定したこと，などがあげられる．

また，一般に「ジジュ（Zij）」と呼ばれるイスラムの天文表を作成した．

156 第6章 アジアの著名な星図・星表の年代推定

さらに，上に述べたアル・スーフィーによる星表は誤りも多かったため，約1,000 個の星を含む「ウルグベク星表」をつくった．これは『アルマゲスト』星表にある星々を実際に観測して得た成果であり，トレミー以後，中世の星表としてはもっとも重要な星表の1つとなった．

ウルグベク星表の解析

「ウルグベク星表」は，992 個の星を観測し 1437 年に完成したとされる．そのことを確かめるために，この星表のデータを用いて観測年を推定してみた．「ウルグベク星表」は，『ヘベリウス星座図絵』（日本語版）の附録に載っている[25]．

この「ウルグベク星表」では，『アルマゲスト』星表中の星座の順に星々の黄経・黄緯が与えられていて，バイヤー星図帳の恒星名記号も示されているから，『イェール輝星星表』を用いて，対応する二十八宿距星とそれらの赤経・赤緯を知ることができる．ただし，昴宿だけは同定できなかった．まず，1430 年の観測を仮定して，ニューカムによる歳差と黄道傾斜角の公式によって，1430 年の黄経・黄緯を計算し，「ウルグベク星表」の数値と比較した結果，星の同定に誤りのないことを確認した．

次に，1430 年に相当する黄道傾斜角 23.513 度を使用して，「ウルグベク星表」の星の黄経・黄緯を赤経・赤緯に変換した．それらの数値を，参考のため附表6に示しておいた．あとは，第5章で行なった，『アルマゲスト』中の二十八宿の解析と同じ計算法を適用すればよい．

「ウルグベク星表」は古代の星図・星表より観測精度が高いことを考慮して，歳差の理論位置は2次の近似式を使用した．二十八宿 BS 法による結果は次の通りである．

- ・赤経の解析：1450±10 年（信頼度 90％），平均誤差 0.4 度，
- ・赤緯の解析：1425±25 年（信頼度 90％），平均誤差 0.3 度．

よって，両者の観測年に矛盾はない．赤経の推定年の下限は「ウルグベク星表」が完成したとされる 1437 年より数年遅いが，二十八宿 BS 法は乱数

---

25) ヘベリウス，藪内清訳，『ヘベリウス星座図絵』（1993）．

6.4 ウルグベクの巨大天文台と星表　157

に基づく解析法だから，その年代推定の誤差が10年程度になるのはやむを得ないことはすでに述べた．つまり，統計学的年代推定は，この場合も10-20年以内の精度ではあるが，歴史記録に誤りはなかったことが確認できたことになる．

　最後に，2つほど注意点を述べたい．まず，二十八宿BS法が有効なのは，『アルマゲスト』星表や，「ウルグベク星表」のような大規模星表の観測年と平均誤差が，28個の距星の統計的特性で代表できるという暗黙の前提が成り立つ場合だけである．ただ，第3章からこの章まで行なってきた統計解析の結果を見れば，この前提は大体において満たされていたということができる．その原因はすでに言及したが，二十八宿の赤経も赤緯もほぼ全天にわたってランダムに分布していて，距星の光度もみな明るいためと考えられる．たとえば，シェブチェンコ[26]やクリスキウナス[27]は「ウルグベク星表」全体のくわしい検討を行ない，平均誤差を角度の16分と求めた．これが私たちの平均誤差0.3-0.4度に近いのはおそらく偶然ではなく，上の前提がおおよそ成り立っていたからだと思われる．

　もう1つの注意点は，「ウルグベク星表」のデータが，実は図6-7に示した巨大六分儀による観測で得られたものかどうかはわからないことである．第5章でふれたパリ天文台のドランブルは，その著書『中世天文学史』[28]の中で，「ウルグベク星表」は巨大六分儀の観測から編纂されたと述べたが，現在ではその根拠に疑問がもたれている．上の2著者やそれ以前の研究者は，データの誤差分布に基づいて，ウルグベクはトレミーが製作した黄道渾天儀と類似の儀器を使用し，観測もトレミーの方法に倣っていたと想定した．しかし，観測儀器に関する記録が残っていないため，本当のところは不明のままである．

---

26)　Shevchenko, M., An analysis of errors in the star catalogue of Ptolemy and Ulugh Beg, *Journ. Hist. Astron.*, Vol. 21. 187-201 (1990).

27)　Krisciunas, K., A more complete analysis of the errors in Ulugh Beg's star catalogue, *Journ. Hist. Astron.*, Vol. 24. 269-280 (1993).

28)　Delambre, J. B. J., *Histoire de l'Astronomie du Moyen Age*, Chap. 7 (1819).

7

★日本の中世・近世星図の解析★

　この章では，キトラ古墳星図より後の時代の日本の星図・星表について述べる．ただし，日本人で科学的な天文学に着手したのは 17 世紀後半の渋川春海が最初だから，本書が扱うような年代推定に耐える星図・星表が日本でいくつもつくられたはずはない．しかし，7.2 節で紹介する「格子月進図」などは，世界的な星図・星表史の立場で見ても，珍しい部類に属するといってよい．

7.1 漢籍輸入目録

　キトラ古墳が築造されたのは 7 世紀末-8 世紀初めとされる．当然，キトラ星図を描くのに使用された原図が古墳完成後も残っていたはずである．また，その元になった中国書があったことも疑いない．しかし，そうした史料はもちろんいまでは見つからないし，日本の正史などの記録にも記載はない．そこでこの節では，何か間接的な手がかりがないかどうかを調べてみる．

大陸からの天文学知識の伝来と漢籍

　『日本書紀』によると，朝鮮半島から天文や占いの知識をもった僧侶らが渡来するのは，6 世紀中頃からである．602（推古 10）年になると，百済の僧，勧勒が来朝し，暦本，天文・地理書，遁甲方術の書を朝廷に献上した．朝廷側も数人の学生を選び，勧勒からそれらの学問を学ばせた．ちなみにこ

の時代の「天文」とは，現代の天文学とはまったく別物だった．日月食，彗星，オーロラなど天空に現われる異変を見て，吉凶を判断する占いの技術が天文と呼ばれた．

それまでの日本は，多くの物作りの技術や漢字の使用など，ほとんどの分野で大陸の文化に大きく依存していた．7世紀に入ると，政治の面でも大和朝廷が中央集権的な支配を強化するようになり，隋や唐の諸制度を模範に日本の政治機構を整えていった．いわゆる，律令国家の建設である．天文暦学に関連した部局としては，陰陽寮が設けられたことは3.6節でもふれた．

このような文明国家としての整備にもっとも重要な要素は，書物とそれを学ぶ人材である．600（推古8）年には第1回の遣隋使が，630（舒明2）年には最初の遣唐使が派遣された．中国への日本人留学生が中国書をもち帰り，中国の学者僧も来日するようになった．中国の政治制度，学問・文化の情報が，人とともに書物の形で直接日本にもたらされ始めたのである．こうした中国から輸入された当時の書物のことを一般に漢籍と称する．

天文暦学の関係者でこのような漢籍をとくに必要としたのは，暦の編纂と発行を担当する陰陽寮の人々だったろう．観象授時の観点から，支配者である朝廷にとって，暦の管轄と毎年の発行は，絶対に欠かすことのできない重要な政治業務だった．

持統天皇の頃から，中国の暦法を使って，翌年の暦や暦日，日月食予報などが陰陽寮の暦博士らの手で計算されるようになった．彼らが用いた暦法は，「元嘉暦」とそれに続く「儀鳳暦」の2つだった．暦の発行を行なうには，それら暦法の原理と計算法の実際を記した漢籍が必須である．また，暦計算は毎年必要だから，暦算書は大事に保管されたにちがいない．そのほかにも，寺院の僧侶が参照する仏典，儒学に代表される四書五経の類も同様な扱いを受けたはずである．とくにそれら重要な漢籍は，江戸幕府の紅葉山文庫や現在の国会図書館に相当する当時の文書館で，一括して所蔵管理されたと考えられる．

『日本国見在書目録』

本節の表題に記したような，古い漢籍の所蔵目録が今日に伝わっている．

160　第7章　日本の中世・近世星図の解析

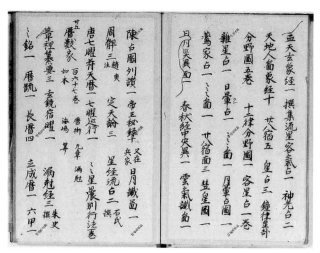

図 7-1　『日本国見在書目録』中の，天文家・暦数家書目の頁．圖を面と書いた誤記などがいくつか見られる．

　その序文によれば，『日本国見在書目録』は藤原佐世（847-898）が勅令で撰した当時の輸入書目録で，陸奥守と記された彼の官職名から，891（寛平 3）年以後に書かれたことがわかる．藤原佐世とは平安時代前期の貴族・学者で，渤海国に派遣されたり，文章博士にまでなった，当時一流の漢学者だった．その能力が評価されて，勅命でこの目録の撰者にされたらしい．

　『日本国見在書目録』が編纂された動機は，875（貞観 17）年正月に宮中の冷然院で起こった火災と推定される．この文書館に収蔵されていた多数の貴重な典籍が，この火災で灰燼に帰した．そのため，朝廷は，陸奥という遠国に赴任していた藤原佐世をわざわざ呼び寄せ，当時の日本に残された漢籍の目録を編纂させることになったという．

　『日本国見在書目録』の書目の配列は，中国の『隋書』経籍志を参考にしたらしく，易家から惣集家まで，全部で 40 の分野の漢籍について，書名と巻数（冊数）を載せている．これらの中には，いまでは中国でも失われた，いわゆる「佚存書」の題名が多数含まれる点でも，日中双方にとって貴重な目録といえる．天文暦学に関しては，天文家に 86 種，暦数家に 53 種の漢籍が記される．それら書目の頁の一例を図 7-1 に示した．

さて，キトラ古墳が建造された 700 年前後と，冷然院の火災とは 150 年ほど隔たっている．しかし，冷然院は 800 年以前からあった天皇の離宮だから，キトラ星図の原典にあたる史料がおそらく冷然院に保存されていたことだろう．この予想のもとに，天文家の頁から関係ありそうな表題を拾い出してみると，「天文図」，「三星簿讃」，「石氏星経簿讃」，「星占図」，「分野図」，「二十八宿図」，などが見つかる．これらのどれかが，キトラ星図を描くのに利用されたのではないかと私は想像している．

7.2 「格子月進図」

かつて井本進[1]が発見した，「格子月進図」と題する古い星図があった（図 7-2）．本物は太平洋戦争の戦災で焼失したので，複写した写真版だけが残されている[2]．あまり知られていないこの星図が，じつは紙に描かれた日本最古の星図だった．

図の添え書に安倍泰世の署名があり，安倍家に昔から伝わった史料から写してつくった，と説明されている．安倍泰世は天文道安倍家の本家筋の人で陰陽頭にもなった．表題の漢字のわきに，「よるのつきの，すすむをただす」と振り仮名がふってある．この長方形星図の一番の特徴は，紙が方眼紙のような細かい格子状のマス目であることだ．それを格子という言葉で表題に含ませたとも考えられる．あるいは別の解釈として，泰世の添え書には「子は夜也」と注記があるから，本来は振り仮名の通り，「子の月の進むを格すの図」と読ませるのかもしれない——こう読む方が理にかなっているような気もする．天の川が描かれている．黄道も描かれているが，かなり粗雑な描き方のため，黄道ではなく白道（月の通り道）と見なす研究者もいる．後者の方が表題の趣旨にはよく合いそうだが，どちらが正しいか決着はつかない．

それはともかく，泰世より以前に安倍家には中国伝来の似た星図があって，

---

1) 井本進は，戦前は神戸の商事会社に勤務し，天文暦学史料の蒐集で知られた在野の天文学史研究家だった．その貴重なコレクションは，戦後散逸してしまった．
2) 井本進，まぼろしの星宿図，『天文月報』，第 65 巻，No. 11 (1972)．「格子月進図」の原図は戦前，東京有楽町の東日館というプラネタリウムに展示されていた．三家星座を赤，黒，黄の色で描き分けていたという．

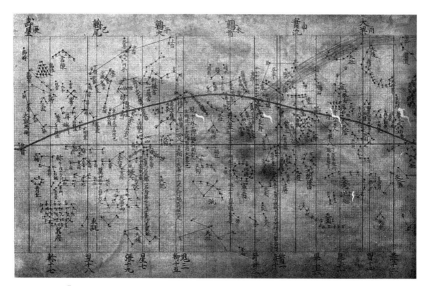

図 7-2 「格子月進図」．二十八宿の，婁宿から軫宿までの部分．上辺に十二次，下辺に二十八宿名と宿度が記される．北極を中心とした円星図も付加されている．中央の横線は赤道．各星座の星に番号を振っているのも，他の古星図にはあまり例を見ない特徴である．

彼はそれを参考に1320年頃に自分の星図をつくったと推測される．月が二十八宿のどこにいるかで占いを行なうのが，この星図の本来の制作目的だったと思われる．「格子月進図」の原図が何かはわからない．前節に紹介した『日本国見在書目録』の中には，星宿のリストや占い用の星図が載っているから，あるいはその1つが原図だったのかもしれない．いずれにせよ，「格子月進図」は紙に描かれた星図としてはもっとも古いものの1つであり，きわめて貴重な存在であるといってよい．

「格子月進図」の年代推定

最初に述べたように，この星図の原本は現存しない．しかし，ほぼ原寸大に引き伸ばされた写真（星図枠の縦の長さは28 cm）を東京天文台台長だった広瀬秀雄が生前に入手していて，現在は国立天文台に所蔵される．これを測定することができた．

測定の前に，経度方向の全格子数を数えたところ365だったから，1つの

格子は中国度の1度に相当する。次に，格子目盛りの間隔（平均は約2mm）を調べたら，かなり不揃いであることがわかった。また，二十八宿の距星が同定できない例，メルカトル地図の経度線に相当する縦の宿度線が，距星を通っていない例などがいくつも見つかった。現在では，方眼紙にグラフなどを描くときは，データの数値を方眼紙の目盛りに対応させて記入するのが常識だろう。ところがこの星図の作者は，とくに去極度の場合，格子目盛りなどあまり気にせずに星座の形をフリーハンドで描いたらしい。これは，黄道か月の白道かわからない曲線がおおざっぱに描かれていることからも推測される。つまり，この作者は格子を，現在の方眼紙の目的で利用したのではなく，むしろ装飾文様のように見ていたとしか思えないのである。このことは，以下に述べる解析の結果にも現われている。

(1) 宿度

各距星の宿度値は，星図の下端に記入されているのでそれを解析した。この場合，歳差理論値が1次近似でも2次近似でも結果はほとんど変わらず，シミュレーション法を用いて 485±20 年（信頼度90%，平均残差は0.8度）が得られた。この推定の不確定幅±20 年は，原因はよくわからないが他の星図の場合に比べると異常に小さい。

(2) 去極度

去極度の測定は，写真が不鮮明だったり距星が同定できなかったりしたため，年代推定に利用できた星の数は 21 個だった。基本的には格子のます目の数を数え，格子が見えない箇所は物差しで測った。歳差の2次近似値を用いたシミュレーションの結果は，545±90 年（信頼度90%，平均残差は2.1度）となった。この結果は，不確定幅の範囲で宿度の結果と重なり合うから，お互いに矛盾はしていないが，他の星図に比べて去極度の方が明らかに不正確である。これは，上に述べた格子間隔の不揃いと，フリーハンドによる星座の描き方が主な原因と思われる。

つまり，「格子月進図」はその外見に反して，内容的にはキトラ星図のレベルと大差ないことが判明したことになる。ただし，紙に描かれた，科学的

な内容を含む最古の星図という意味では，大変貴重な存在であることはいうまでもない．

過去の年代推定

　発見者の井本は次のように述べている．「格子月進図」中の二十八宿の宿度は，8世紀の初め，唐代の僧，一行のものとだいたい一致するが，氐，虚，畢，張，の4宿は値が異なるから，一行より後の測定だろう．「格子月進図」の最初の原図は，唐朝に留学して陰陽，天文，暦術を学び，735（天平7）年に帰朝した吉備真備あたりがもたらした星図だったと推測される．しかし，その後，日本でも改変が加えられて，それが「格子月進図」の原図になったのだろう．

　一方，大崎[3]は，「格子月進図」に記された191個の星の赤緯を解析して，500±50年頃を得たから，私たちの結果485±20年に近い．他方，赤経の方は，星図の上端に記された十二次[4]の位置を利用し，紀元前189±21年と推定した．そして，この星図は，700年も離れた赤経と赤緯が混在する，"まことに奇妙な，あきれた星図"と述べている．しかし，この十二次からの年代を，星図の星の年代と解釈するのがはたして正しいのか，私は疑問に感じる．事実，私たちの解析では，わずか21個の星の宿度と去極度を使用して，後者の誤差範囲はかなり大きいが，双方とも矛盾のない年代，西暦500年の前後数十年という値が得られたからである．

　上で推定した年代の二十八宿の観測記録は正史では知られていないが，私たちの推定年と重なるのは，祖沖之（429-500）の時代（南北朝の南朝）である．祖沖之は歳差を考慮した最初の暦，大明暦を編纂し，指南車などの考案・製作でも知られた天文学者で技術者だった．歳差を暦に取り入れたくらいだから，それを二十八宿の観測から確認しようとしたか，あるいは歳差を計算で補正して星図を制作した，それが後世に日本に伝来したという可能性はあるだろう．今後の研究課題である．

3）　前掲，大崎正次，『中国の星座の歴史』，「格子月進図」の章（1987）．
4）　十二次は3.2節を参照のこと．

7.2 「格子月進図」 165

図 7-3 格子を描いた中国の古地図,「禹跡図」(拓本). 黄河上流のコの字型の屈曲や, 長江の支流の枝分かれは現代の地図と見分けがつかないほど正確である.

格子を用いた地図との関係

「格子月進図」は『新儀象法要』の星図 (6.1節) と同じタイプの長方形図である. 後者には格子はないが, 星座を描いたときは正確に描くために, やはり格子のような方眼を利用したのではないだろうか. 他方, 上に述べたように,「格子月進図」の作者は格子の本来の意味を理解していたようには見えないので, 星図の格子もおそらく中国で考案されたものだろうと私は考える.

そう推測する根拠は, 中国の「禹跡図」である (図7-3). 西安の碑林博物館に所蔵され, 1137年に石刻された大きさ約 90 cm×90 cm の, 古代中国の方眼地図で, 1つのます目は 100 里 (1中国里=約 400 m) に相当する. 黄河や長江などの水系はきわめて正確であるから, 地上の緯度と方位の測定に基づき描いたと思われる. 図の表題の禹跡は, 古代中国の伝説の王, 禹が治めた国という意味をもたせているのだろう.

じつは, 宋代の天文学者だった沈括[5] (1030-1094) や 12世紀の「淳祐天文図」の著者, 黄裳は, こうした精密地図の制作にも深くかかわっていた[6].

166 第7章 日本の中世・近世星図の解析

したがって，彼らの時代に，方眼目盛りの地図が星図にも応用されたと推定
できる．ちなみに，方眼目盛りの地図という考え方自体はもっとずっと昔に
さかのぼる．晋朝（西晋）の司空（建設大臣）だった裴秀（224-271）は，西
暦3世紀という初期の時代に，精密な地図を作成するための6原則を『晋
書』で述べている．そのなかで，地図の縮尺と，方眼目盛りで描く方法を挙
げていた．よって，「禹跡図」がこの原則に基づき描かれたのは間違いない
だろう．ただし，方眼の地図が裴秀の時代に実際につくられたかどうかはま
だ解明されていない．

7.3　渋川春海の星座・星図研究

　二十八宿 BS 法など，いままで紹介してきた私たちの年代推定法は，本来
は近世以前（たとえば 14-15 世紀以前）の星図・星表の観測値を検証する目
的で開発された手法だった．しかし，もっと時代の新しい史料に適用しても
もちろん何ら差支えはない．よって，以下では，貞享の改暦を成し遂げて，
日本人として初めて科学としての天文学を実践した渋川春海の場合をとり上
げる．

渋川春海以前の日本天文学

　奈良・平安時代の陰陽寮に属する天文博士，暦博士らが従事した“天文”
の仕事は，天変地異の占星術的な解釈と中国暦書による毎年の暦の計算・編
纂であり，これが中世の時代を通じて連綿と江戸時代初期まで続いた．平安
時代中頃に，賀茂家，安倍家が陰陽寮の要職を占めるようになり，世襲化し
ていった．とくに安部家は後世，土御門という姓を名乗り，土御門家が宮廷
の陰陽道を独占した．

　1543（天文 12）年[7] 9 月 23 日（太陽暦），九州の種子島に見慣れぬ中国船ジ

5）　沈括は北宋中期の文人政治家で天文学者，技術者．その著作，『夢渓筆談』（翻訳書，1978）
　　は，天文暦学，音楽，医薬，卜算など，多くの中国科学技術分野の記事を述べたことで名高い．
　　渾儀の窺筒で北極星の動きをくわしく調べた叙述もあり，彼が実際の天文観測にも従事したこ
　　とを示している．

6）　ジョセフ・ニーダム，『中国の科学と文明』，第6巻，地の科学，第22章（1991）.

ャンクが漂着した．この船に同乗していた 3 人のポルトガル人が日本人と遭遇した最初の西洋人で，彼らは日本に鉄砲を伝えた．この鉄砲は戦国時代の大名の注目するところとなり，織田信長らは戦闘に鉄砲を積極的に活用した結果，日本統一に向けた新たな時代の幕開けが始まる．

やがて，南蛮人と呼ばれたポルトガル人，スペイン人の宣教師らが多数，キリスト教の布教を目的に日本に来航するようになった．彼らは主に九州の戦国大名の支援を受けて，コレジオ，セミナリヨと称する学校を設立し，天文学を含む西洋の学問文化をキリスト教信者に教えた．このとき日本人は初めて，新奇な西洋の天文学や航海術の知識に接したのだった[8]．

しかし，徳川家康が江戸幕府を樹立した 1603 年以降，キリスト教の侵略的活動に危機感を抱いた幕府は，鎖国に向けた政策をとり始める．まず，1630（寛永 7）年に，キリスト教について書いた中国書の輸入を禁ずる「禁書令」の発布に始まり，日本人キリスト教徒の弾圧と国外追放，オランダ人以外の西洋人の来航禁止，と続き，1639（寛永 16）年に至って鎖国令がようやく完成した．この厳しい鎖国政策のために，宣教師が教えた西洋天文学の知識も，"地球は丸い" といったごく初歩的な事柄以外は次第に忘れ去られていったのだった．

最初の幕府天文方渋川春海

渋川春海（1639-1715）は，幕府の碁方，安井算哲の子で幼名を六蔵といった．後に助左衛門と改名，さらに安井家の本姓である渋川姓を名乗った．幼時から天文に優れ，暦学は岡野井玄貞らに学び，垂加神道は山崎闇斉に師事，宮廷天文学者の土御門家にも弟子入りした．その頃使われた宣明暦は，平安時代以来 800 年以上も改訂されずにいたため，日月食の予報などをたびたび誤るようになっていた．そこで春海は，中国は元朝の授時暦を研究し，新暦への改暦を幕府に進言したが失敗．その後完成した「大和暦」を再度提案してやっと幕府に採用され，1685（貞享 2）年に「貞享暦」として施行

7）　この 1543 年は，コペルニクスが『天球の回転について』と題した地動説の著書を出版した年でもあり，天文学史の上からも記念すべき年だった．

8）　たとえば，中村士，『東洋天文学史』，第 6 章（2014）．

168　第7章　日本の中世・近世星図の解析

された．その功績で初代の幕府天文方に任命される[9]．

　また，恒星の天文観測も行ない，中国の星座に加えて，61星図（305星）を新設したことも重要な科学的業績である．

渋川春海の恒星・星座研究と逆輸出された春海星図

　春海による最大の天文学的成果はもちろん貞享の改暦であるが，貞享改暦以前から春海は星図にも強い関心を抱いていた．春海は，4.4節で述べた「天象列次分野之図」を参考にして，1670（寛文10）年に『天象列次之図』をまず刊行した．ついで，『天文分野之図』を1677（延宝5）年に出版する．渡辺敏夫によれば，『天象列次之図』と『天文分野之図』とはともに，二十八宿の宿度は「授時暦」に載っている郭守敬の観測値を，去極度の値は「宋史」からとっている．しかし，出版した両方の星図は「天象列次分野之図」と内容がほとんど同じであり，春海独自のものはとくになかった，と渡辺は結論した[10]．

　なお，筆者は，『天文分野之図』を元に中国か朝鮮でつくられた星図が現存することを最近知ったが，これは想定外の驚きだった．潘鼐（バンナイ）による『中国古天文図録』には，「日本渋川春海手絵星図」という仮題で，韓国の誠信女子大学校が所蔵する写本の星図が紹介されている[11]．中央に『天文分野之図』の円星図がそのまま描かれ，その外周には黄道十二宮と中国の十二国分野の名を付記している．星図下部の図説は中星の表を含むなど渋川の原著と異なるものの，『天文分野之図』の最後の数行の文言と，「延宝五年丁巳冬，保井春海謹誌焉」という署名がそのまま再録されているのである．筆者はまだ実物を見る機会がないが，朝鮮の「天象列次分野之図」に基づき春海が制作した『天文分野之図』が，今度は本家の朝鮮に"逆輸出"されたきわめて稀な事例といってよいだろう．

　貞享改暦の後，春海は貞享年間の渾天儀による恒星観測を用いて，『貞享星座』1巻を完成したことを谷秦山は『壬癸録』（じんざん）[12]の中で伝えているが，こ

---

9)　渡辺敏夫，『近世日本天文学史（上）』，第4章（1986）．
10)　渡辺敏夫，『近世日本天文学史（下）』，第12章（1986）．
11)　潘鼐編著，『中国古天文図録』，図7.9（2009）．

7.3 渋川春海の星座・星図研究

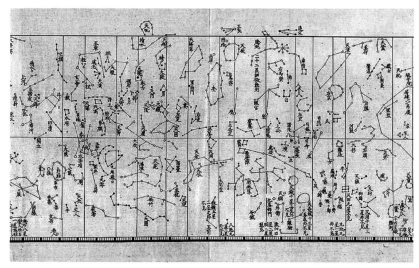

図 7-4 『天文成象』の星図の中央部分（1699 年）.

の著作は失われて現存しない．1689（元禄 2）年に春海は京都から江戸に移り，幕府から下賜された本所の天文台屋敷に住んだ．その地で，新たに製作した 2 尺 4 寸の小渾天儀を用いて恒星位置の再観測を実施した．

その成果をまとめたものが，1699（元禄 12）年に息子渋川昔尹(ひさただ)の名で出版された星図，『天文成象』の図（図 7-4）である．この星図の元になった二十八宿距星の観測値は，赤道宿度が『天文瓊統(けいとう)』[13]の巻 7 に，去極度は同じ『天文瓊統』の巻 14 に収録されている[14]．以下では，それらのデータを元に春海の観測年代の検証を試みる[15]．

---

12) 谷秦山（1663-1718）は土佐藩の儒者で神道家．その天文暦学は渋川春海が師である．春海の天文学上の業績が詳細にわかるのは，秦山が『壬癸録』にくわしく書き残したお蔭といってよい．
13) 『天文瓊統』は春海が晩年の 1698（元禄 11）年に書いた著作で，春海の天文学知識の集大成である．中国書の『天文大成管窺輯要』（1645 年）の影響が見られる．
14) 『日本科学技術古典籍資料』，天文学篇【1】，『貞享暦』（2000）．同じく，天文学篇【4】，『天文瓊統』（2001）．なお，宿度は，『貞享暦』巻 1，周天列宿度の項にも載っているが，『天文瓊統』の数値と完全に同じである．
15) 前掲，中村士，『東洋研究』（2015）．

170   第7章　日本の中世・近世星図の解析

渋川春海の恒星観測の解析

　附表7に，春海が測定したと『天文瓊統』で述べた数値を再録した．『天文瓊統』中の去極度の多くは「度切り」で書かれ，たとえば72度半と記載されたものは72.5度とした．赤道宿度の方は，郭守敬による「授時暦」のときの観測に形式を合わせたためか，度の100分法で示されている．去極度と宿度は本来独立な観測量だから，まず別々に解析した．

(1)　去極度

　1200-1850年の期間で50年ごとに歳差理論に基づいた各距星の去極度と宿度の理論値（2次近似値）を計算し，他の史料の場合と同様に，最小二乗法の意味で28個の距星全体の観測値にもっとも近くなる年代を求めた．去極度の解析と，擬似データによるシミュレーションを組み合わせた結果，90％の信頼度に対して，去極度の推定年は1645±45年，または［1600，1690］年，平均残差0.65度となった[16]．

　この推定区間は，春海が渾天儀で観測を実施した貞享から元禄の期間に含まれるから，附表7の去極度は確かに春海自身による観測と認めてよいだろう．

(2)　宿度

　次に，附表7の赤道宿度のシミュレーション法による解析を行なった．90％の信頼度に対する推定年は1271±41年，または［1230，1312］年，平均残差0.2度が得られた．この推定年は春海が観測した貞享，または元禄の時代から350年以上も隔たっている．よって，宿度の観測年代は去極度の観測年代とは，統計学的に明らかに異なると結論せざるを得ない．

春海疑惑

　そこで，宿度データを用いた推定年，1271±41年に近い恒星の観測事例を中国の場合に探してみると，授時暦の改暦（1280年）において儀器の製作

---

16)　念のため，歳差の1次近似値も使用してみた．その結果は，1643±78年（信頼度90％），平均残差0.85度だった．

7.3 渋川春海の星座・星図研究　　171

と天文観測に主要な役割を演じた，元の郭守敬による観測が候補に挙がる．郭守敬は1276年から大規模な恒星の位置観測を行ない，過去に測定されたことのない1,000個あまりの星をも新たに測定した．このときの二十八宿距星の赤道宿度の値が，『元史』律暦志の授時暦議の章に，「至元所測」として載っている[17]．これらの数値を，春海が『貞享暦』および『天文瓊統』の中で，「元郭守敬所測」として引用したものと比較すると完全に一致しているから，これらが授時暦からとられたことは疑う余地がない．一方，春海が『貞享暦』の中で「今所測」と記した赤道宿度の値を私たちが解析したところ，上に述べたように，実質的に郭守敬の観測年1276年と同じ観測年代が得られた．また，『天文瓊統』では「貞享年中，銅儀を以て測」と書かれた数値は，『貞享暦』のものと完全に同じだった．これらの事実は何を意味するのだろうか．

　『天文瓊統』は1698（元禄11）年の著作で，春海が実際に恒星観測を行なった時代からだいぶ日がたっていたから，自己の観測と郭守敬の数値とを取り違えたという可能性は考えられるかもしれない．しかし，『貞享暦』にもまったく同じ数値が掲載されていた．現に観測を行なっていた貞享年間に，しかも恒星データの中でもっとも重要な二十八宿距星に関して，自分の観測値と他人（郭守敬）の数値とを，正式な献上書『貞享暦』の中で書き間違えるなどということがあり得るだろうか．

　この点をもう少し明らかにするために，春海の二十八宿距星の宿度と郭守敬による数値とを表7-1で比べてみよう（郭守敬のデータは図6-4の最下段にも載っている）．度は中国度（全周365度4分の1）で1度＝100分である．両者の差を見ると，差がゼロの距星が9個，差が+0.10度と−0.10度のものがそれぞれ6個，それ以外が7個であり，その分布には一見してわかるような傾向は見られない．しかし，28個の宿度がどれも春海が真に観測した数値だったとしたら，統計解析においては貞享から元禄にある程度近い年代

---

17)　中華書局編，『歴代天文律暦等志彙編』（第9冊），元史暦志（一），原巻52，授時暦議（上），周天列宿度の項（1976）．なお，『貞享暦』と元史暦志（一），授時暦議（上）を比較すると，前者の歳余歳差，周天列宿度の項の文章は，かなりの部分，後者の文章の丸写しに近く，漢文という外国語の文章を独自に自力で書くことの難しさは当時もいまも（いまは英文だが），あまり違わないことを実感させられた．

172 第7章 日本の中世・近世星図の解析

表7-1 『貞享暦』と「授時暦」における宿度値の比較. 度の単位は中国度.

No.	二十八宿名	距星	貞享暦宿度	授時暦宿度	差
1	角	α Vir	12.00	12.10	−0.10
2	亢	κ Vir	9.30	9.20	0.10
3	氐	α Lib	16.30	16.30	0.00
4	房	π Sco	5.70	5.60	0.10
5	心	σ Sco	6.50	6.50	0.00
6	尾	μ Sco	19.00	19.10	−0.10
7	箕	γ Sgr	10.40	10.40	0.00
8	南斗	ϕ Sgr	25.00	25.20	−0.20
9	牽牛	β Cap	7.30	7.20	0.10
10	須女	ε Aqr	11.30	11.35	−0.05
11	虚	β Aqr	8.95	8.95	0.00
12	危	α Aqr	15.50	15.40	0.10
13	室	α Peg	17.20	17.10	0.10
14	東壁	γ Peg	8.50	8.60	−0.10
15	奎	ζ And	16.70	16.60	0.10
16	婁	β Ari	11.80	11.80	0.00
17	胃	35Ari	15.50	15.60	−0.10
18	昴	17Tau	11.30	11.30	0.00
19	畢	ε Tau	17.30	17.40	−0.10
20	觜觿	λ Ori	0.20	0.05	0.15
21	参	δ Ori	11.00	11.10	−0.10
22	東井	μ Gem	33.50	33.30	0.20
23	輿鬼	θ Cnc	2.00	2.20	−0.20
24	柳	δ Hya	13.30	13.30	0.00
25	星	α Hya	6.30	6.30	0.00
26	張	υ Hya	17.30	17.25	0.05
27	翼	α Crt	18.80	18.75	0.05
28	軫	γ Crv	17.30	17.30	0.00

が必ず得られるはずである——1270年代などという飛び離れた年代が求まることはとうてい考えられない.

　春海の赤道宿度が,本当に春海の観測なのかどうかを疑わしめる別な結果がある. 図7-5である. 図の縦軸と横軸は,二十八宿の各距星を経度の原点として推定した観測年(たとえば,附表7の最後の欄)と二十八宿データ全体から求めた推定年との差を表わしている. つまり,各距星から求めた推定年の,正しい推定年からのバラツキである. このバラツキは,星の観測誤差などを反映しているから,別々の時代の星表・星図では互いに相関のない独

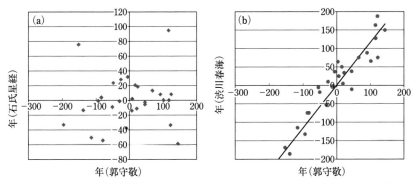

図 7-5 推定年同士の相関図.(a)は郭守敬の各距星の観測値から求めた推定年（横軸）と石氏星経データによる推定年（縦軸）の相関関係を描いている.同様に,(b)は郭守敬と渋川春海のデータから求めた推定年の相関を調べた結果である.斜めの直線は回帰直線.

立な振舞いを示すはずである.このことを確かめるために,図7-5(a)では,郭守敬の二十八宿観測と石氏星経データのバラツキにおける相関図を描いた.図中央の0年を中心に正負ほぼランダムに点がばらついていて,元代の観測と漢代の観測では当然ながら相関は認められない.一方,図7-5(b)は,郭守敬と渋川春海のデータ解析の結果に対して,図7-5(a)と同様な相関関係を調べた図である.左下から原点を通り右上に向かうかなり明瞭な正の相関が見てとれる.郭守敬と春海によるデータが真に独立な観測だったとしたら,通常このようなはっきりした相関は起こり得ない.

これらの奇妙な結果を説明するためには,筆者はいまだ半信半疑ではあるが,次のように解釈せざるを得ない.それは,春海が何らかの理由で,郭守敬による各距星の宿度値に0.1度前後の数値を適当に加減し,自分の観測のように見せかけた可能性が高いということである.そうしてつくられた観測値は,表7-1で見るように,表面的には誰の目にも郭守敬とは別な観測のように映る.

しかし,本書で用いたような統計解析法を適用すれば,かなりの数の宿度の数値に細工をしても,そのようなデータと元になったデータとは同じ年代の観測であることを見破れるのである――その訳は,恣意的に加減した数値は,統計解析においてはノイズとしてしか働かないからである.言い換えれ

ば，元の二十八宿データ全体の基本特性を恣意的に変更するのは容易ではないことを意味している．このことは，統計学的方法が，従来行なわれてきたような，個々の数値を表などで対比させて比較・議論する方法に比べて，いかに強力な解析法であるかを如実に示している．

春海が使用した渾天儀の問題点

上に述べた点以外にも，春海の宿度データには不自然な面を指摘できる．上述したように，春海は貞享・元禄の観測では直径2尺4寸の渾天儀を使用したとされる．この赤道環の全周に度目盛りが刻まれていたとすると，1度の目盛り間隔は6mmである．附表7によれば，この6mmの10分の1まで宿度の値を読みとっていたことになる．0.1度（0.6mm）の精度の測定が実現できるためには，渾天儀の円環目盛りを刻印する技術レベル，回転軸同士の直交度，南北および水平の据え付け方位誤差，円環の真円からの歪などがないことに加えて，観測方法もきわめて注意深くしなければならない．

谷秦山が春海の渾天儀について記した『壬癸録』（二）や，春海の孫弟子にあたる戸板保佑が著わした『仙台実測史』によれば，春海の渾天儀は精巧な作りからはほど遠く欠陥もあったとのことであるから[18]，0.1度の精密測定ができたとは考えにくい．他方，『貞享暦』と『天文瓊統』に記された距星の宿度データを，私たちが解析した結果の平均残差は約0.2度だった．この数値は，谷秦山や戸板保佑の言葉から予測される誤差に比べてあまりにも小さ過ぎる気がする——なぜなら，上述のように，赤緯の標準偏差は1度近く（0.65-0.85度）もあったからである．したがって，この点からも，春海の赤道宿度のデータは，郭守敬の観測値に手を加えたものではなかったかという疑いをもたざるを得ない．

ちなみに，郭守敬による二十八宿の観測は6.2節ですでに解析してある．宿度データに対して，推定年は1277±30年（信頼度90%），平均残差は0.13度だった——さすが，正史に残る郭守敬の評価を裏づけた素晴らしい観測だったことがわかる．このことは，別の見方をすれば，本書の年代推定

---

18)　前掲，渡辺敏夫，『近世日本天文学史（下）』，第12章（1987）．

法の有効性を証明したともいえるだろう.

春海による宿度観測の考察

上に述べたように,春海による赤緯値は確かに貞享から元禄年間の観測であることを示しているのだから,春海は同じ渾天儀で宿度の観測もおそらく試みたにちがいない.しかし,何らかの理由で宿度の測定値が得られなかったか,得られても満足すべき結果ではなかったために,郭守敬のデータを操作して自己の観測のように装うことになったと想像する.

春海が,去極度に比べて宿度の方は良い観測結果が得られなかったらしい原因は,渾天儀の基本構造(コラム1の図1)を考えれば一応は推測がつく.去極度は,星が南中したときにその高度を,固定された子午線環の目盛りで単純に読めばよい.それに対して宿度の測定は,より複雑な渾天儀の構造に依存している.すなわち,子午線環の内側で回転する時角環に刻まれた目盛りと視準棒とのなす角度を,隣り合う2個の距星に対してそれぞれ読む必要があった.そのため,春海が使用したような小型の粗末な渾天儀では,宿度が正しく読める構造になっていなかった可能性が高いのである.

以上,春海の観測に対する本書の結論は,二十八宿 BS 法など,近代統計学の手法を応用して初めて得られたものだから,春海による宿度観測データが検証される機会もないままに現在に至ったのは無理のないことだったと思う.この点は,トレミーによる2000年前の『アルマゲスト』の星表データが,ようやく17世紀になって疑いの目が向けられたことと似ているといってよい.

8

★近世の中国および朝鮮星図・星表と日本への影響★

　2.5節でも述べたように，明末から清初にかけて，主にイエズス会宣教師が多数中国に渡来した．他のヨーロッパのキリスト教教団に比べてイエズス会の人々は，有能な宣教師を世界各国に送り出し，西洋の学問文化を紹介すると同時に，その地の文明をも研究するという情熱的な使命感を伝統的に抱いていた[1]．とくに，中国に入りこむことは彼らにとって，イエズス会の創立者の一人であったフランシスコ・ザビエル（Francisco de Xavier, 1506頃-1552）以来，長年の見果てぬ夢だったのである．

　マテオ・リッチの後，中国の官僚学者からの援助で，アダム・シャル・フォン・ベル（Adam Schall von Bell, 中国名は湯若望, 1592-1666）ら数名の宣教師は，まず西洋天文学の百科全書ともいうべき『崇禎暦書』135巻を編纂した．1631-1634（崇禎4-7）年に，徐光啓・李天経編として数回にわたって崇禎帝に献上した後，刊行された．この本に対する徐光啓[2]らの意図は，彼らが中国の天文学より優れていると見なした西洋天文学を用いて，中国流の改暦を実施することだった．この計画は明王朝の滅亡によって一時頓挫する

1）　たとえば，Udias, Augstin, *Searching the Heavens and the Earth: The History of Jesuit Observatories* (2003).
2）　徐光啓（1562-1633）は明末の天文暦学者．上海出身．マテオ・リッチの教えを受けて受洗，キリスト教徒になる．リッチの指導で『ユークリッド原論』を訳した『幾何原本』などを出版した．当時の授時暦（大統暦）が日食の予報を失敗し，西洋暦法だけが予報に成功したのを契機に，崇禎帝に改暦を示唆，明朝の滅亡後，清代になって，ようやく西洋天文学による改暦が「時憲暦」として実現した．

が，次の清朝で再び取り上げられ，西洋天文学に基づいた新暦，「時憲暦」がついに1645（順治2）年から施行された．これは中国の暦学史上，初めて外国の暦法による暦を採用したという意味で画期的な変革であった．

8.1 西洋天文学の影響を受けた中国星図・星表

イエズス会の天文学者が貢献したのは改暦ばかりではなかった．ティコ・ブラーエの観測装置の流れをくむ，新たな天文儀器の製作とそれを用いた恒星の観測，その結果つくられた星表と星図も彼らの大きな天文学的業績だった．一方，この時代の中国天文学は宣教師に仕事の大部分を丸投げしており，中国人による注目すべき成果はほとんどなかったという印象はぬぐえない．

星図に関しても明末・清初以降，中国人によって刊行された天文書で星図を採録しているもの，寺院の天井に描かれた星図など，相当数が知られてはいる[3]．しかし，それらの中に精密な物は少ない．また，制作年代もよくわかっているという点で，後世の研究者がそうした星図を測定して観測年の推定や確認を行なう意義がもはや失われた時代になっていた．そこで，本節では，西洋天文学の影響を受けた代表的な中国の星図・星表のいくつかを紹介するに留める．

『崇禎暦書』中の星図・星表

まず，上記の『崇禎暦書』にもいくつかの詳細な星図が載っている．また，『崇禎暦書』をアダム・シャルが1645年に再編し，清朝皇帝に献上した『西洋新法暦書』103巻にも，同名の星図が収録されていた．それらは，「見界総星図」，「赤道南・北両総星図」，「黄道南・北両総星図」，「黄道二十分星図」（これは20枚の図に分割した星図帳の一種）である．陳美東によれば[4]，形態的には赤道座標系の円図と同じであるが，「黄道南・北両総星図」は中国で最初につくられた黄道座標系の円星図だという．

『崇禎暦書』には「恒星（暦）表」と題した数巻の恒星表（1631年）も含

---

3) 前掲，陳美東編，『中国古星図』(1996).
4) 陳美東，『中国科学技術史・天文学巻』(2003).

まれている．この星表は，全天を黄道十二宮の領域に分けた 1,371 個の星々について新たに観測し，歳差計算で時期を揃えた，赤経・赤緯と黄経・黄緯の両方の座標を与えていた．他方，ほぼ同時代のヨーロッパでは，トレミーによる『アルマゲスト』の星表と基本的に変わらない 1,000 個あまりの恒星表で，主に黄道座標で表示したものがティコ，およびイタリアの天文学者によって作成されていたにすぎない．よって，『崇禎暦書』の恒星表は世界的にも画期的な成果だったといってよい[5]．さらにこの星表では，個々の星の明るさを 6 等級に分類していたが，これは明らかに宣教師によってもたらされたヨーロッパ星表の伝統だった．

「赤道南北両総星図」

『崇禎暦書』と同じ崇禎年間に制作され，西洋天文学の影響を受けた星図で従来からよく知られていたものは，「赤道南北両総星図」と題した大型星図である（図 8-1）．たとえば，図には角度目盛りは 360 度制と中国度（365度 4 分の 1）の両方が記されるなど，西洋天文学の知識と中国星図の伝統が巧みに融合した，優れた作品である．現在，バチカン図書館に 2 点，北京の故宮博物館，パリの国立図書館，英国の個人，および日本の大学図書館に各1 点の所蔵が確認されている．

図の右端の冒頭には，徐光啓による序文，「図叙」が書かれ，左端にはアダム・シャルによる「図説」が記されるから，この 2 人が主導し，他のイエズス会士と中国人の天文学者も協力して作り上げた合作であることが読みとれる．

中央の両半球円星図の外径はそれぞれ 170 cm，その周囲には，小型の黄道円星図，五惑星の軌道図と，西洋儀器を参考に製作された，赤道・黄道経緯儀，地平経緯儀，紀限儀，などの図が描かれ，アダム・シャルはその説明文も書いている．中央の両半球図は北極（南極）中心の赤道円星図で，中心から二十八宿距星の宿度線が放射状に出ているのは，伝統的な中国円星図と同じである．緯度 36 度に相当する内規（上規）円も見える[6]．特筆すべき

---

5) 橋本敬造，「赤道南北両総星図」と「恒星屏障」，山田慶児編，『新発現中国科学史資料の研究・論考編』，581-604 (1985).

8.1 西洋天文学の影響を受けた中国星図・星表　179

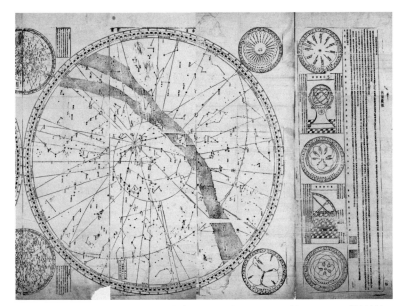

図 8-1　「赤道南北両総星図」の北半球の部分．高さ 165 cm，幅 54 cm の 8 枚紙幅からなり，全体の幅は 446 cm もある．右端に，内閣蔵版と刻されている．

は，北極から約 23.5 度離れたところに黄道の北極が記され，そこから直線ではない，30 度間隔の弓型弧状の黄経線も描かれている点である．

　アダム・シャルの「図説」によれば，描かれた星の総数は 1,812 個だそうで，『崇禎暦書』の恒星表より 500 個近くも多いから，これらの星々は新たに観測されたにちがいない．しかもそれら全部の星の形を，6 種類の異なる星等記号によって描き分けていた——この星の光度を区別する星等記号については，幕末の日本星図の節（8.5 節）で再度取り上げる．

　終わりに，橋本[7]が『崇禎暦書』全 135 巻に含まれた各巻の内容と，崇禎帝に献上された年次との関係をくわしく分析して得た結果についてふれてお

---

6)　緯度 36 度の内規円は，5 世紀末に書かれた『宋書』（4.5 節）を初めとして清代に至るまで，中国文献と星図にはしばしば言及されてきた．緯度 36 度には歴代王朝の主だった都が置かれたことはないから，この緯度は中国本土のほぼ中央を代表させるという程度の意味で使われているにすぎないことがわかる．よって，4.5 節でも述べたように，一般的には，古星図の内規円から計算される緯度は，その星の観測地とは関係がないと考える方が妥当である．
7)　前掲，橋本敬造，『新発現中国科学史資料の研究・論考編』（1985）．

く．1633 年に徐光啓が亡くなった後，後継者の李天経が献上した『崇禎暦書』の一部に，「恒星屏障」と題した大型星図があった．橋本はこの星図が，徐光啓がイエズス会士の協力で死の直前にほぼ完成していたもので，北京の故宮博物館に所蔵される絹本着色の「赤道南北両総星図」がじつは「恒星屏障」その物であることをつきとめた．以上からわかるように，「赤道南北両総星図」は，東西の天文学者の緊密な共同作業で制作された，当時の世界最先端の星図だったのである．

西洋起源の星図・星表の特徴

「赤道南北両総星図」以後，清代にかけて，この星図の影響を受けたり，それを改訂増補した星図がいろいろつくられた．それらはたとえば，『中国古天文図録』[8]に紹介されているので，本書では省略する．最後にここでは，西洋天文学の影響を受けた中国の星図・星表の特徴を簡単にまとめてみる．

(1) 伝統的な赤道座標系に加えて，黄道座標系による星図・星表も普通に制作されるようになったこと，

(2) 歳差計算による星位置の統一と星図の元期を明示していること，

(3) 星表には星の等級を記載し，星図には星等記号による星の形で描き分けをしていること，

(4) 角度は中国度の代わりに西洋の 360 度制を多く使用していること，

などである．

とくに (2) がもっとも重要である．1,800 個あまりの恒星を改めて一緒に観測することは労力・費用の面で困難だから，観測年代が異なるいくつかのデータをあわせて利用せざるを得ない．その際，時期が異なる観測は元期を統一しないと精密な星図は描けないから，(2) は科学的な近世星図の必要条件だったといってよい．

---

8) 前掲，潘鼐編，『中国古天文図録』(2009)．

8.2 西洋・中国の影響を受けた朝鮮星図

　ヨーロッパの宣教師がもたらした西洋天文学の中国星図への影響は，やがて朝鮮と日本にも及んでくる．ただし，その受容の仕方には，以下に述べるように両方の国でかなりの違いがあった．本節ではまず，朝鮮の状況について説明する[9]．

旧法星図と新法星図

　14世紀末に石刻された「天象列次分野之図」(4.4節) が朝鮮を代表する歴史的な全天星図だったことに誰も異論はないだろう．そのため，その後この星図を元に，多少変更したり改訂したりした大型星図がいくつもつくられた．たとえば，現在，韓国昌徳宮の宮廷遺品として所蔵される写本星図，「渾天圖――舊蔵天象列次分野之圖」(韓国誠信女子大学校博物館)[10]，天理大学図書館所蔵の「天象列次分野之圖」木版本などである．

　これらの星図で，「天象列次分野之図」の中央の円星図に見られる，中心から放射状に出る二十八宿距星の宿度線，偏心した黄道，内規に相当する小円，二股に分かれた馬蹄形の天の川，などの基本構成は，どの星図も原図と変わらない．しかし，各星座と星に名前を入れたり，原図では下段の説明部分に書かれた二十八宿の宿度と去極度が円図の外周部分に移されるなど，星図の細部に小さな変更が見られる．また，それに応じて，円星図の周囲に描かれた小図と説明文にも星図ごとに違いが現われている．

　ところが，18世紀中頃になると，黄道の極を中心とする星図という新しい円星図の様式が中国からもたらされた．1742 (英祖18) 年に朝鮮の学者，金兌瑞と安国賓とが中国に行き，苦労のすえ，ドイツ出身の宣教師ケーグラー (戴進賢) から直接教えを受けた．そして，300星座3,082星を含む星表 (1723年) からつくられた星図の写しをこしらえて帰国した．それが，韓国の法住寺に所蔵される大判の天文図「黄道南北総星図」であるという[11]．

---

9)　8.2節および8.3節は主に，中村士，天球・地球図の新資料「恒星並太陽及太陰五星十七箇之圖」，『東洋研究』，第167号 (2008) によった．

10)　前掲，潘鼐編，『中国古天文図録』(2009)．

182 第 8 章 近世の中国および朝鮮星図・星表と日本への影響

この星図に基づいて，後世の「黄道総星図」や，1834（純祖 34）年に金正浩らによって「黄道南・北恒星図」と題する版本の星図が制作された．日本の国会図書館にも『黄道総圖』という題名で，「黄道総星図」，「黄道南・北恒星図」および世界地図を載せた彩色の星図集が所蔵されるが，これは上記の朝鮮版からの写本と思われる．

このことからわかるように，朝鮮の天文学者たちは金兌瑞と安国賓がもち帰った西洋の新様式の星図に注目した．やがて，彼らは，伝統的な「天象列次分野之図」系統の星図を“旧法星図”，西洋起源の黄道座標系の星図を“新法星図”と呼んで区別するようになったらしい．なぜなら，「新舊法星図」と題した，新法と旧法の両方を対比させて並べた星図が存在するからである．韓国の大学や博物館に所蔵される，これら新法星図の詳細については，韓国国立民族博物館が編纂した図録（2004 年）に多くの図が載っている[12]．

新法星図の特徴

ここで，新法星図の特徴を挙げておこう．まず，中国の黄道系星図と異なる特徴は，赤道極を中心として，黄道極を通る半径 23.5 度の小円が描かれていることである．これは一見すると伝統的な内規円に似ていて紛らわしいが，内規円の方はその半径が緯度によるから，この小円はまったく別物である．そこで，この半径 23.5 度の小円を仮に「極円」と呼ぶことにした[13]．また，赤道北極が中心の半径 66.5 度の円も描かれているが，これは地球儀に描かれた円でいえば，北回帰線に相当するものなのだろう[14]．

新法星図で興味深いのは，大マゼラン雲，小マゼラン雲[15]を描いたものが

---

11) 前掲，全相運，『韓国科学史』（2005）；前掲，全相運『韓国科学技術史』（1978）に引用された写真の表題は「新法天文図大幅屏風」とある．

12) 韓国国立民族博物館編，『天文』，展覧会 “天と人・原理と理念” の図録（2004）．

13) 中村士，天球地球の新資料「恒星並太陽及太陰五星十七箇之図」，『東洋研究』，第 167 号（2008）．星図の中には，黄道の北極を中心とし，赤道の北極を通る半径 23.5 度の円が描かれたものがある．これは，歳差運動の軌道（歳差円）を表わすから，物理的な意味があるが，「極円」には物理的にも実用上もとくに意味があるようには思えない．

14) 極円と南北回帰線の円を描くことが，ヨーロッパ人宣教師や朝鮮天文学者による独自の工夫であったとは考えにくい．なぜなら，ヨーロッパでは 17 世紀から 18 世紀にかけて，絵画史的価値の高い星座図像を含む豪華な星図が多数出版されたが，その多くは黄道座標系の円星図で，いずれも極円と北回帰線の円が描かれているからである．

8.2 西洋・中国の影響を受けた朝鮮星図　　183

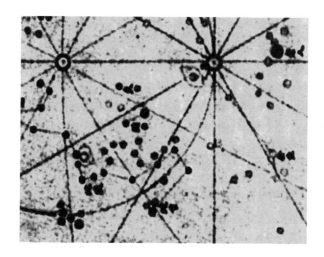

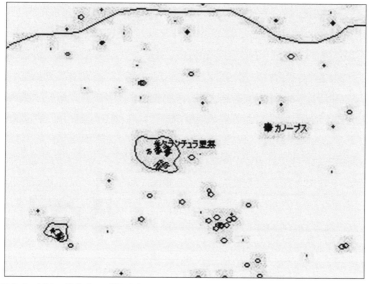

図 8-2 （上）法住寺の「黄道南北総星図」に描かれた大小マゼラン雲．図の上方で放射状に経線が出ている2つの中心のうち，左が赤道南極，右が黄道南極である．赤道南極を中心にして黄道南極を通っている円弧が「極円」．黄道南極のすぐ左下に描かれた不定形の天体が大マゼラン雲，赤道南極の下方に見える不定形が小マゼラン雲である．なお，黄道南極の右に描かれている大きな星は老人星（カノープス）．（下）プラネタリウムソフト，ステラナビゲータ（Ver. 6）で描いた大小マゼラン雲と恒星カノープス．図上方の曲線は天の川の輪郭を表わす．

184　第8章　近世の中国および朝鮮星図・星表と日本への影響

いくつか見られる点である．法住寺の「黄道南北総星図」では，大小マゼラン雲の輪郭を大きさも形も区別して描いている（図8-2上）．それらの形を，プラネタリウムソフトで描いたもの（図8-2下）と比較してみると，相互位置も形もかなりよく一致しており（左下方が小マゼラン雲，黄道極のすぐ近く，大きく描かれた星雲が大マゼラン雲．その右の明るい星が老人星カノープス），「黄道南北総星図」は正しいマゼラン雲の知識に基づいて描かれたことを示唆している．

　そのほか，朝鮮系黄道星図に共通する特徴としては，円図の外周に二十四節気と十二支宮名のみが記されたものが多い．これは中国系星図とは異なる表記法である．

渾天全図

　本節の最後として，西洋天文学の影響を受けてはいるが，いわゆる新法星図とは異なる木版の星図，「渾天全図」について言及しておきたい（図8-3）．赤道座標系の星図で，作者名も年記も記載がない．全相運は李朝後期（18世紀）の作と推定している[16]．

　中央の円図は「天象列次分野之図」と形式は似ているが，中心付近の小円が内規ではなく，極円である点が異なる．この円図の周囲には，日月食の原理図，七政古図（トレミーの宇宙体系），七政新図（ティコ・ブラーエの体系），望遠鏡による，太陽，月，5惑星の観測図（木星には4個，土星には5個の衛星を付す）と解説とが記される．この円星図で興味深いのは，私が調べた限り少なくとも10個近い「気」（星雲・星団）が特別な形の記号で示されていることである．これらが，この星図の典拠と制作された時期を探る手がかりになるのではないだろうか．

　「渾天全図」は，従来は単独の星図と見なされてきた．ところが，明治大学に所蔵される「渾天全図」は，アジアからオーストラリアにまたがる世界

---

15)　大小マゼラン雲とは，私たちが属する銀河系（天の川）の周囲を回る，2個の衛星のような小銀河のこと．マゼランの世界一周航海以前から知られていたが，一般にマゼラン雲の名で呼ばれる．

16)　前掲，全相運，『韓国科学技術史』（1978）．

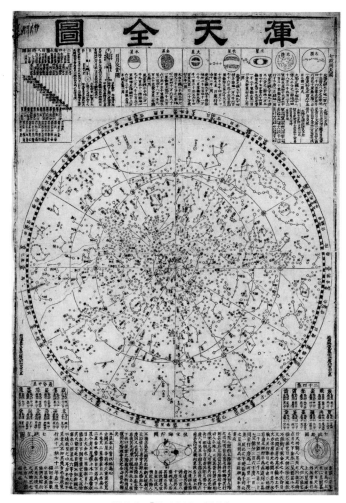

図 8-3 「渾天全図」(木版).

地図,「輿地(よち)全図」と紙のサイズも書体も同じくする,明らかに一対の組として制作されたことを示している点で重要である.オーストラリアが描かれていることと,中国・日本の地名,日本列島の形の調査からも,この星図・世界図がつくられた年代が推測できるかもしれない.

8.3 新発見の天球・地球図,「恒星並太陽及太陰五星十七箇之図」

　従来から知られていた江戸時代の星図には2系統あった.1つは,渋川春海が幕府天文方に就任する以前に制作した「天象列次之図」(1670 (寛文10) 年) と,「天文分野之図」(1677 (延宝5) 年) の系統である.これらは朝鮮の「天象列次分野之図」が元だったことはいうまでもない.この春海による星図の系統は,井口常範が刊行した『天文図解』(1689 (元禄2) 年) の衆星図,苗村丈伯による『古暦便覧備考』(1692 (元禄5) 年) 中の星図,水戸の長久保赤水の著である『天文管闚鈔』(1824 (文政7) 年) の星図をはじめ,19世紀まで版本や写本が多くつくられた.また,春海が晩年に息子昔尹の名で出版した『天文成象』の星図も同じ系統に属し,これを簡略化した星図も幕末に至るまでいろいろ制作・出版された.

　もう1つの系統は,天文方高橋景保が修行時代に着手し,その後,天文方の役所に勤務する手付・手伝いたちに命じて文政年間にスタートした,西洋天文学の成果を取り入れた新たな星図作成の事業だった.この系統については,次節でくわしく紹介する.

　ところが,2006年に開催された江戸東京博物館の展示会で,上に述べた2系統以外の,まったく未知の系統の星図が偶然展示された――新たな系統といっても,現在はこの史料1点だけが知られているにすぎない.日本の星図ではあるが,その内容が8.2節で述べた朝鮮の新法星図と関係が深いため,8.2節に引き続いてここで一緒に議論する.

全体構成と特徴

　「恒星並太陽及太陰五星十七箇之図」がこの星図の表題である[17].簡単のため,以下では「十七箇之図」と略記する.

　現在は軸装された縦長 (144.5 cm×70.5 cm) の画面の中に,直径約52 cmの南北円星図を2図上方に配し (図8-4),下方には東西両半球の彩色世界

---

17)　図の表題の一部が欠損しているが,図説の内容から判断して,「恒星並太陽及太陰五星十七箇之図」と読むのが妥当だろう.2006年当時の所蔵者は下関市の小川忠文氏だった.その後,この星図を含め小川氏のコレクションは,萩市が新設した博物館に収蔵された.

8.3 新発見の天球・地球図,「恒星並太陽及太陰五星十七箇之図」　187

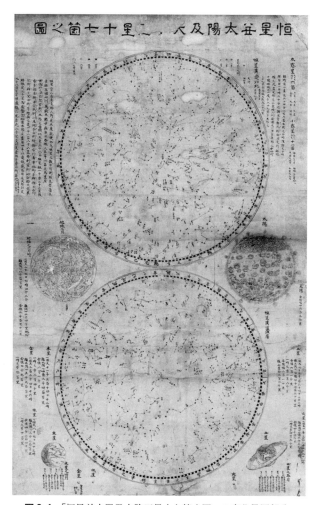

図 8-4　「恒星並太陽及太陰五星十七箇之図」の南北星図部分.

(地球)図を左右に描いている．また，それらの周囲余白には，望遠鏡で見た日・月・五惑星の図が描かれ，太陽，月，惑星と衛星に関するかなり詳細なデータが付記されている．描き方のくわしさと表題から見て，星図と日・月・惑星の記載が主目的で，世界図は付けたりという印象を受ける．年記と落款や署名は見当たらない．保存状態は劣悪だったらしく紙の焼けが酷い．

2つの円星図には，恒星黄道以北と以南と付記されているから，黄道の極を中心に描かれた星図で，前節で述べた朝鮮の新法星図と同じタイプである．しかも，赤道の北極を中心とした半径23.5度の極円が朱線で示されている．日本で知られる限り，江戸時代に制作された星図で黄道中心の星図はきわめて珍しい．

北斗七星，二十八宿の星及び赤道も朱で区別されている．宿度線はない．大宰府，大貳，少貳など，渋川春海が創設した星座名も朱で記されていて，星座に付けられた注記は『天文成象』図の注記と同じだから，春海の星図からの情報も十分に取り入れていることが確認できる．

天の川の輪郭線は点線である．星同士を結ぶ星座線，星の明るさを区別する星等記号（1等から6等まで）の大部分は定規を用いずフリーハンドで描かれていて，星座線の記入忘れ，星等記号の色塗り忘れと思われる箇所も少なからず見られる．このことから，あるいは原図が別にあって，この図自体は天文の知識をあまりもたない人物による写図だった可能性も考えられる．

大小マゼラン雲

本星図のもう1つの特徴は，前節の新法星図のところで述べた大小マゼラン雲が描かれ，その楕円形のような輪郭が点線で示されていることである．とくに大マゼラン雲の方は，光度の等高線らしき二重の輪郭線まで記されていた．

国会図書館には「黄道南・北恒星図」の写本が残っているから，朝鮮版本としての「黄道南・北恒星図」も当時日本に入ってきていたのだろう．しかし，この星図ではマゼラン雲は「気」の記号で示されていたにすぎなかった．マゼラン雲に関する知識があったとは思えない当時の日本人が，「黄道南・北恒星図」の星等記号だけから「十七箇之図」に見られる輪郭をもったマゼラン雲を描きだすのは明らかに不可能だから，何かほかに法住寺の「黄道南北総星図」に示されたようなマゼラン雲の形を記した朝鮮星図を参考にしたと考えられるが，現在のところその手がかりはない．ちなみに，後述するが，「十七箇之図」に関係が深い西洋天文学の概説書『遠西観象図説』には，銀河の説明すら見られない．

図説の部分

　まず，日・月，惑星を望遠鏡で見た図であるが，それらの描き方の特徴から出典が特定できた．それによると，この「十七箇之図」の作者は，当時最新と考えられた各天体の図を，いくつかの異なる文献から選び出していたことがわかる．たとえば太陽の図は，キルヒャー（Athanasius Kircher, 1602-1680）による『地下世界』（1655年）の図を司馬江漢[18]が模写し，銅版で出版した『天球全図』（寛政末年頃）に取り入れた太陽真形図からとった．また，太陰の図は吉雄南皐（俊蔵，後に常三）の『遠西観象図説』（1823（文政6）年初版）[19]から，土星の図は司馬江漢による『刻白爾天文図解』（1806（文化6）年）からとられたことは確実である．

　図の周辺には，惑星と衛星についての軌道データとサイズが記されている．標題の"十七箇"の天体とは，5惑星と日・月，木星の衛星4個，土星の衛星5個，金星の衛星1個のことを指す．惑星と月に関しては，公転周期，日心距離，直径，毎時の運行距離のかなりくわしい値が与えられている．また，木星と土星の衛星についても，公転周期と惑星からの距離データを載せている．惑星の軌道半径や天体相互の距離は「里」で表記されるが，これはマイル（約1.6km）の意味で使用されていた．

翻訳用語と金星の衛星

　図説では，"小惑星を小游星ともいう"と述べ，その数を11個と記している．ここでの小惑星とはもちろん，衛星（satellite）を意味し，現代の小惑星（asteroid）のことではない．なお，蘭書（オランダ語の本）から衛星を「小游星」と翻訳したのは吉雄南皐の『遠西観象図説』が最初である．よって，「十七箇之図」の図説は吉雄の著書を参考に書かれたことがわかる．事実，この図説の内容，とくに木星と土星の衛星に関する数値のかなりの部分

18）　司馬江漢（1747-1818）は江戸時代中期の絵師で蘭学者．西洋画の手法を修得し，銅版画を出版した．また，蘭書を通じて西洋自然科学の知識を広く身につけた．とくに，コペルニクスによる地動説を紹介・解説した著書，『刻白爾天文図解』などを刊行したことで知られる．

19）　天文学史研究の大家，広瀬秀雄は，『洋学（下）』（1972）の中で，『遠西観象図説』のことを，"理学研究の基礎という考えのもとに近代西洋天文学を取り扱った最初の概説書"と高く評価している．

は，『遠西観象図説』の記述に負っていることが私たちの調査で明らかにできた――この点も，「十七箇之図」の作者が西洋天文学の最新知識を紹介する努力をした表われであろう．

　現在，金星には衛星が存在しないことは誰でも知っている．しかし，金星の衛星という誤解は，歴史上かなり長い期間にわたって信じられた．1645年11月に，ナポリの天文学者フォンタナ（Francesco Fontana, 1580頃-1656）が金星の衛星を観測したと述べて以来，多くの人々が見たと報告した．そのため，金星に1個の衛星があるという説は，17-18世紀を通じて一般化した結果，上記のように，小游星の数が11個と記されたのだった[20]．しかし，18世紀後半頃からようやく否定されるようになった．

地球図と世界地理の知識

　「十七箇之図」下部の東西地球両半球図に関しては，図説に相当する文言がないため，その描かれた大陸地形と地名から典拠を探索するしかない．ただし，「十七箇之図」の作者は，その世界地理の知識が天文学ほど豊かではなかったと推定されるので，蘭学系の世界図で，刊行されて一般人も利用できたものの中に候補を求めた．

　この時代の世界地図の系統と年代を推定する一般的な手がかりは，オーストラリアの東半分が描かれているかどうか，描かれていればその地形，ニューギニアとの位置関係，タスマニアがオーストラリアと癒着しているか否か，ニュージーランドの有無，北米のカリフォルニア半島が島状か，半島か，マダガスカル島の形状，などである．これらと，主な大陸の地名，および海の名前から，典拠になった可能性が高い地図を絞り込んだ．その結果，大坂で1797（寛政8）年に橋本宗吉[21]の名で出版された，『喎蘭新訳地球全図』が「十七箇之図」の地球図にもっとも近いことが判明した．当時もすでに多少時代遅れな世界図だったが，おそらく図の周囲に地理上のくわしい解説が付

---

20)　吉雄が『遠西観象図説』で参考にしたオランダ書，J. F. Martinet による *Katechismus der Natuur*（1777-1779）でも，金星の衛星について1つの節をあててかなりくわしく説明している．しかし，当然ながら，その公転周期など具体的なデータは与えていない．

21)　橋本宗吉（1763-1836）は大坂の蘭学者．江戸で大槻玄沢についてオランダ語を修得し，多くの蘭書を翻訳した．エレキテルの研究で知られる．

されていたために普及し，偽版や複写版が多く出回った．不思議なのは，「十七箇之図」の作者がおおいに利用した『遠西観象図説』にも，より新しい情報を含んだ簡略な世界地図が載っていたにもかかわらず，それを参照した形跡は見られない点である．

「十七箇之図」の位置づけと原作者

最後にここで，いままで述べてきた「十七箇之図」の特徴をまとめ，日本星図史上におけるその意義と位置づけを考察する．

(1) 星図の部分は，南北の黄道極を中心に描いた黄道星図で，渋川春海の系統の星座もとり入れた，日本では現存唯一のきわめて珍しい星図である．赤道極を中心とした半径 23.5 度の極円と大小マゼラン雲の存在から，『西洋新法暦書』系の朝鮮黄道星図のどれかを参考にした可能性が高い．

(2) 天文図説に書かれた惑星と衛星の数値データは大部分を吉雄南皐の『遠西観象図説』からとっているが，一部他の出典も利用しているらしい．よって，「十七箇之図」の成立は 1820 年代（文政 10 年前後）頃と推定される．

(3) 東西両半球世界図は基本的には，当時でも最新とはいえない『喎蘭新訳地球全図』を利用していた．このことからも，「十七箇之図」の作者の主要な関心は黄道星図と西洋天文学の知識の方にあったことがうかがえる．

いずれにせよ，渋川春海系統の星図の伝統もふまえ，朝鮮星図と西洋天文学からの新しい知見を多く含んだ，内容の充実度という観点からは，江戸時代の星図の中でもっとも優れた作品の 1 つと見なしてよいと思う．

ところで，「十七箇之図」の原作者はどのような人物だったのか．残念ながら，この天球・地球図の調査からは手がかりすら得られなかった．しかしあえて想像をたくましくしてみれば，おそらく幕府天文方の学統からは独立しており，伝統的な中国・朝鮮の天文学と蘭学による西洋天文学の成果の双方に相当な学識を有し，かつ世界地理にも比較的明るい人物だったにちがいない．また，マゼラン雲に関する考察から，この人物は，版本ではない，八

曲屏風仕立ての「黄道南北総星図」(8.2節)のごとき星図を参照できたらしい。よって，当時の朝鮮から学術文化の情報や書籍が入りやすかった，たとえば九州・中国地方の藩の天文家ではなかったかと考えられる。今後，関連する星図史料が新たに見つかることを期待したい。

8.4　西洋天文学の導入と寛政の改暦

　天文方は，貞享改暦の功績で渋川春海のために創設された役所のことであるが，その後，西川家，山路家など，他のいくつかの天文方も誕生した——天文方という言葉は，幕府の部局名と，天文台内の役職名（天文台長）という二重の意味で使われるから少々紛らわしい。

　中国，日本などで使用された太陰太陽暦では，日月食の予報が実際の天象と合わなくなると，日・月，惑星の新たな観測に基づき暦を改めることが伝統になっていた。貞享暦のあと，1755年に宝暦の改暦が行なわれたが，これは八代将軍徳川吉宗の悲願だった西洋天文学による改暦からはほど遠い内容だった。改暦には，観測技術と暦学理論の高度な理系能力が要求される。しかし，天文方は他の多くの幕府の役職と同様に世襲だったためその能力を問われる機会もなく，当時の天文方には改暦を主導できる実力をもった人材はいなかった。

麻田派の天文学者

　1767（安永元）年，麻田剛立（1734-1799）という名の医者が，大坂で天文暦学を主に教える先事館と呼ばれた私塾を開いた。麻田はもとは，九州臼杵の杵築藩藩主の侍医だったが，生き甲斐だった天文暦学を研究する時間が十分にとれないため，かねてから侍医を辞任することを願い出ていたが許されなかった。そこでついにある日，意を決して脱藩し，名前も元の綾部という姓を麻田と改名して大坂に住みついたのだった。

　当時の大坂は，江戸よりもむしろ経済活動が盛んで，下級武士や町人階級にも知的好奇心にあふれた人々が少なくなかったから，天文暦学などという実生活に役立たない学問の塾にも入門者があったのだろう。剛立は以前から，

8.4 西洋天文学の導入と寛政の改暦 193

漢籍によって中国天文学を学ぶとともに，自ら天文測器を改良・考案して，天文暦学の研究を行なってきた．麻田塾からは，後に優れた天文学者になる高橋至時，間重富，足立左内，越中（富山）の西村太沖らが輩出したため，剛立も含めて彼らは麻田派天文学者と総称される．

　彼らは初めの頃は，『貞享暦』，『授時暦』のほか『暦算全書』[22]，『天経或問』[23]などを研究したようである．その後，イエズス会の宣教師らが，中国人に教えたり中国語に翻訳・編纂したりした天文暦学書を通して，剛立らは西洋天文学を深く知るようになる．それらの書物は，『暦象考成上下編』[24]，『暦象考成後編』[25]などだった．前者は，太陽は地球中心の運動をする（天動説）が，他の惑星は太陽中心に回るというティコ・ブラーエの折衷的宇宙体系を述べた本である．また，後者の本は，太陽・月の運動に関しては，ケプラーによる楕円軌道の理論（地動説）を初めて説いていたことで知られる．当時の日本人にとって楕円運動理論はきわめて難解で，その数学的内容を十分に理解できたのは，理論的思考に優れた高橋至時（1764-1804）だけだったとされる．

　一方，彼らは，天文儀器の改良と考案，それらを用いた天文観測にも熱心に取り組んだ．その中心的存在だったのが，大坂で有数の質屋業を営んでいた裕福な間重富（1756-1816）である．彼らが天文儀器の製作でもっとも参考にした漢籍は，『新製霊台儀象志』だった[26]．霊台とは天文台のことだから，この表題は新たに製作した天文台の観測儀器を意味する．康熙帝のときに清朝の天文台長に任命されたフェルビースト（F. Verbiest，中国名は南懐仁，1623-1688）が，西洋の新しい天文観測装置の知識にしたがって種々の

---

22) 『暦算全書』は中国の梅文鼎が 1723 年に出版した，西洋天文学の内容を含む天文学・数学の全書．吉宗が 1726（享保 11）年に輸入し，吉宗の科学顧問だった中根元圭に翻訳させた．
23) 清朝の 1675（康熙 14）年に游子六（游芸ともいう）が刊行した天文学の一般概説書．中国ではほとんど普及しなかったが，西洋天文学の初歩と気象・地理まで広く含んだ内容だったため日本では非常な人気を呼び，渋川春海が参考にしたり，後に天文方になった西川正休が訓点付きの注釈書を出版したことで知られる．
24) 『暦象考成上下編』は，1634（崇禎 7）年に完成した『崇禎暦書』を，清朝になって何国宗，梅穀成が再編して 1723（雍正元）年に刊行した．
25) 『暦象考成後編』は，欽天監正（天文台長）だったケーグラーらが勅命を受けて 1742（乾隆 7）年に完成した，当時最新の楕円運動理論による暦算書である．
26) 単に『霊台儀象志』ともいい，フェルビーストによる 1674（康熙 13）年の著作，全 14 巻．

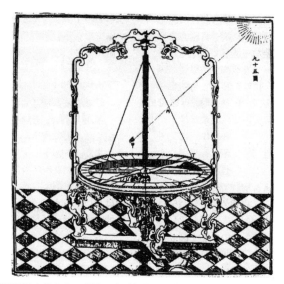

図 8-5 『新製霊台儀象志』所載の地平経儀．三角形に張った糸の面を利用して太陽の方位を測定する図である．讃岐（香川県）の天文・測量家で塩田開発者だった久米通賢は，若い頃大坂の間重富のもとで天文・測量を修行した．その後，この図をヒントにバーニア副尺付きの方位測量儀「地平儀」を製作した．そして，伊能忠敬の測量に先立つ2年前（1806（文化3）年），この地平儀を用いて，忠敬の地図より精密な讃岐の実測地図を作り上げた．

天文儀器を北京で製作し，その成果をこの書物にまとめ上げた．フェルビーストによる観測儀器の元になったのは，1602年にティコ・ブラーエが出版した『天文観測機械』(*Astronomiae Instauratae Progymnasmata*) だった．

とくに，『新製霊台儀象志』の最後の2巻（巻13-14）は，観象台の図，黄道・赤道儀，地平経儀，象限儀などの天文観測儀器，それらの製作過程の図，製図器具と観測装置の目盛り盤，てこ・滑車に代表される力学を応用した諸器械の図など，117枚におよぶ詳細な図からなっていた（その図の一例を図8-5に示した）．そのため間重富らは，これら『新製霊台儀象志』の図と知識を十分に活用して，象限儀，子午線儀，振り子の等時性を利用した垂揺球儀（天文時計）などを新たに開発したのだった．

イエズス会宣教師が編纂した恒星表

　『新製霊台儀象志』は主に天文観測儀器について述べているが，じつはかなりくわしい恒星表も載せていた．その理由は，月，惑星，彗星などの天体の位置は，恒星に相対的に測るのが近世天文学の常識だからである．そのため，巻 10-11 は黄道経緯度表（歳差の元期は 1672 年）を，巻 12-13 は赤道経緯度表（元期は 1673 年）を扱い，全部で 259 星座 1,129 星の位置を与えている．ただし，ヨーロッパ人がつくった星表だけに，古代の『歩天歌』には含まれない星が 597 個もあり，南天の星は 23 星座 150 個を含んでいた[27]．また，角度は 360 度方式で，1 度が 100 分という中国式ではなく，現在と同じ 60 分で表記されていた．間重富ら麻田派の天文学者は，次に述べる『儀象考成』の恒星表とともに，『新製霊台儀象志』の星表も天体観測に十分に活用したにちがいない．

　この後，ドイツ人宣教師のケーグラー（戴進賢）らが 1744（乾隆 9）年に勅命を受けて，277 星座 1,319 個の星を新たに観測し星表を作成した．この恒星表とそれ以前の結果をあわせた合計 300 星座 3,083 星の赤経・赤緯データが，清代中期までの天文儀器とともに 1757（乾隆 22）年に出版された『儀象考成』に収録されている（正式なタイトルは『欽定儀象考成』)[28]．星表の元期（分点）は 1744 年である．この『儀象考成』の星表が，2.5 節で述べたように，土橋八千太師らが苦労して西洋星表中の星々との対応関係を調べた星表であり，また，韓国の法住寺に所蔵される大判の天文図「黄道南北総星図」（8.2 節）の元になった星表でもあった．この星表については，次節でも改めてとり上げる．

寛政の改暦

　上に述べた，麻田派天文学者による西洋天文学の研究活動と評判は，やがて江戸の幕府閣僚の耳にも達するようになった．この頃，幕府の最高政治責任者である老中首座には，白河藩主の松平定信が就任していた．定信は徳川

---

27)　前掲，渡辺敏夫，『近世日本天文学史（下）』(1987).
28)　『儀象考成』はケーグラー，ハラースタイン（A. de Hallerstein，中国名は劉松齢），明安図，何国宗らの名で，1755（乾隆 20）年に出版された．なお，『儀象考成続編』(1845 年）もある．

196 第8章 近世の中国および朝鮮星図・星表と日本への影響

吉宗の孫であったから，西洋天文学による改暦が吉宗の長年の念願だったことも十分承知しており，ぜひ実現させたいと考えたにちがいない．ところが，定信は，厳格な経済・社会統制で不人気の「寛政の改革」を強行したために，突然1793（寛政5）年に老中を罷免されてしまう．しかし，定信の信任厚かった堀田正敦が天文方を監督する若年寄の役職にあったから，吉宗と定信の遺志を継いで，改暦の計画を進めることができたといってよい．

　1795（寛政7）年3月，幕府は高橋至時と間重富とを天文方の測量御用手伝い[29]という役職に就かせるため，江戸へ出府を命じた．出府後しばらくして，幕府から改暦の方針と暦法について至時と重富に下問があった．2人は，『暦象考成後編』に基づく改暦が最良であると答えた．至時は1795（寛政7）年11月には天文方に任命され，新暦案の策定と重富の協力で改暦用観測儀器の整備にとりかかる．そして翌年の8月，ついに改暦の命が発せられた．京都の土御門家は平安時代から暦に関する形式上の責任者であり，改暦の際は天文方が土御門の学生という資格で京都に上り，新暦を承認してもらうのが慣例だった．

　至時と天文方の山路諧孝は9月に京都へ出発，西三条台に設けられた改暦のための天文台で土御門のスタッフとともに1年あまり観測を続けた．ついで『暦法新書』と題した暦法書を土御門家に提出，1797（寛政9）年10月には改暦の宣下（天皇が宣言すること）があって新暦の名は「寛政暦」と決まった．この暦は翌年の1798年から施行された．

　寛政暦は太陽と月の暦はケプラーの楕円運動理論を採用したので，吉宗の遺志を部分的には実現したものだったが，惑星の暦は依然古い『暦象考成上下編』にたよっていた．そのため至時らは，さらに進んだ西洋天文学の著作を探し求めていた．

蘭学の勃興

　1721（享保6）年頃，1630年以来の徳川幕府の祖法だった禁書令が吉宗によって緩和された．その結果，吉宗が期待した通り，オランダ語で書かれた

29）　江戸時代には，天文観測のことを測量といい，現在の意味での測量は量地とか町見と呼ぶ方が普通だった．

洋書（蘭書）から西洋の学術文化を直接学ぼうという機運が徐々に高まってくる．その最初の成果が有名な『解体新書』である．前野良沢，杉田玄白らがオランダ語の解剖学書を非常な苦労の末に解読し，1774（安永3）年に出版したことは，玄白が1815（文化12）年に弟子の大槻玄沢に贈った『蘭学事始』の中の逸話でよく知られている．また，オランダ語の本を通じて西洋文明を研究する「蘭学」という学問分野が生まれた事情も『蘭学事始』には記されている．

　天文学に関しては同じ頃，長崎出島のオランダ商館に勤務するオランダ語通詞だった本木仁太夫良永が，西洋の天文・地理書の翻訳を開始した．コペルニクスの地動説を日本に初めて紹介した『天地二球用法』（1774（安永3）年），航海用具オクタント（八分儀）の使用法を述べた『象限儀用法』（1783（天明3）年）など，10点ほどを翻訳した．また，翻訳に伴い，「惑星」，「視差」などの言葉も考え出した．さらに，良永より一世代後の通詞，志筑忠雄は『暦象新書』を著わして，ニュートン力学に基づいた天体の運動理論まで紹介している．

ラランデ天文書

　天文方の至時らも当然こうした蘭学の動向に強い関心があり，「英国航海暦」やボイス（Egbert Buys, ?-1769）による『ボイス学芸事典』中の天文学記事などは参考にしていたようである．1803（享和3）年の初め，至時は上司だった堀田正敦から，オランダ語に翻訳されたフランスの天文書を取り調べるように言い渡された．この本は『ラランデ天文書』と通称される[30]．

　至時は一見してその内容が高度で精密なのに驚く．乏しいオランダ語の言葉と知識を，中国天文学における経験と優れた論理的思考で補って，自分の関心がある部分，理解できる章だけをとりあえず大急ぎで抄録してみた．それが1803（享和3）年2月に書かれた『ラランデ暦書管見』の第1冊である．

---

30) 『ラランデ天文書』の原著は，パリ天文台の天文学者ラランデ（J. J. Lalande, 1732-1807）が著わしたフランス語版の『アストロノミ（Astronomie，天文学）』（1764年）である．1773-1775年頃にオランダ語に翻訳された（全5巻）．当時最新の天文学の成果を，豊富な図版・図表とともに専門家が使いやすい形にまとめていたため，英語，ドイツ語，ロシア語のほか，アラビア語にまで翻訳された．

視差，日月食，惑星に関する記述のほか，地球の真の形が南北にわずかにつぶれた楕円体であることを述べていて，これは日本人が地球は単純な球体ではないことを知った最初だった．その後，翌年の 1804（文化元）年正月に肺結核で病死するまで，文字通り寸暇を惜しみ寝食を忘れて解読に没頭した．その原稿の写しが，現在残されている『ラランデ暦書管見』8 冊である．

伊能忠敬

　江戸の至時は生前，大坂の重富と盟友のごとく緊密に連絡し合って，西洋天文学を日本に根付かせる努力をした．その有様は，至時の次男だった渋川景佑が編纂した，至時と重富らの往復書簡集，『星学手簡』によって詳細をうかがい知ることができる．また，麻田派天文学者による寛政改暦の主な成果は，『寛政暦書』35 巻として 1844（弘化元）年に幕府に献上された．

　1795（寛政 7）年に至時が江戸へ赴任して間もなく，浅草の御蔵前（幕府年貢米を貯蔵する米蔵）の裏手にあった幕府天文台へ初老の男性が至時を訪ねてきて，天文暦学修行のため入門を願い出た．この人物こそ，後に全国測量で日本全土の精密地図を作成するという偉業を成し遂げた伊能忠敬（1745-1818）だった．

　忠敬は 1745（延享 2）年に上総国（千葉県）九十九里に生まれ，17 歳のときに才能をみこまれて佐原（現在の香取市）の伊能家に養子に入った．忠敬は期待通り仕事に精進して伊能家を立て直し，36 歳で名主を命ぜられ，38 歳のときには苗字帯刀を許される．ついで 50 歳になった 1794（寛政 6）年，息子に家業を譲り，自分は隠居して通称を勘解由と改めた．そして翌年の寛政 7 年 5 月，江戸に出て黒江町（現在の江東区門前仲町）に居宅をかまえ，念願の天文暦学の研究に没頭する環境を整えた．佐原の伊能忠敬記念館に残された彼の蔵書によれば，江戸に出る以前から授時暦などの中国暦学書をすでに勉強していたらしい．こうした忠敬の努力のお蔭で，入門後二，三年のうちに『儀象考成後編』によって日月食の推歩（予報計算）ができるレベルまで上達した．これを見た至時はおおいに感心し，重富へ宛てた手紙の中で，たわむれに忠敬のことを"推歩先生"と書いている．

地球の大きさへの関心と全国測量

忠敬による日本の全国測量は，1800（寛政12）年の第1次蝦夷（北海道）測量から始まり，1816（文化13）年の第10次江戸府内の測量まで，56歳から72歳に至るじつに17年間，総計44,000 km（約6,000万歩）の距離を踏破している[31]．忠敬が作成して幕府に提出した地図は幕閣から高く評価された結果，第5次の測量（1805-1806年，紀州・中国地方）からは幕府の公式事業とされ，幕命を受けて各藩は進んで忠敬の測量に協力するようになった．日本全図のような広範囲の地図づくりには緯度を決めるための天文観測が必須だったから，麻田派天文学者が考案した象限儀，子午線儀，垂揺球儀も，忠敬はそれらを測量用に改良して盛んに活用している．

ところで，至時と忠敬が日本全土の地図づくりを始めた最初の動機は，地図そのものよりむしろ地球の大きさを自分らで実測したいという方にあったようだ．至時がまだ大坂にいた頃，オランダの天体暦などを見て地球の大きさに関心を抱いたらしい．そしてこの話を忠敬に語り，忠敬もおおいに興味をもった．地球の形を球体と見なす限り，緯度1度の距離（おおよそ110 km）を測定し，それを360倍すれば地球の全周距離，つまり大きさが求められる．忠敬はさっそく浅草天文台と自宅の黒江町の間で試みて，至時に報告した．しかし，至時はそのような短い距離では精密な数値は得られないとさとし，逆に，蝦夷の地図づくりと[32]，その往復路を利用して緯度1度を測定する腹案を忠敬に明かした．忠敬はもちろん蝦夷行きに大乗り気だったから，至時は幕府を説得してついに蝦夷測量が実現した．ただし，地図づくりは天文方の本来の業務ではなかったので，至時は蝦夷測量を，表向きには，地球の大きさの精密な測定は日月食の予報精度の向上に必要であることを理由として幕府には説明したらしい．

至時は，最初の数次の測量行から忠敬が求めた緯度1度の距離は，すこし大きすぎると考えてあまり信用しなかった．ところが，至時が上記の『ララ

---

31)　病気や老齢のため，忠敬自身は参加しなかった測量行程も一部含まれる．

32)　1790年代からロシアの南下の動きが活発化し，1797年にはエトロフ島へロシア人が上陸した．幕府は，ロシアに対する警戒と北辺防備のため，東蝦夷を幕府の直轄地に指定して幕臣に現地調査させたり，蝦夷の正確な地図づくりの必要性を真剣に考えるようになった．

200 第8章 近世の中国および朝鮮星図・星表と日本への影響

ンデ天文書』を解読していたとき，地球の大きさのデータをたまたま見つけた．忠敬が求めた値と比較したところ，両者はよく一致することを至時は知った．ここに至って，至時と忠敬の師弟は手を取り合って喜ぶこと，限りがなかったと渋川景佑はその聞見録で書いている．ちなみに，伊能忠敬の研究者，大谷亮吉によれば[33]，忠敬が求めた緯度1度の値，28.20里（＝110.85 km）は真値からわずか0.1％しか違わなかったという．

伊能測量隊による全国測量の最終成果は，忠敬の没後，1821（文政4）年に天文方と弟子たちの手で『大日本沿海輿地全図』として幕府に上呈された（通称を伊能図という）．また，測量データの全貌は『大日本（沿海）実測録』[34]に収められている．後者には，緯度決定のために天文観測を行なった地点名とその観測値もくわしく記されている（縮尺 1/36,000 の伊能大図では，天測を行なった地点を★印で示している）．

これら天文観測のために必要な恒星の赤経・赤緯データを，麻田派の天文学者は上に述べた『霊台儀象志』や『儀象考成』の星表から抜き出して使用していた．それらの恒星リストは，天文観測に加えて地図制作に携わった人々，天文方，忠敬，羽間家，久米通賢らの蔵書・史料にはたいてい見られる．このことから，星表は天文学の研究だけでなく，精密な地図づくりにも非常に重要な役割を果たしたことが納得できるのである．

8.5　若き天文学者たちの新西洋星図計画

麻田派の後継者

至時が死亡したのは，忠敬が全国測量を始めて5年目の1804（文化元）年である．高橋天文方は至時の長男の高橋景保（1785-1829）が20歳で跡目を相続し，忠敬による全国測量事業の監督と支援も引き継いだ．景保は少年の頃から幕府の昌平坂学問所（昌平黌）で表彰されるほど優秀で，天文方になってからは天文暦学だけでなく多方面に才能を発揮し，幕府の書物奉行（国

---

33)　大谷亮吉，『伊能忠敬』(1917).
34)　1870（明治3）年に，東京大学の前身である大学南校から『大日本実測録』と題して出版された．

立図書館長に相当）も兼任した．1816（文化13）年頃に高橋景保の名で出版された銅版の『新訂万国全図』（序文は1810（文化7）年）は，当時の国際水準に照らしても最新の世界地理の知見をとり入れた内容で，海外にも誇れる世界地図だった[35]．

　一方，景保の弟の景佑は，渋川天文方に養子に入り，渋川景佑（1787-1856）と名乗った．兄ほど才気煥発ではなかったが，きわめて真面目でち密な性格であり，天文暦学の多くの著作と種々の記録を残した．麻田派天文学者のくわしい動向を現在の私たちが知ることができるのは，景佑が編纂した書簡集，『星学手簡』などによるところが大きい．

　間重富の息子，間重新（1786-1838）も15歳の頃から大坂の和算家番付に名が載るほど数学の才能があり，天文観測の技量も若いときから非常に優れていてしばしば父重富の観測代理を務めた．約40年間に膨大な量の精密観測の記録を残し，天文測器の改良と開発，西洋の航海測量儀器シルケルの研究なども行なった．麻田派天文学者の一人，足立左内信頭（1769-1845）は寛政の改暦などで長年天文方のために働いたが，至時と重富という2人の秀才に挟まれて頭角を現わせなかったようだ．天文方に昇任したのは1835（天保6）年，67歳のときだった．とくに語学の才能にめぐまれ，ロシア語資料を調査したり，浦賀に渡来した外国船のために通訳し，ロシア語の辞書も編纂した．

　また，足立左内の息子，重太郎信順も若い頃から抜きんでた才能の持ち主で，1815（文化12）年には昌平坂学問所での学業優秀につき褒賞された．渋川景佑は間重新に宛てた手紙の中で，父親の左内よりずっと頼りになるとほめたくらいである．さらに，伊能忠敬の孫にあたる忠誨もきわめて有能で景保に信頼され，わずか16歳で浅草天文台の手付手伝いに採用された．重太郎信順と忠誨については，新しい星図の制作に関して，改めて後述しよう．

　以上のように，上に述べた後継者らはみながほとんど同年輩の優秀な若者であり，先代の天文方関係者が死去した後は，幕末近くまで彼らが天文方の

---

35)　たとえば，三好唯義編，『図説　世界古地図コレクション』，第5章（1999）．間重富とオランダ通詞の馬場貞由が協力した．アロースミス（A. Arrowsmith）の世界図や間宮林蔵による北方探検の成果が反映されている．

202 第8章 近世の中国および朝鮮星図・星表と日本への影響

活動を牽引する役割を果たしたのだった.

高橋景保が描いた『星座の図』

8.3節で,日本の江戸時代の星図には2系統あったことを述べた.第1は渋川春海による古い星図の系統であり,中国で明末から清代につくられた西洋天文学の知見を取り入れた星図が第2の系統である.この第2系統の星図も従来からいくつか知られていたが,個々の関係や制作された背景などが過去に調べられたことはなかった.この節では,第2系統に属する星図の相互関係と,それらの原図に相当する星図が何だったかを明らかにした結果について紹介しよう[36].

都立中央図書館の東京誌料文庫に,『星座の図』(年記は1802(享和2)年)と題した手書きの星図が所蔵される.この星図について最初に言及したのは井本進である[37].井本の後も二,三の紹介記事があるが,いずれも実物の調査はしていない.星座の図という題は現代風でいかにも素人臭いから,おそらく後世の所蔵者が仮に付けたもので,元来は表題はなかったのだろう.縦45cm×横206cmの細長い折本状で,凡例(序文)と,赤道を対称軸とした長方形星図,および北極域の円星図からなる.その一部を図8-6に示した.

序文も星図の文字も整った生真面目な書体で書かれているが作者名はない.しかし,制作年と序文の内容を読めば,江戸時代天文学史の知識がある者には,その作者は高橋景保であると容易に推測できる星図である.事実,この星図の2年後,1804(文化元)年に景保が間重富による暦学講義を筆写した『天学雑録』(内閣文庫所蔵)の筆跡と比較してみると,非常によく似ていたから,『星座の図』が景保の自筆星図であることはまず間違いない.

序文には,『儀象考成』の恒星表を用いて,1797(寛政9)年を元期とする

---

36) この節は主として,中村士・荻原哲夫,高橋景保が描いた星図とその系統,『国立天文台報』,第8巻,第3・4号,85-115(2005)に基づいた.この論文によって,第2の系統を形づくる一群の星図が存在することが明らかになった.

37) 井本進,本朝星図略考(下),『天文月報』,第35巻,5号,51-57(1942).この論文は,『星座の図』と同じ1804(享和2)年に高橋景保がつくった『天文測量図』という方円の星図が存在すると記しているが,現在は所在不明である.井本が引用した序文の文章が『星座の図』のものとほとんど同じだから,天文方関係者の誰かが景保から『星座の図』を借用してつくった写しの可能性が高い.

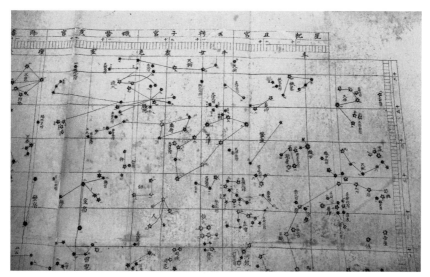

図 8-6 高橋景保が描いた『星座の図』の一部分.

星の位置を歳差の補正で計算し星図を新たに描いた，この図は他人に見せるためではなく，自分の観測に役立たせる目的で作成した，と述べられている．これがおそらく，もともとの『星座の図』には表題もなく署名もなかった理由だろう．自分が使用するだけなら，表題も作者名も書く必要はないからである．

また，序文の最初には，「予趨庭之日，家君命ズルニ測量ノ事ヲ以テセシヨリ，事ニ此ニ従フ事年アリ」，すなわち，父親（至時）に教育されたとき，その命によって測量（天文観測の意味）に従事した，とある．このことから，『星座の図』の作成は景保自身のアイデアではなく，至時の指示で始まったと見なすのが妥当だろう——わずか16-7歳だった景保の頭に，観測用の星図を自分でつくるという考えが独自に浮かんだとは想像しにくい．さらに，『星座の図』の元期は星図を描いた1802（享和2）年ではなく，寛政改暦の年である1797（寛政9）年になっている．これは，至時が以前に改暦作業のために行なった歳差計算の材料が残っていて，景保がそれを利用したためと思われる．また，伊能忠敬の遺品には「恒星経緯表」があり，久米通賢の史料にも「恒星赤道経緯度表」があるが，それらの元期はともに『星座の図』

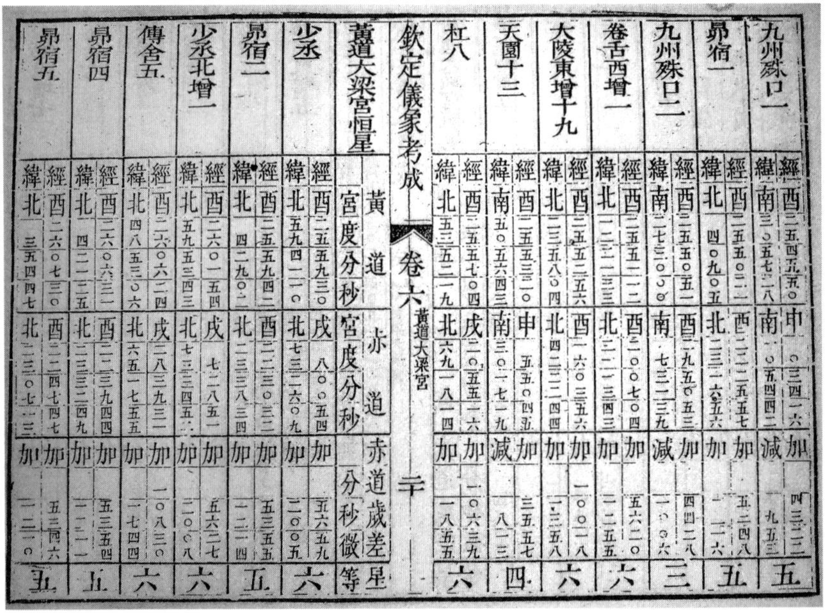

図 8-7 『儀象考成』の恒星表の一部. 昴宿（すばる）付近の星々.「増」が付く名前は『霊台儀象志』にはない，新たに増やした星である. 各星について，上段は黄経・黄緯の値，中段は赤経・赤緯の値，下段は1年あたりの赤道歳差の量を，360度方式で与えている. 最下段は，星の等級を示す.

と同じ寛政9年だった. つまり，これは，いずれも至時の計算結果が使われたことを示唆しており，観測星表や星図作成の分野においても，至時の影響力が非常に大きかったことを意味する.

　ところで，当時の日本の天文学者が広く利用した『儀象考成』の星表とはどのような物だったのだろうか. 図8-7はその1頁を示す. 18世紀中頃に宣教師の天文学者が作成した恒星表だけに，記載の形態は近世のヨーロッパで編纂された星表ともうほとんど違いはない. 使い方は簡単である. この星表の元期は1744年だから，この年から計算したい年までの経過年数を，下段に記された歳差による年変化率とかけ算して表の赤経・赤緯の値に加えれば，欲しい西暦年の位置が得られる.

8.5 若き天文学者たちの新西洋星図計画　205

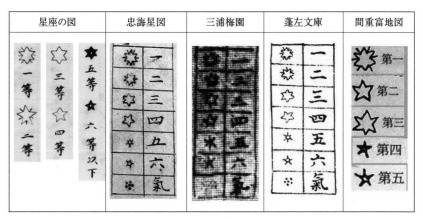

図 8-8　日本星図の星等記号の比較.

『星座の図』の特徴

　まず，この星図の目盛り間隔を調べてみると，非常に正確に刻まれていることがわかる．10度に相当する間隔は 29.5-30.0 mm だった．よって，1寸／10度の縮尺を意図したことは明らかである．また，図 8-6 から測定した二十八宿距星の宿度を，『儀象考成』の恒星表から計算した値と比べると平均で 0.2-0.3 度（0.6-0.8 mm）の差しかなかったから，景保は『星座の図』における星々の位置を細心の注意を払って紙に記したことがうかがわれる．ただし，正確な星の位置だけでは星図はできない．星図の要件である，星座の星々の連結線とそれらの名前は，もちろん『霊台儀象志』や『儀象考成』から引用したにちがいない．

　西洋の星図ではかなり昔から，星の明るさの等級を区別するのに，等級に応じていろいろな星の記号を使用してきた．他方，古代中国の天文学者たちは星の明るさや色には関心がなかったらしく，中国の伝統的星図では星の明るさをまったく区別していない．よって，中国の星図に星の明るさを示す記号が使われていれば，西洋天文学の影響を受けた星図と見なして差し支えない．その記号をここでは，中国星図の用語に合わせて「星等記号」と呼ぶことにする．

　『星座の図』がそれ以前の星図と大きく異なる特徴は，星等記号を使用していることである．図 8-8 の左端に，『星座の図』の凡例中に描かれた星等

記号を示した．いずれも対称性のよい鋭い輪郭で，一等，二等はそれぞれ白抜きの6角星，5角星に同じ数の短い光芒線を生やした記号，三等，四等は，同様な記号だが光芒線がない，五等，六等は中心を残して塗りつぶした6角星，5角星である[38]．しかも，『星座の図』中の星々を高倍率のルーペで見ると，星の形と大きさが手書きとは思えないほどよく揃っている．押型（スタンプ）を用いたか，星型の型紙を使って描いたように見える．このやり方については，伊能忠敬の地図づくりや，伊能忠誨の星図に関連して，後で再度とり上げる．

　以上に述べた事実から，『星座の図』は，天文暦学修行中の若き景保が，父至時の期待に応えるべく精魂を傾けてつくりあげた，日本では当時最新の星図だったことは疑いない．

伊能忠誨による星図

　2004年に開催された伊能忠敬の地図展で，多くの地図資料に混じって，従来未公開だった伊能家所蔵の星図もいくつか展示された．また，たまたま展覧会場におられた伊能家ご子孫の方から，他にもまだ未表装の星図を複数所蔵されていることを教えられ，同家のご好意で後日それらも閲覧することができた[39]．以下，それら星図の概要をまず述べる．

(1)　「赤道南北円星図」

　展覧会に出品されたのは各々が軸装された大型の円星図3点で，表題は『恒星全図』，『赤道北恒星図』，『赤道南恒星図』とあり，精緻に描かれた様子から一見して質の高い星図とわかる．この節では便宜上，この3点をまとめて「赤道南北円星図」と略記する．星座が描かれている部分の直径は67-68cmである．これらの星図だけでは伊能家の誰が描いたかは明確ではないが，次項に紹介する日記によれば，作成者は忠敬の孫の忠誨以外には考えら

---

38)　ただし，実際の『星座の図』には六等星は描かれていない．その理由は，縦45cm×横206cmという紙のサイズが小さすぎたためらしい．六等星まで記すと混雑するので，途中で止めたと思われる．

39)　これら伊能家旧蔵の星図類は，2018年現在は伊能忠敬記念館に所蔵されている由である．

れない．この3点の制作と特徴，起源については，類似の星図が日本の数箇所に所蔵されているので，後でまとめて比較検討する．

(2) 『大方星図』

展示会には出品されなかった星図の1つである．表装されておらず巻子状に巻いてある．図の正式な表題や説明文，著者名等はない．星図の部分は縦70 cm×横194 cmの長方形で，その外側に目盛り部分が記される．目盛り部分の形式が景保による『星座の図』と完全に同じなので，景保による『星座の図』を参考に描いたことは確実である．

(3) 『小方円星図』

これも伊能家所蔵の未公開星図で，やはり題，署名，説明はない．巻子状のままで表装されてはいないが，傷みがひどいためか薄紙で裏打ちされている．全体の寸法は『星座の図』のものに近く，赤緯・赤経軸の縮尺も『星座の図』と同じ1寸／10度だった．したがって，これも景保の『星座の図』を元に作成されたことは間違いない．ただ，長方形星図の両側に，北極だけでなく南極部分の円図も付随している点が『星座の図』と異なる．

(2) と (3) の星図と『星座の図』の類似点は寸法や形式だけにとどまらない．星図中の星々の星等記号が，押型を使用しており，『星座の図』の描画法ときわめてよく似ていた．以上のように，伊能家の星図は『星座の図』からの影響が種々見られる．すると，次に浮かぶ疑問は当然，景保に師事したであろう人物は伊能家の誰だったかである．

伊能忠誨と『伊能忠誨日記』

伊能忠敬による全国測量と，その成果である『大日本沿海輿地全図』が従来からあまりにも有名なために，忠敬の子孫で学問的に活躍をした人がいたかどうかなど，私たちはつい忘れがちになる．その人物こそじつは，忠敬の孫にあたる伊能忠誨（1806-1827）だった．

忠誨は伊能家の第12代当主である．1806（文化3）年に下総の佐原で生ま

208　第8章　近世の中国および朝鮮星図・星表と日本への影響

れ，8歳で祖父忠敬が住む江戸（亀島町）に出た．忠誨が天文方関係者との
交流を始めたきっかけは忠敬の指示だったのだろうが，以後の活動状況は，
彼自身が書いた『伊能忠誨日記』（以後，『忠誨日記』と略記する）にくわし
く記されている[40]．この日記には，高橋景保が天文方筆頭として主導権を握
っていた頃の暦局内の活動および人的関係が，若い忠誨の率直な眼を通して
描写されているため貴重な資料でもある．以下では，『忠誨日記』にしたが
って，伊能家の星図がつくられた経過を以下に要約してみよう[41]．

天文方における伊能忠誨の星図制作

　まず，天文方の景保が忠誨に星図を認（した）めるよう命じたのが，1820（文政
3）年の11月である．忠誨はわずか14歳だった．数日後，足立重太郎信順
と協力し，高橋暦局に出仕し星図作成にとりかかった．その準備として『儀
象考成』の必要部分を翌年の夏から書写し始めた．この間，天文観測にも従
事している．そして，1821（文政4）年の年末には，景保の当分手附手伝い
（大学でいえば講師・助教授格だろうか）を申し付けられた．15歳という若さ
で手附手伝いに就任したのだから，忠誨はその才能がいかに高く評価された
かがよくわかる．

　1822（文政5）年10月になると，大きな星図用の和紙を板に水張りするた
め長さ9尺の平板を手配し，星図の座標軸である目盛り線，赤緯線と二十八
宿の距星の赤経を示す朱線引きも開始した．10月末には"星図を突き始め
た"．これは星の座標を針先によって紙上に印を付ける作業であるが，この
ことは後述する．この前後から，忠誨の身辺には佐原伊能家の相続問題が持
ち上がってきた．忠誨が，天文方の仕事と実家への責任との板挟みで悩んで
いる様子が日記の記述から伝わってくる．神社のくじを引き，佐原に帰って
実家を相続する決心をついに固めた．江戸と佐原を時々往来して，星図づく
りは続けることで景保の了解も得た．また，佐原では自宅に象限儀と子午線

40）　佐久間達夫，「伊能忠誨日記（1）」，『伊能忠敬研究』（伊能忠敬研究会）第32号（2003）．同
　　「日記（2）」，第33号．「日記（3）」，第34号．「日記（4）」，第35号（2004）．「日記（5）」，第
　　36号．「日記（6）」，第37号．「日記（7）」，第38号．「日記（最終）」，第39号（2005）．
41）　忠誨星図のくわしい制作過程の年表は，前掲，中村士・荻原哲夫，『国立天文台報』（2005）
　　の論文の附録に掲げてある．

儀とを設置して，家業のかたわら恒星の天文観測にも励んだ．

1823（文政6）年の2月には出府して，方図の全図を（針で）突き終わった．4月には両円図も一図突き終わり，その方図と円図を天文方役所に預けた．10月初めには，南北両円図と方図の元図に，星宿・星座名，星名，星座連結線の書き入れを終わった．1824（文政7）年の夏には方図の控え図もできあがる．ついで1825-6（文政8-9）年には足立重太郎と分担協力して，元図に基づき小図の作成も始めた．また別に，複数の方図と円図を完成させ，凡例も認めたことが日記からわかる．このように，江戸と佐原とを往復しながら精力的に精密な星図を次々に仕上げていった．ところが，1827（文政10）年2月にまったく突然，忠誨はわずか22歳という若さで急逝してしまうのである．

忠誨星図の特徴

　忠誨らが行なった星図づくりは，『儀象考成』の星表や，中国の宣教師が制作した大型の星図を参考にしただけではない．伊能忠敬記念館には忠誨が書いた稿本が20点も残されている．その1つ[42]の序文には，『ラランデ天文書』に引用された，フランスの天文学者ラカイユ（N.-L. de Lacaille, 1713-1762）[43]による1750年の恒星観測データとラランデによる歳差の計算法を用いて，400個以上の恒星の赤道・黄道座標を計算したと記される．また，同じ忠誨が書いた『恒星測要』（1825（文政8）年）には，佐原における星の南中高度を『ラランデ天文書』から計算した星表が含まれており，これを使って実際に天文観測を行なったことがわかる．

　上に紹介した忠誨の日記では，星図の作図段階で星の位置を印すのに，"針で突く"と述べられていた．一方，忠敬らが測量結果から日本全図の下図を描いた際には，同様に針で突いて地点の位置を決めたし，紙を重ねて正確な図面の複製をつくる場合も針を利用したことはよく知られている[44]．この針穴法が忠敬の考案か至時のアイデアかは不明だが，忠敬の監督者だった

---

42) 『新成恒星黄赤平行経緯度』（1822（文政5））と題した忠誨による稿本．
43) ラカイユはパリ天文台の天文学者．約1万個の星表を作成し，14個の星座を新設した．
44) たとえば，東京地学協会編，『伊能図に学ぶ』（1998）．

210　第8章　近世の中国および朝鮮星図・星表と日本への影響

図 8-9　伊能忠誨の『大方星図』に見つかった針穴.

景保も当然このことを承知していたにちがいない．そこで，同じ手法が忠誨星図にも使われていないかどうか，試みに上記の (2) と (3) の未表装星図で調べてみた．

　図 8-9 は，『大方星図』中の，「漸臺」と呼ばれた星座の一部を拡大した写真である．まず，星等記号の星形は線の滲み具合と同じサイズであることから，押型が使用されたことがわかる．また，明らかにどの星形にも針穴が伴っている（他のほとんどの星座にも針穴が認められた）．しかも，この図に示すように，多くの針穴は星等記号の中心からかなりずれていた．しかし，星同士を結ぶ連結線はどれも正しく針穴を通っている．これらの事実は，星図制作の具体的な方法を示す重要な手がかりである．

　つまり，各星の位置と連結線は，歳差補正が行なわれた正確な位置の値をもとに，まず針穴を用いて紙上に記された．次に，星等記号は押型を使って押された．押型を押す際，針穴は見えなくなるから，針穴の中心と星等記号の中心はずれが起きるのが普通であろう．このことを知れば，景保の『星座の図』において，二十八宿の各距星の中心とその赤経線がしばしば 1 mm 近くずれていた原因も容易に説明できる．その後，忠誨は，景保が用いた星図作図法に忠実にしたがって，「赤道南北円星図」などを描いたのである．そ

8.5 若き天文学者たちの新西洋星図計画 211

して，現在のように透明なシートが存在しなかった景保・忠誨の時代，針穴
と星等記号の押型（または型紙）を用いる方法は，わずかな歳差の位置変化
を星図に正確に書き写すためのおそらく唯一の方法だったことも了解できる．
このように，精密な地図と星図の作図法には共通する要素が多かったことを
考えれば，景保，忠誨らが作成した星図は，若き麻田派天文学者による"も
う1つの伊能図"と呼ぶこともできるだろう．

「赤道南北円星図」の写本星図

　現在，『赤道北恒星図』と『赤道南恒星図』という表題，あるいは若干異
なるが類似の表題の星図で，星図の内容が互いによく似た星図が，全国にか
なりの数知られている．まず，それらを以下に列挙する．

- （A）　伊能忠誨による『赤道北恒星図』，『赤道南恒星図』，および『恒星
  全図』，
- （B）　名古屋市蓬左文庫所蔵の『赤道北恒星図』，『赤道南恒星図』，およ
  び『恒星全図』，
- （C）　三浦梅園資料館（大分県国東市）保管の「赤道北恒星図」と「赤道
  南恒星図」，
- （D）　石坂常堅が作成したとされる九州大学桑木文庫所蔵の「赤道北恒星
  図」と「赤道南恒星図」，
- （E）　香川県東さぬき市在住者所蔵の星図，
- （F）　大分県佐藤暁氏所蔵の星図．

これら以外の類似の星図で，南北両方，または片方だけのものも全国数カ
所に所蔵される．最初に，それらに共通する特徴を述べる．いずれも円図は
直径が 50-70 cm と大型の星図であり，そこに描かれた星は当然ながら暗い
恒星まで含んでいて数も多い．3図のどれにも黄道と銀河が描かれる．また，
十二宮と二十八宿の両方の境界に相当する赤経線が極の中心から放射状に出
ている．これらに対応して，円図の外縁部には十二宮名と星宿名が記され，
1度ごとの目盛りも刻まれる．星図中の星のない部分に星等記号を説明する
小表があり，長方形の枠で囲まれて記されている（図 8-8）．以上，（A）-
（F）が互いにきわめてよく似ていることから確実にいえるのは，それらに

212 第8章 近世の中国および朝鮮星図・星表と日本への影響

は共通の原図があったにちがいないという点である.

　次に相違点について見てみる.まず,(A)図中の星等記号は星形がよく
揃っており,拡大してみると『大方星図』,『小方円星図』と同様に押型を用
いたことが明瞭にわかる.他方,(A)以外はすべて筆写図のため,星等記
号の星形が不揃いである.円周の線,星座の連結線なども概して(A)より
粗雑に描かれ,微小星の星等記号は(A)と比較すると脱落しているものが
少なくない.逆に,(A)には存在しない星を適当に付け加えたりした星図
も見られる.言い換えれば,(A)の星図から(B)-(F)を描くことはでき
ても,その逆はまず不可能である.この意味で,(A)-(F)の中で(A)が
もっとも原図に近い作品,もう少し正確にいえば,(A)が原図そのもので
あり他の星図はすべて(A)の写本であると私たちは結論した.

　そう判断した理由と背景について,もう少し補足してみよう.忠耡らの星
図は,天文方筆頭であった景保の指導のもとにつくられたのだから,天文方
以外の天文学者や天文愛好家が最新の権威ある星図と見なして注目したのは
当然であろう.このことは,改暦のときの暦理書や,「蛮書和解御用」[45]が発
足してから行なわれた洋書の翻訳書,地図制作などについてもいえることで,
本来は幕府外に門外不出であったはずの資料の写本が,地方各所に所蔵され
ていることを見てもわかる.事実,当時の天文方は,先端の科学・技術知識
や最新の西洋文化にふれられる学術センター的役割を担っていたのだった.
したがって,大藩や地方の天文学者はおそらく,天文方から忠耡星図を借用
して写図をつくったのである.

星等記号の比較

　ここで,星等記号について,日本の星図と中国星図を全般的に比較してみ
よう.図8-8は,いままで上に述べてきた,『星座の図』と類縁関係にある
と考えられる星図の星等記号である.五等星と六等星は若干の違いがあるも
のの,どれも景保の星等記号にきわめてよく似ていることがわかる.これは

---

45) 「蛮書和解御用」は高橋景保の提案で,1811（文化8）年に天文方の内部に新たに設けられた
　蘭書の翻訳部署.1856（安政3）年には「蕃所調所」と改組され,外交文書の翻訳や教育活動も
　行なうようになった.明治以後の東京大学に連なる源流の1つである.

いままでの議論から当然予想される結果だが，景保の星図が他の星図の原図であることを支持するもう1つの材料でもある．なお，忠誨星図中の「気」は，恒星状でない星雲・星団などの天体を表わし，忠誨が西洋天文学の影響を受けた中国星図を参照したことを示す．

ここで大変興味深いのは，最後の欄に掲げた間重富による地図の記号である．重富は天文暦学や天文儀器の研究だけでなく，地図と世界地理に関しても広い学識を有していた．1804（文化元）年9月，ロシアの遣日使節レザノフを載せたナジェジダ号が漂流民津太夫らの送還を口実に，日本に通商交渉を求めるために長崎に来航した．しかし，日本は鎖国令を盾に通商を拒否し，半年後ロシア人たちはむなしく長崎を去った．離日の際，彼らは小型天球儀・地球儀とともに，ロシア語の「ロシア帝国全図」を幕府検使に贈った．後日，重富は上司だった堀田正敦の命を受け，帰国漂流民大黒屋光太夫の協力でこのロシア地図の地名・用語などを改訂翻訳し，地図に使われた種々の記号と凡例の解説書を書いた．それが，1806（文化3）年の年記をもつ『露西亜国地図訳例』である．

その中の説明で重富は次のように記している．ロシア国内の諸都市の規模を示すのに，原地図は6段階の非常に複雑な記号を使用していた．だが，翻訳地図上でそのような記号を描くのは困難だし，それらの形は我々日本人にはなじみが薄い．そこで，自分はまったく別な記号を用いると述べて，図8-8の最後の欄の記号を示している[46]．これを『星座の図』と比べると，第2の記号には短い光芒が欠けているが，景保の星等記号を流用したことは明らかである．おそらく，景保の星等記号以前には，物事の大小をいくつかの段階に区別するのに記号を使用することは珍しかったため，重富も『星座の図』の記号に注目してロシア地図の翻訳に応用したと推測される．つまり，景保の星等記号は，地図作成にまで影響を与えたことがわかる．

なお，景保による『星座の図』中の星等記号は，高橋天文方以外の天文方もわりに忠実な形で採用したようである．たとえば，長野県松代の真田宝物館には，山路弥左衛門・金之丞による『天保十四年彗星之図』が所蔵されて

---

46) 吉田厚子，間重富『露西亜国地図訳例』の研究，『東海大学総合教育センター紀要』，第30号，81-90（2010）．

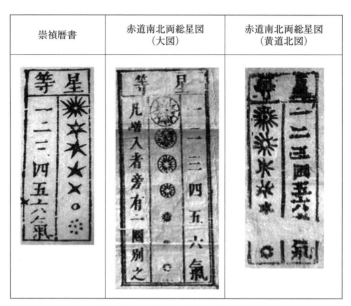

図 8-10　中国星図の星等記号の比較.

いる．そこに記された明るい星の記号は，景保星図の一等星，二等星とまったく同じ形だった．

　次に，中国星図の星等記号を検討しよう．景保の『星座の図』が元にした『儀象考成』の付図，「赤道北恒星図」と「赤道南恒星図」では星の等級を区別していないから，景保の星等記号は当然別な中国星図を参考にしたにちがいない．図 8-10 では，景保の星等記号に似ている，代表的ないくつかの中国星図の星等記号を比べてみた．似てはいるが，中国星図の星等記号についていえる一般的印象は，どれも幾何学的な形がいい加減な星図が多いという点である．これらから，景保の星図に見られる幾何学的に対称のよい星等記号が生まれたとは想像しにくい．してみると，『星座の図』の端正な星等記号は，あまり本質的ではない細部に凝る日本人の性癖が生んだオリジナルなデザインだったと判断してよいように思う．その歴史的背景はコラム 4 に述べておいた．

忠誨の「赤道南北円星図」が参考にした中国星図

　ここでは，忠誨が作成した3図である「赤道南北円星図」，つまり，『恒星全図』，『赤道北恒星図』，『赤道南恒星図』は，いかなる中国星図を参考にしたかを考察してみよう．星図における星座の形や連結線，星座の名称などは，手本がないとひとまとまりの星図として構成することは難しいから，何らかの中国星図を参考にしたことは疑いない．いままで上で議論してきた種々の中国星図，および内閣文庫，国会図書館などに所蔵される星図を検討した結果，私たちの得た結論は次の通りである．

　図8-11と図8-12は，『儀象考成』に載せられた「赤道南恒星図」と忠誨による『赤道南恒星図』とを示す（両者ともに，「赤道北恒星図」も「恒星全図」もあるが，紙幅の都合上ここでは掲載を省略した）．朝鮮の新法星図のところでふれた，老人星を含む一部の星野である．両図を比べると，まず，表題が3図とも同じであり，全体的な構成や星座の配置も大変よく似ている．極を取り巻く小円である内規円も同じだし，極から放射状に出る二十八宿の各距星に対する赤経線も同じである．外周部で，十二宮を表わす言葉，二十八宿の文字を記した位置，角度目盛りが1度おきに白黒白黒に塗り分けられているところまで同じである．とすれば，すでに『儀象考成』の図（図8-11）があるのに，なぜ景保や忠誨らは，それと同じような星図（図8-12）を，わざわざ改めて作成しようとしたのだろうか．

　そのもっとも大きな理由はおそらく，図8-11でもわかる通り，『儀象考成』の図では星図の中で星の等級をまったく区別しておらず，したがって星等記号も使われていなかったことである．しかも，『儀象考成』の星図には3-4等までの明るい星しか描かれていないのも不満な点だったにちがいない．そのため，忠誨，景保らは，『儀象考成』中の3星図を手本にして，文政年間への歳差の補正計算を行なった6等星までを含む精密な星図の編纂を企てたのである．

　忠誨が星図作成と平行して佐原で熱心に恒星観測を行なったのも，忠誨らが描いた3つの星図，「赤道南北円星図」に，新しい星の観測成果を盛り込んでさらに改訂する意図があったからだろう．事実，この意図を裏づけるかのように，小規模ではあるが，石坂常堅が同様な観測の成果を先行してすで

216 第8章 近世の中国および朝鮮星図・星表と日本への影響

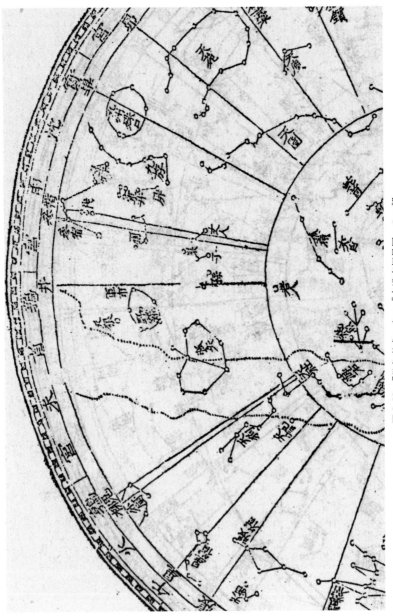

図8-11 『儀象考成』中の「赤道南恒星図」の一部.

8.5 若き天文学者たちの新西洋星図計画　217

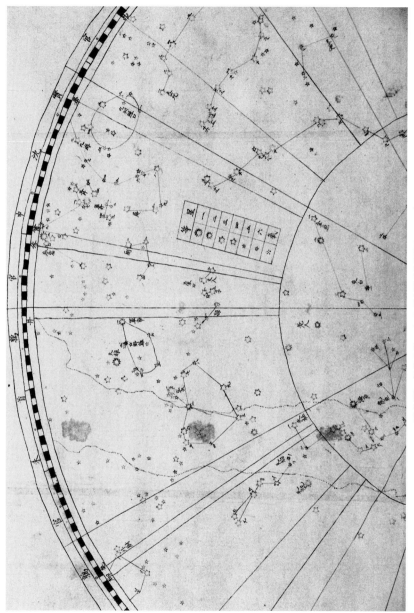

図 8-12　伊能忠誨による『赤道南恒星図』の一部.

218　第8章　近世の中国および朝鮮星図・星表と日本への影響

に得ていた.

石坂常堅の『方円星図』

　石坂常堅による 1826（文政 9）年の『方円星図』は，西洋天文学に基づいた星図の中では，日本で最初に刊行された星図として知られている.

　石坂 常堅（じょうけん）は 1783（天明 3）年，旗本の子として江戸で生まれた．1793（寛政 5）年，11 歳のとき，福山藩士石坂英常の養嗣子となり，本多利明[47]（りめい）について天文暦学，数学を学ぶ．1813（文化 10）年には天文方渋川景佑のもとで暦学を研究し，1826 年には高橋景保の役所へ出仕，また，1837（天保 8）年には暦作測量手伝いを仰せつかっているから，石坂と天文方との因縁は長い．とくに 1826 年からは，正式な天文台の職員として採用された.

　さらに，『忠誨日記』を読むと，すでに 1821（文政 4）年には何度も石坂の名前が出ており，忠誨および足立信順と共同して働いていたことがわかる．そのため，忠誨らが天文方で当時行なっていた星図制作の過程を石坂も逐一承知していた．このことはまた，石坂が 1824（文政 7）年に書いた著作『星図総概』（日本学士院所蔵）中の記事によっても確認できる.

　『方円星図』の跋文には，次のように述べられている.

　　　　文政元年〔1818〕に自分は「分度星図」と「方図」の二件を造った．『儀象考成』の暦元から当年までの歳差補正を行った．その後，儀器を以て星を測定し，歳差の計算値と比較した．その結果，『儀象考成』の恒星表が精密であることを確認した．ただし，星の等級については，『儀象考成』は目立つ星でも不満足な所があり，それはたぶん当時確測を得なかった星である．そこで年々それらを測定し，確測を得たものを新増星として数十個，今年〔文政 9 年〕の位置に推算しこの星図に増載した．星図は大きくなると不便なので，机上で使える縮図とした．また別に，「中星候辰表」を附して，全夜毎時之候を知れるように配慮し

---

47)　本多利明（1743-1820）は，暦学家で経世家（経済思想家）．江戸で算学・天文の私塾を経営し，多数の著作を残した．とくに蘭学知識による航海天文学の研究に生涯をささげたといってよい．経世論を論じた『西域物語』はよく知られている.

た[48].

この跋文によれば，『儀象考成』は目立つ星でも不正確なものもあるので，その一部を福山藩の本郷丸山邸内の測量場で観測したとある．『方円星図』を詳細に見ると，確かに石坂のいう新増星が書き込まれている．その数はわずか数十星とはいえ，『儀象考成』から脱落していた新しい星を自ら観測して刊行星図に盛り込んだことは，日本の近世星図史上で高く評価できる点である．

『忠誨日記』の項で見た通り，忠誨が先輩格の足立信順と協力して星図の作成に従事したのは，景保の指導のもとに行なわれたのだから，天文方関係者だった石坂も単に彼の意思だけで恒星の観測を行なっていたはずはない．石坂が新増星を新たな星図に取り入れたのは，その頃の景保グループがもっていた共通の目的意識に沿った行為だったと解釈するのが自然であろう．つまり，石坂の『方円星図』も，景保による『星座の図』の影響下に生まれた星図と見なすのが妥当である．

まぼろしの新西洋星図計画

以上，いままで述べてきた事柄に基づき，若き天文学者たちの星図に関する活動状況を総合してみると，彼らがある1つの目標に向かってそれぞれの仕事を分担していたらしい姿が浮かび上がってくる．それはすなわち，景保をリーダーとして，新たな恒星の観測を実施して精密な星表をまずつくり，それを元に西洋天文学の知見も取り入れた最新の星図を完成させようという計画である．ここでは，これを仮に「新西洋星図計画」と呼ぶことにする．

もちろん，そのような計画が実際に存在したという史料上の証拠は見つかっていない．しかし，景保は，当時としては最新の内容をもつ『新訂万国全図』を1816（文化13）年に刊行していたし，1821（文政4）年に幕府に上呈さ

---

48) 同様な目的で景保グループの一員が制作したものに，足立信順が1824（文政7）年に刊行した「中星儀」がある．直径約40 cmの星座早見盤のような構造で，夜間のくわしい時刻を知るのが目的だった．「中星候辰表」も「中星儀」も，清朝の天文学者，胡亶が1669（康熙8）年に撰した『中星譜』からの影響でつくられた可能性が高い．

れた伊能忠敬らによる『大日本沿海輿地全図』は，当時もっとも正確で詳細な日本全図だった．してみると，野心家でもあり天文方内の指導的立場にあった景保が，次は中国の星図を超える最新の星図を日本で作成したいと考えたことは十分にあり得たと私は思うのである．

だが，残念ながら，この新西洋星図計画は実現せずに頓挫する．先にも述べたように，星図の制作作業の中心にいた忠誨は，1827（文政10）年2月に，わずか22歳という年齢で急逝してしまった．一方，景保の方も，1828（文政11）年9月に起こったシーボルト事件[49]の日本側の首謀者として逮捕され，翌年には判決を待たずに獄死してしまう．その結果，当然ながら高橋天文方は取り潰しになり，手付・手伝いたちも新西洋星図計画どころではなく，四散せざるを得なかった．

第2系統の星図に関するまとめ

以上述べてきたように，この8.5節はいくつもの星図に関する話題が交錯したため，読者の方々にはわかりにくい印象を与えたかもしれない．そこで，最後に，星図づくりにかかわった天文学者とそれぞれが制作した星図の相互関係を図8-13にまとめておいた．これらが，本節で述べた第2系統の星図群の全体像である．

渋川春海による『天文成象』の星図は，ほとんど春海一人の力で成し遂げられたものである．それに対して，第2系統の星図類を生んだ新西洋星図計画は，景保の指揮のもと，天文方に属した若くて有能な天文学者たちが一致協力して始めたプロジェクトだった――これは，たとえば，医学の分野で前野良沢や杉田玄白らが行なった『解体新書』の翻訳と対比できる計画ともいえるだろう．

過去に，日本の天文暦学の分野で，複数の優秀な若者が1つの目標に向かって共同作業を実施した例は他に見当たらない．もしこの新西洋星図計画が実現していたら，それまで暦算学一辺倒だった江戸時代の天文学は，少し違

---

49) シーボルト事件とは，天文方高橋景保が，長崎出島のオランダ商館付の医者だったシーボルト（P. F. von Siebold, 1796-1866）に国禁の日本地図などを贈ったことから発覚した外交事件．多くの逮捕者を出し，その後の天文方の活動にも影響をおよぼした．

8.5 若き天文学者たちの新西洋星図計画　221

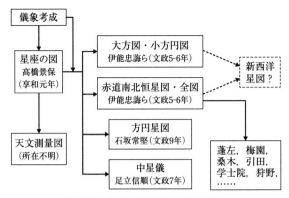

図 8-13 新西洋星図計画に至る流れ．

う近代化の道を歩んだのではないか．そう考えると，早世した関係者たち，高橋景保，伊能忠敬，足立信順，なかでも，忠敬のあまりにも若すぎた死が，私には残念に思えてならない．

コラム 4　高橋景保の星等記号と日本の天文家紋

『星図の図』中の星等記号を高橋景保が考案したと推測するのは，筆者の単なる臆測だけではない．以下に述べるように，江戸時代の庶民文化にその元になりそうな材料が豊富に残っているからである．

英語版の『ブリタニカ（Britannica）百科事典』の第 20 巻（1997 年）に，Heraldry（紋章学）という項目がある．その解説によれば，西ヨーロッパの紋章と日本の家紋はともに，封建制度を背景として 12 世紀頃から使用されるようになった．戦時には敵・味方を区別するための甲冑・武具に付ける印として，平和時には，一族や家族に固有な装飾的紋様として利用された．日本の場合，とくに江戸時代から非常に広く普及し，貴族，武士だけでなく，庶民の建物，家具，着物，小道具にまで家紋が描かれた．このような家紋の発達は世界の他の国々ではまったく例を見ない，日本独自の文化遺産であると記されている．

また，西ヨーロッパの紋章は題材とパターンが大体決まっているが，日本の場合，ありとあらゆる事物や対象，抽象的概念までが家紋に取り入れられた．そのため，15 世紀中頃にはすでに最初の家紋目録がつくられ，1993 年に出版された『日本家紋総鑑』は 1,356 頁もあり，総計 2 万個の家紋を収録している．天文に関する家紋ももちろん多数あり，日月紋，日足，月，月星，安倍晴明判（五芒星），九曜，七

222   第8章　近世の中国および朝鮮星図・星表と日本への影響

○日足紋

○月星紋（北斗七星）

○安倍晴明判（五芒星）

安倍晴明判

○七曜紋

図1　天文家紋．

曜，太極，円相（天），などの分類名の各々に，それぞれ多数の天文家紋が採録されている[50]．それらの中から，いくつかの例を図1に示しておいた．

　図1をながめると，天文家紋の大部分は対称性やバランスのよい幾何学的紋様で

---

50)　このコラム4の一部は，2002年6月5日に韓国のチェンジュで開催されたICHA／IAUによる国際会議で筆者が発表した，Japanese heraldic marks relaiting to astronomy の報告に基づいている．

あり，日本人の好みや性癖を反映しているにちがいない．そしてこれは，景保がなぜ端正な星等記号を考案できたかという疑問に答えるヒントを与えてくれる——もちろん，景保の星等記号が家紋を参考にしたという証拠はないけれど，景保も含めて当時の人々が子供の頃から多くの家紋に親しんでいたことは疑いない．事実，星等記号にすぐ応用できそうな家紋は，図1の日足，安倍晴明判，七曜の中にいくつも見つかる．これらが『星座の図』の星等記号を生んだ可能性は十分にあり得る．

　また，江戸時代の庶民は天体や天文現象に関心を抱いていたからこそ，家紋のデザインにそれらが多数採用されたのは確実だろう．日本の天文家紋は，天文民俗学的な立場からは，他の民族には例がないという意味で，そのオリジナリティは誇りに思ってよい存在である．さらにいえば，日本家紋の全体的な傾向は，江戸時代の根付などの小道具に対する日本人のミニサイズ志向や，今日の小型ゲーム機中のキャラクターなどにも通じる要素を含んでいると私には感じられる．私たち日本人はこうした観点をいままであまり意識してこなかったように思う．そのため，ここであえて取り上げてみた．

エピローグ

　天文学はしばしば，もっとも歴史が古い自然科学の1つであるといわれてきた．しかし，それだけではない．自然科学の各分野の中で，天文学は他の分野，たとえば，動物・植物学，鉱物学，博物学などとは少しく性格が異なるように私には思える．

　鳥や獣，昆虫，樹木，草花などは地域によってずいぶん異なる場合が多い．また，鉱物類や岩石，地表の地形や地層も大陸ごとに大きく違う．それらの研究においては，たとえば，ヨーロッパの杉の方がアジアの杉より価値があるとか，北米の昆虫より日本の昆虫の方がより貴重である，などということはない．逆に，アメリカで従来から知られていた鉱物と同種の鉱物が，後に日本でも発見された場合，後者は前者に比べて学問的な意義が低い，などということもとくにない——自然科学としてのこれらの研究は，日本では欧米よりずいぶん遅れて始まったが，そのために，研究対象としての日本の動植物，鉱物が欧米の動植物，鉱物に比べて価値が低いということにはならない．それは，日本固有の動植物，鉱物が存在するからである．

　ところが，天文学が研究対象とする天体と天文現象は，地球上のどこからでも見えて，しかも“唯一”である．そのため，たとえば，ある新彗星を米国人が発見した翌日，それを知らずに日本人が見つけたとしても，この再発見はもうあまり価値がない．また，天文観測に限らず，天文学の理論においても，誰かが新理論の研究結果を発表してしまえば，他の人が後から同じことを独立に主張しても，オリジナリティという観点からは評価はされない．つまり，天文学の場合，ヨーロッパの天文学や日本の天文学などというものはなく，天文学は世界共通の唯一の学問なのである．

　その意味で，歴史上，古代から近代まで，日本の天文学研究には残念ながらほとんどオリジナリティは見られなかった．日本人は，江戸時代前期までは中国の天文学を，18世紀終わりからは西洋の天文学研究の発見・成果を

理解し模倣するだけで精一杯だった．また，そうすること自体が研究と考えられていたことは，渋川春海の授時暦研究や，高橋至時による『ラランデ天文書』研究を見てもよくわかる．

それに対して，天体や宇宙に関するものの見方・考え方である宇宙観の方は，国々や民族でそれぞれ違いうる．たとえば，第1章で紹介した星座の起源における3種の分類型は，まさしく民族の文化と伝統にしたがって生まれた宇宙観の違いを反映しており，どこの国の星座がより優れているなどと判断できる性質のものではない．

以上に述べた観点から，星座・星表の歴史は，天文儀器の発達や観測年代の決定という純粋に科学的側面を有すると同時に，天文民俗学的な側面をも併せもった，理系と文系の間をとりもつ学際的な研究分野であることを理解していただけると思う．

筆者らは，2011年に『宇宙観5000年史』という著書を出版した．その第16章では宇宙観の表現法と題して，星図・星表の歴史的変遷を概観した．その流れでいえば，今回出版する本書の内容は，星図・星表に特化した，『宇宙観5000年史』の続編と位置づけることもできるだろう．宇宙観は，私たち人類による自然と世界の認識において，もっとも根元的な要素の1つであるといっても過言ではない．したがって，宇宙観の表現法としての星図・星表の歴史は，今後も追究・研究されるべきテーマであると私は信ずる．本書を読まれたみなさんの中で，著者のこの問題意識に少しでも共感してくださる方々があれば，著者としてこれ以上の喜びはない．

謝辞

はじめに本書を，古星図の同好の士，故西山峰雄さんと，故荻原哲夫さんの霊に捧げたい．西山さんも荻原さんも大学や機関の研究者ではなかったが，ご両人のものの見方には触発される点が少なくなかった．キトラ古墳天文図の調査では，文化庁，奈良文化財研究所，NHKの関係者の方々に便宜をはかっていただき感謝する．小川忠文さん（下関市）には，「恒星並太陽及太陰五星十七箇之図」の調査でいろいろご協力いただき，また，伊能忠誨によ

る星図の調査は，伊能忠敬の御子孫にあたる伊能洋画伯と奥様の故陽子さんのご好意で実現したものであり，感謝にたえない．明治大学図書館の菊池亮一さんと萩博物館の道迫真吾さんからは，同館所蔵の星図・地図の高解像度画像ファイルをご提供いただいた．

　本書の出版でとくに嬉しいのは，筆者が以前からファンだった，小栗順子さん（国立天文台図書室）の切り絵で本のカバーをデザインしていただけたことである．最後になったが，東京大学出版会編集部の丹内利香さんには，本書の構成と章立てについて有用なアドバイスを頂戴し，大変有難かった．

附　録

　本書の計算の大部分は，Microsoft 社の表計算ソフトウエア，エクセル（Excel）を用いたので，ここでもその方法に沿って説明する．エクセルは乱数や行列などの関数機能が豊富で，途中の結果を確認しながら計算を進められるため，手計算には適している．

附録 1　歳差の理論値計算と近似式

　歳差理論に基づく恒星の厳密な赤経・赤緯の値は，米国海軍天文台の天文学者だったニューカムによる理論式を用いるが[1]，エクセルによる実際の計算では，以下のように回転行列を利用するのが便利である[2]．

（1）　ニューカムの歳差パラメータの計算

　まず，西暦の 1900.0 年から，計算したい年（t）までに経過した年数を，世紀を単位にして表わした数値を T とする．たとえば，西暦 1000 年の歳差パラメータの計算は，$T=(1000-1900.0)/100=-9.0$ とする．すると，歳差パラメータは，

$$\zeta = 0.64006944T+8.389\times10^{-5}T^2+5.0\times10^{-6}T^3,$$
$$Z = \zeta+2.197\times10^{-4}T^2+2.8\times10^{-7}T^3,$$
$$\theta = 0.55685611\,T-1.183\times10^{-4}T^2-1.17\times10^{-5}T^3,$$

で求められる．ただし，ζ, θ, Z の単位は度である．ζ, θ, Z はそれぞれ幾何学的意味があり，本文の図 1-2 上に示すこともできるが，煩雑なのでここ

---

1)　Nautical Almanac Office, *Explanatory Supplement to the Astronomical Ephemerides*, Chap. 2 (1961).

2)　Mueller, I. I, *Spherical and Practical Astronomy*, Chap. 4 (1969).

230　附録

では省略した.

(2) 回転行列

　いま, 3次元空間内で軸1の周りに角度 ϕ だけ回転する行列を R_1, 軸3の周りに ϕ だけ回転する行列を R_3 とすれば, それらは次のように表せる:

$$R_1 = \begin{pmatrix} 1 & 0 & 0 \\ 0 & \cos\phi & \sin\phi \\ 0 & -\sin\phi & \cos\phi \end{pmatrix}, \quad R_3 = \begin{pmatrix} \cos\phi & \sin\phi & 0 \\ -\sin\phi & \cos\phi & 0 \\ 0 & 0 & 1 \end{pmatrix} \tag{A.1}$$

次に, 元期が 1900.0 年の星表に出ている恒星の赤経・赤緯を (α_0, δ_0), 計算したい年 (t) の赤経・赤緯を (α, δ) とし,

$$X_0 = \begin{pmatrix} x_0 \\ y_0 \\ z_0 \end{pmatrix} = \begin{pmatrix} \cos\delta_0\cos\alpha_0 \\ \cos\delta_0\sin\alpha_0 \\ \sin\delta_0 \end{pmatrix}, \quad X = \begin{pmatrix} x \\ y \\ z \end{pmatrix} = \begin{pmatrix} \cos\delta\cos\alpha \\ \cos\delta\sin\alpha \\ \sin\delta \end{pmatrix}, \tag{A.2}$$

とおけば, ベクトル X_0 とベクトル X は, 行列 P を介して次の関係式で結びつけられる:

$$X = PX_0, \tag{A.3}$$

ただし,

$$P = R_3(-Z-90)R_1(\theta)\,R_3(90-\zeta), \tag{A.4}$$

である. よって, t と (α_0, δ_0) とが与えられれば (α, δ) は (A.2) と (A.3) 式から求められることになる. エクセルの機能を使えば, 行列の積 P は簡単に計算できる.

(3) 『イェール輝星星表』

　次に, 年代推定で使用する星の (α_0, δ_0) を知らなければならない. そのためには, 現代の標準的な星表, イェール大学天文台が作成した『イェール輝星星表』を用いる[3]. この星表から, バイヤーによる『ウラノメトリア』中

の星名記号を仲介にして二十八宿距星の赤経・赤緯を拾い出したものを附表
2の1900.0の欄に示した.

(4) 1次および2次の近似式

　上に述べた赤経・赤緯の計算法は厳密だが，二十八宿の全部を多くの年代
について計算するには非常な手間と時間がかかるから，エクセルによる手計
算ではあまり実用的ではない. そこで，西暦年 (t) についての1次近似式
（附表1）および2次の近似式（附表2）を求めた. 附表1では，$t/100$を平
均変化率にかけて，RA1，DC1に加えればよい. また，附表2では，
At^2+Bt+Cで計算する.

附録2　ブートストラップ法の概要

　調べたい母集団（集団全体）の統計学的特性を表わす量を母数といい，平
均値や標準偏差がその代表例である. データ数が十分にある場合の標本平均
の分布は，統計学の「中心極限定理」によって，釣鐘の形をした正規分布に
なることが知られている. 正規分布の場合は，平均値や標準偏差は比較的簡
単な式の形で求められる. しかし，平均や標準偏差以外の母数，たとえば中
央値や順位などは数式による取り扱いが難しい統計量である. また，分布が
正規分布でない場合や，分布の形が未知の場合には，平均値，標準偏差でさ
えも簡単に計算できるとは限らない.

　一方，パソコンが利用できる場合は，母数を数値的に計算する方法がいろ
いろ提案されている. ここで紹介するブートストラップ法は比較的近年の
1977年にエフロンによって発表されたが，現在では代表的な母数の推定ア
ルゴリズムの1つになっている. とくに，測定のデータ数が10-20個と少な
く，大きな誤差を含み，しかもデータの母集団分布が正規分布ではない，ま
たは分布が不明な測定に対して威力を発揮する. したがって，二十八宿に関
するデータ数はブートストラップ法を適用するのにちょうど手頃な数である.

3）　Hoffleit, D., *The Bright Star Catalogue*, 4th ed. (1982).

232　附　録

附表 1　歳差による二十八宿距星の座標の 1 次近似式.

RA1, DC1 は西暦 1 年における赤経・赤緯の値（度）, dRA$/dt$, dDC$/dt$ は西暦 1-1000 年の期間から求めたそれらの 100 年当たりの平均変化率, $d\Delta$RA$/dt$ は宿度の 100 年当たりの平均変化率である. 平均 0.5-0.8 度程度の誤差を許すとすれば, この表の数値ではほぼ紀元前 200-西暦 1300 年の期間は計算できる.

No.	二十八宿名	距星	RA1(度)	DC1(度)	dRA$/dt$	dDC$/dt$	$d\Delta$RA$/dt$
1	角	α Vir	175.95	0.49	1.252	-0.592	0.039
2	亢	κ Vir	187.36	0.13	1.291	-0.510	-0.008
3	氐	α Lib	196.43	-5.68	1.283	-0.548	0.093
4	房	π Sco	211.36	-17.66	1.376	-0.472	0.014
5	心	σ Sco	216.69	-17.93	1.390	-0.437	0.121
6	尾	μ Sco	221.36	-31.35	1.511	-0.345	0.012
7	箕	γ Sgr	240.45	-26.97	1.523	-0.245	-0.003
8	斗	ϕ Sgr	250.77	-25.57	1.520	-0.145	-0.097
9	牛	β Cap	277.00	-18.13	1.423	0.104	-0.051
10	女	ε Aqr	284.70	-14.08	1.372	0.172	-0.033
11	虚	β Aqr	296.38	-11.98	1.339	0.272	-0.042
12	危	α Aqr	305.73	-7.97	1.297	0.343	-0.086
13	室	α Peg	321.88	5.93	1.211	0.439	0.023
14	壁	γ Peg	338.41	4.92	1.234	0.505	0.000
15	奎	ζ And	346.66	13.87	1.234	0.520	0.045
16	婁	β Ari	2.51	10.88	1.279	0.514	0.052
17	胃	35Ari	13.43	18.53	1.331	0.489	0.036
18	昴	17Tau	28.16	16.61	1.367	0.421	0.002
19	畢	ε Tau	39.22	13.24	1.369	0.351	-0.040
20	觜	λ Ori	56.94	6.90	1.329	0.213	-0.090
21	参	δ Ori	58.04	-3.30	1.239	0.207	0.240
22	井	μ Gem	65.96	21.50	1.479	0.122	-0.001
23	鬼	θ Cnc	98.76	23.19	1.478	-0.190	-0.125
24	柳	δ Hya	102.63	11.28	1.353	-0.221	-0.117
25	星	α Hya	117.34	-0.90	1.236	-0.343	-0.040
26	張	υ Hya	124.02	-6.18	1.196	-0.394	0.005
27	翼	α Crt	140.85	-7.74	1.201	-0.502	0.028
28	軫	γ Crv	159.13	-5.91	1.229	-0.574	0.023

また, ほとんどどんな統計量に対しても, その推定値と信頼区間を数値的に計算できることも大きな特徴である.

ブートストラップ法の手順

まず, 最初の測定で得られた, サンプル数が少なく, 分布の性質もわかっていないデータの集まりを, 1 つの母集団と見なす. そして, それらデータ

附表2 歳差による二十八宿距星の座標の2次近似式.

第4列, 5列は, 『イェール輝星星表』に与えられた距星の西暦1900.0年元期 (または分点) における赤経 (RA) と赤緯 (DC) の厳密値 (度) を示す. 第6-8列と第9-11列はそれぞれ RA と DC の2次近似式の係数で, 西暦年を t として, At^2+Bt+C で計算する. この近似の誤差は, 紀元前200-西暦1800年の期間に対し, 平均約0.1度以下である. 表の中でたとえば, 5.0E-07 は 5.0×10^{-7} を意味する.

No.	二十八宿名	距星	1900.0 RA (度)	1900.0 DC (度)	RA A	RA B	RA C	DC A	DC B	DC C
1	角	α Vir	199.981	-10.639	0	0.0128	175.570	0	-0.0055	-0.211
2	亢	κ Vir	211.890	-9.808	0	0.0129	187.310	0	-0.0053	0.099
3	氐	α Lib	221.288	-15.581	0	0.0132	196.030	0	-0.0050	-6.359
4	房	π Sco	238.200	-25.826	0	0.0142	210.910	4.0E-07	-0.0049	-18.300
5	心	σ Sco	243.777	-25.353	0	0.0144	216.230	5.0E-07	-0.0046	-18.562
6	尾	μ Sco	251.274	-37.876	5.0E-07	0.0150	220.890	6.0E-07	-0.0043	-31.970
7	箕	γ Sgr	269.658	-29.584	0	0.0156	239.930	7.0E-07	-0.0028	-26.810
8	斗	φ Sgr	279.852	-27.094	0	0.0155	250.320	7.0E-07	-0.002	-26.184
9	牛	β Cap	303.848	-15.097	0	0.0144	276.600	7.0E-07	0.0007	-18.737
10	女	ε Aqr	310.566	-9.862	0	0.0139	284.280	6.0E-07	0.0014	-14.714
11	虚	β Aqr	321.574	-6.011	0	0.0135	295.980	5.0E-07	0.0025	-12.609
12	危	α Aqr	330.162	-0.806	0	0.0131	305.330	4.0E-07	0.0033	-8.603
13	室	α Peg	344.945	14.667	0	0.0123	321.520	0	0.0049	5.240
14	壁	γ Peg	2.021	14.628	0	0.0126	338.060	0	0.0054	4.248
15	奎	ζ And	10.509	23.723	0	0.0126	346.320	0	0.0055	13.195
16	婁	β Ari	27.278	20.319	0	0.0131	2.260	0	0.0054	10.147
17	胃	35Ari	39.395	27.282	0	0.0137	13.157	0	0.0051	17.858
18	昴	17Tau	54.734	23.799	0	0.0140	27.929	-4.0E-07	0.0050	15.871
19	畢	ε Tau	65.694	18.959	0	0.0139	39.058	-5.0E-07	0.0044	12.509
20	觜	λ Ori	82.407	9.867	0	0.0134	56.749	-6.0E-07	0.0031	6.180
21	参	δ Ori	81.724	-0.358	0	0.0125	57.842	-6.0E-07	0.0030	-4.010
22	井	μ Gem	94.228	22.565	0	0.0149	65.842	-7.0E-07	0.0023	20.733
23	鬼	θ Cnc	126.473	18.433	0	0.0147	98.600	-7.0E-07	-0.0009	22.470
24	柳	δ Hya	128.090	6.053	0	0.0135	102.450	-6.0E-07	-0.0012	10.551
25	星	α Hya	140.668	-8.225	0	0.0124	117.130	-5.0E-07	-0.0026	-1.607
26	張	υ Hya	146.667	-14.378	0	0.0120	123.810	-4.0E-07	-0.0032	-6.894
27	翼	α Crt	163.725	-17.766	0	0.0122	140.610	0	-0.0048	-8.427
28	軫	γ Crv	182.665	-16.987	0	0.0125	158.750	0	-0.0054	-6.586

の中から重複を許した無作為 (ランダム) な抽出 (サンプリング) を多数回行ない, 新たな多数のデータ集団をつくる (重複を許すのだから, 元のデータの各々は何度使ってよい). このデータ集団を用いて, 必要な統計量の分布を再構成し, 信頼度をあらかじめ指定して (たとえば90%), その分布か

らほしい推定値と信頼区間を求めるのである.

キトラ星図二十八宿の宿度の測定の場合,その測定数は24個であり,各距星を経度の原点と見なしたときの24個の推定年(本文の表3-2)が元のデータの組になる.この中から重複を許して再サンプリングを100-200回行ない,それぞれ100-200個の平均値と標準偏差とを求める.ついで,それらの数値全体から次の式によって信頼区間を計算する:

$$[\Theta - \sigma_n Z_n(\beta), \quad \Theta + \sigma_n Z_n(1-\beta)] \tag{A.5}$$

式の中で,Θ は表3-2の場合24個の推定年の平均値,n は再サンプリングの回数(実際には $n=120$ で計算した),β は信頼度である.また,σ_n と $Z_n(\beta)$,$Z_n(1-\beta)$ は,n 回の再サンプリングで得られた数値全体と β とに依存して計算される統計量を表わすが,いくつかの計算方式がある.それらを計算した上で,普通はもっとも区間幅が小さくなる方式からの結果を採用する.エクセルを用いるその具体的な手順をここに記すのは不可能なので,たとえば,吉原健一による『Excel によるブートストラップ法を用いたデータ解析』[4]を参照いただきたい.

(A.5)式で注意すべきことは,$Z_n(\beta)$ と $Z_n(1-\beta)$ の値は一般に異なるため,古典的な,推定値±標準偏差のように,推定区間がつねに点推定値を中心に対称な幅をもつわけではないという点である.信頼度 β はあらかじめ,90% などを指定してから計算を始める.

乱数の利用

ブートストラップ法では乱数を多用する.エクセルで普通使う基本的な乱数の関数は RAND で,参照されるたびに $[0,1]$ の区間で新たな一様な乱数値を発生する.この RAND は応用範囲が広い.たとえば,平均値が M で標準偏差が SD の正規分布をする誤差分布は,$(12\mathrm{RAND}-6)\times\mathrm{SD}+\mathrm{M}$ の式で疑似正規分布を発生させることができる.また,正規分布でない任意の形の誤差分布でも,そのヒストグラムが与えられれば,やはり RAND を使っ

---

[4] 前掲,吉原健一,『Excel によるブートストラップ法を用いたデータ解析』,第3, 4章 (2009).

附 録　235

附表3 西暦300年を仮定したモデル解析の結果.
SDは加えたノイズの標準偏差値（度）.

西暦300		距星	SD(1.5)	SD(1.0)	SD(0.7)
No.	二十八宿名		推定年	推定年	推定年
1	角	α Vir	289	365	285
2	亢	κ Vir	225	330	289
3	氐	α Lib	406	379	255
4	房	π Sco	290	307	284
5	心	σ Sco	347	347	300
6	尾	μ Sco	186	329	323
7	箕	γ Sgr	543	131	283
8	斗	ϕ Sgr	104	369	198
9	牛	β Cap	142	267	289
10	女	ε Aqr	309	315	294
11	虚	β Aqr	302	329	281
12	危	α Aqr	242	351	299
13	室	α Peg	426	344	273
14	壁	γ Peg	428	270	280
15	奎	ζ And	276	262	306
16	婁	β Ari	320	251	333
17	胃	35Ari	276	303	280
18	昴	17Tau	316	281	306
19	畢	ε Tau	334	317	315
20	觜	λ Ori	304	304	285
21	参	δ Ori	127	305	293
22	井	μ Gem	368	282	273
23	鬼	θ Cnc	389	371	390
24	柳	δ Hya	315	316	284
25	星	α Hya	351	248	290
26	張	υ Hya	319	122	251
27	翼	α Crt	310	261	266
28	軫	γ Crv	438	361	303
平均値			310	301	280
標準偏差			97	62	63

てこの誤差分布を近似する乱数を発生させることが比較的容易である.

　ただし，ここで注意してほしいのは，乱数を用いた計算では得られる結果が厳密には再現されないことである．これは，RANDは参照するたびに違う数値を出力するのだからやむを得ない．この点は，2つの年代推定の結果などを細かく比較する場合には，つねに心に留めておく必要がある.

236   附　録

西暦 300 年を仮定したモデル解析の結果

　ここでは，本文の 3.5 節で述べた，モデル解析の結果を説明する．このモデル解析では，西暦 300 年に対して歳差理論からつくった二十八宿距星の位置に，疑似正規分布の誤差を加えてつくった仮想データを用いた．附表 3 で第 4-6 欄の SD は，その正規誤差の標準偏差で単位は度である．最下行には，28 個の推定年の平均値と標準偏差を示した．

附録 3　各種星図・星表のデータと解析結果

　ここでは，本文中で解析を行なった星図・星表のデータとそれらの推定年を，附表 4 から附表 7 まで表の形でまとめておく．

附表 4　「天象列次分野之図」下段記載の宿度と去極度の数値．
最後の欄は，二十八宿 BS 法による各宿を原点にとった推定年．

No.	二十八宿名	宿度	去極度	推定年	No.	二十八宿名	宿度	去極度	推定年
1	角	12	91	−79	15	奎	16	77	−85
2	亢	9	89	−62	16	婁	12	80	−76
3	氐	15	97	−79	17	胃	14	72	−68
4	房	5	108	−28	18	昴	11	74	−58
5	心	5	108	−41	19	畢	16	78	−56
6	尾	18	120	−5	20	觜	2	84	−50
7	箕	11	118	−155	21	参	9	94	1
8	斗	26.25	116	−92	22	東井	33	69	−53
9	牛	8	106	−108	23	輿鬼	4	68	−76
10	須女	12	106	−74	24	柳	15	80	12
11	虚	10	104	−57	25	星	7	91	−39
12	危	17	99	−64	26	張	18	97	−55
13	営室	16	85	−113	27	翼	18	99	−129
14	東壁	9	86	−64	28	軫	17	98	−91

附表5 銭元瓘墓の二十八宿距星の測定値.
宿度と赤緯は360度制に直してある. 最後の欄は本文参照. 最後の2行はそれら
の平均値と標準偏差を示す.

No.	二十八宿名	距星	宿度(度)	赤緯(度)	推定年
1	角	α Vir	9.5	-7.2	1090
2	亢	κ Vir	8	-5.0	1187
3	氐	α Lib	14	-14.5	1124
4	房	π Sco	5.5	-18.8	929
5	心	σ Sco	11.5	-15.2	847
6	尾	μ Sco	15	-33.5	812
7	箕	γ Sgr	12.5	-19.6	519
8	斗	ϕ Sgr	27	-22.5	734
9	牛	β Cap	12.5	-13.7	934
10	女	ε Aqr	11	1.6	1048
11	虚	β Aqr	9	-9.4	1035
12	危	α Aqr	14.5	-4.2	924
13	室	α Peg	54.5	20.6	912
14	壁	γ Peg			
15	奎	ζ And			
16	婁	β Ari			
17	胃	35Ari	14.5	22.1	1069
18	昴	17Tau	15.5	25.0	948
19	畢	ε Tau	15	23.5	1141
20	觜	λ Ori	0	15.5	978
21	参	δ Ori	13.5	-2.0	854
22	井	μ Gem	25.5	14.8	
23	鬼	θ Cnc	2	22.1	1008
24	柳	δ Hya	17.5	1.6	990
25	星	α Hya	24	3.1	905
26	張	υ Hya			
27	翼	α Crt	15.5	-13.0	721
28	軫	γ Crv	12.5	-10.8	956
				平均値	942
				標準偏差	156

附表 6 「ウルグベク星表」の黄経・黄緯と 1430 年の元期に変換した赤経・赤緯.
第 4 列の sec は黄道 12 宮の順番の始点を示す. たとえば, 2 なら 60 度を意味する.

No.	二十八宿名	距星	黄経			黄緯		赤経	赤緯
			sec	度	分	度	分	α (度)	δ (度)
1	角	α Vir	6	16	10	-2	9	194.05	-8.36
2	亢	κ Vir	6	26	52	3	0	206.01	-7.59
3	氐	α Lib	7	7	52	0	45	215.74	-13.47
4	房	π Sco	7	24	40	-5	27	230.84	-24.27
5	心	σ Sco	8	0	28	-3	45	237.43	-23.98
6	尾	μ Sco	8	7	55	-15	15	243.10	-36.72
7	箕	γ Sgr	8	23	49	-7	12	262.87	-30.56
8	斗	ϕ Sgr	9	2	19	-3	54	272.60	-27.39
9	牛	β Cap	9	26	10	4	45	297.25	-16.31
10	女	ε Aqr	10	3	49	8	9	304.20	-11.43
11	虚	β Aqr	10	15	43	8	48	315.42	-7.80
12	危	α Aqr	10	25	31	10	9	324.38	-3.48
13	室	α Peg	11	15	55	19	0	339.32	11.81
14	壁	γ Peg	0	1	22	12	24	356.23	11.90
15	奎	ζ And	0	13	25	17	18	5.20	21.17
16	婁	β Ari	0	27	7	7	51	22.18	17.78
17	胃	35Ari	1	9	40	10	54	33.45	25.05
18	昴	17Tau							
19	畢	ε Tau	2	1	10	-2	54	59.65	17.62
20	觜	λ Ori	2	16	31	-13	30	76.71	9.39
21	参	δ Ori	2	14	34	-23	57	75.92	-1.19
22	井	μ Gem	2	27	31	-1	15	87.32	22.24
23	鬼	θ Cnc	3	27	40	-1	15	119.50	19.47
24	柳	δ Hya	4	2	25	-12	30	121.86	7.49
25	星	α Hya	4	19	31	-22	30	134.69	-6.31
26	張	υ Hya	4	28	10	-26	0	141.40	-12.29
27	翼	α Crt	5	15	55	-22	42	158.10	-15.33
28	軫	γ Crv	6	2	46	-14	18	176.71	-14.19

附 録 239

附表7 渋川春海の宿度・去極度データ.

渋川春海による二十八宿の元禄年間の観測データ. 最後の欄「推定年」は本文参照のこと.

No.	二十八宿名	距星	去極度（中国度）	（度）	赤緯（度）	赤道宿度（中国度）	（度）	推定年（西暦）
1	角	α Vir	101.0	99.5	−9.5	12.00	11.83	1278
2	亢	κ Vir	100.0	98.6	−8.6	9.30	9.17	1353
3	氐	α Lib	106.5	105.0	−15.0	16.30	16.07	1283
4	房	π Sco	117.0	115.3	−25.3	5.70	5.62	1325
5	心	σ Sco	116.5	114.8	−24.8	6.50	6.41	1339
6	尾	μ Sco	130.0	128.1	−38.1	19.00	18.73	1417
7	箕	γ Sgr	122.5	120.7	−30.7	10.40	10.25	1214
8	南斗	φ Sgr	119.5	117.8	−27.8	25.0	24.64	1214
9	牽牛	β Cap	108.0	106.4	−16.4	7.30	7.20	961
10	須女	ε Aqr	102.5	101.0	−11.0	11.30	11.14	1103
11	虚	β Aqr	98.5	97.1	−7.1	8.95	8.82	1156
12	危	α Aqr	93.5	92.2	−2.2	15.50	15.28	1451
13	室	α Peg	78.0	76.9	13.1	17.20	16.95	1439
14	東壁	γ Peg	77.5	76.4	13.6	8.50	8.38	1363
15	奎	ζ And	70.0	69.0	21.0	16.70	16.46	1286
16	婁	β Ari	72.5	71.5	18.5	11.80	11.63	1293
17	胃	35Ari	65.5	64.6	25.4	15.50	15.28	1314
18	昴	17Tau	68.0	67.0	23.0	11.30	11.14	1363
19	畢	ε Tau	72.0	71.0	19.0	17.30	17.05	1377
20	觜觿	λ Ori	82.0	80.8	9.2	0.20	0.20	1322
21	参	δ Ori	92.5	91.2	−1.2	11.00	10.84	1120
22	東井	μ Gem	68.0	67.0	23.0	33.50	33.02	1355
23	輿鬼	θ Cnc	72.5	71.5	18.5	2.00	1.97	1475
24	柳	δ Hya	87.0	85.7	4.3	13.30	13.11	1327
25	星	α Hya	99.0	97.6	−7.6	6.30	6.21	1298
26	張	υ Hya	105.0	103.5	−13.5	17.30	17.05	1270
27	翼	α Crt	108.0	106.4	−16.4	18.80	18.53	1173
28	軫	γ Crv	106.5	105.0	−15.0	17.30	17.05	1235
							平均値	1289
							標準偏差	114

参考文献

第1章

野尻抱影編，新天文学講座 I，『星座』（新版）（恒星社厚生閣，1964）．

原恵，『星座の神話——星座史と星名の意味』，（恒星社厚生閣，1975；新装改訂版，1996）．

原恵，『星座の文化史』（玉川大学出版部，1982）．

オットー・ノイゲバウアー，矢野道雄・斎藤潔訳編，『古代の精密科学』（恒星社厚生閣，1984）．

ジョセフ・ニーダム，吉田忠ほか訳，『中国の科学と文明』，第5巻，天の科学（思索社，1991）．

中山茂，『占星術』（朝日文庫，1993）．

ピーター・ウィットフィールド，有光秀行訳，『天球図の歴史』（大英博物館・ミュージアム図書，1997）．

Rogers, J. H., Origins of the ancient constellations: I. The Mesopotamian traditions, *Journal of the British Astronomical Association*, 108, 9-28 (1998).

矢島文夫，『占星術の起源』（ちくま学芸文庫，2000）．

関雄二・青山和夫編著，『アメリカ大陸古代文明事典』（岩波書店，2005）．

White, G., *Babylonian Star-lore: An Illustrated Guide to the Star-lore and Constellations of Ancient Babylonia* (Solaria Pub. 2008).

伊東俊太郎，『伊東俊太郎著作集 文明の画期と環境変動』，第9巻（麗沢大学出版会，2009）．

Friendly, M. *et al.*, The first (known) statistical graph: Michael Florent van Langren and the "secret" of longitude, *The American Statistician*, Vol. 64, No. 2, 1-12 (2010).

近藤二郎，『星座神話の起源——エジプト・ナイルの星座』（誠文堂新光社，2010）．

近藤二郎，『星座神話の起源——古代メソポタミアの星座』（誠文堂新光社，2010）．

ブライアン・M・フェイガン編，西秋良宏監訳，『図説 人類の歴史』，別巻 古代の科学と技術（朝倉書店，2012）．

日本民話の会・外国民話研究会編訳，『世界の太陽と月と星の民話』（三弥井書店，2013）．

ジューリオ・マリ，上田晴彦訳，『古代文明に刻まれた宇宙——天文考古学への招待』（青土社，2017）．

後藤明，『天文の考古学』（同成社，2017）．

中村士，天文占書中の数値データ検証の試み，『東洋研究』，第205号，1-24（2017）．

第2章

Gaubil, A., *Traité de l'astronomie Chinoise*, (Paris, 1732).

Tsuchihashi, Y. et Chevalier, S., *Catalogue d'étoiles fixes observées à Pékin sous l'empereur, K'ien-long* (Shanghai, 1911).

飯島忠夫，支那の上代における希臘文化の影響と儒教経典の完成，『東洋学報』，第11

巻，No. 1, 183-354 (1921).

竺可楨，論以歳差定尚書堯典四仲星年代，『科学』，Vol. 11, No. 2, 100-106 (1926).

朱文金，『史記天官書恒星図考』(商務印書館，1927).

新城新蔵，二十八宿の伝来，『東洋天文学史研究』，第3篇（弘文堂書房，1928).

Ueda, J., Shih Shen's catalogue of stars, the oldest star catalogue in the Orient, *Report of Department of Science*, Kyoto University（京都大学理学部紀要），Vol. 13, No. 1, 35-66 (1929).

上田穣，石氏星経の研究，『東洋文庫論叢』，第12冊，東洋文庫 (1930).

能田忠亮，甘石星経考，『東方学報』，京都，第1冊 (1931).

能田忠亮，『礼記月令天文攷』，東方文化学院京都研究所研究報告，第12冊 (1938).

藪内清，『中国の天文暦法』，第I部　中国の天文暦法（平凡社，1969).

島邦男，『五行思想と礼記月令の研究』(汲古書院，1971).

藪内清，壁画古墳の星図，『天文月報』，第68巻，No. 10 (1975).

沈括，梅原郁他訳，『夢渓筆談』，巻七の象数一（平凡社東洋文庫，1978).

Pingree, D., History of mathematical astronomy in India, *Dictionary of Scientific Biography*, Vol. XV, 533-633 (1978).

能田忠亮，東洋古代における天文暦法の起源と発達，『明治前日本天文学史』，第1編，第1章（臨川書店，1979).

王健民ほか，曾侯乙墓出土的二十八宿青龍白虎図象，『文物』，第7期，No. 278, 40-45 (1979).

L. ルヌー・J. フィリオザ，山本智教訳，『インド学事典』，第2巻，第3巻，天文学・年代学の章（金花舎，1979, 1981).

藪内清，『科学史からみた中国文明』(NHK ブックス，1982).

大崎正次，『中国の星座の歴史』(雄山閣，1987).

前掲，ジョセフ・ニーダム，『中国の科学と文明』，第5巻 (1991).

東京国立博物館編，『特別展　曾侯乙墓』図録（日本経済新聞社，1992).

任継愈主編，『中国科学技術典籍通彙』，天文巻第3巻，「後漢書」および「宋史」の律暦志（河南教育出版社，1993頃).

杜石然ほか編著，川原秀城ほか訳，『中国科学技術史（上)』，第5章（東京大学出版会，1997).

Sun, Xiaochun and Kistmaker, J., *The Chinese Sky during the Han,* Chap. 2 (Brill, 1997).

黄石林・朱乃誠，高木智見訳，『中国文化史ライブラリー　中国考古の重要発見』(日本エディタースクール出版部，2003).

成家徹郎，『中国古代の天文と暦』(大東文化大学人文科学研究所，2006).

中村士・岡村定矩，『宇宙観5000年史——人類は宇宙をどうみてきたか』，第2章（東京大学出版会，2011).

NHK 取材班編，『NHK スペシャル，中国文明の謎』(NHK 出版，2012).

第3章

坂本太郎他校注，『日本書紀』(上・下)，『日本古典文学大系』，No. 67（岩波書店，1967).

前掲，藪内清，『中国の天文暦法』(1969).

橿原考古学研究所編，『高松塚：壁画古墳』(奈良県教育委員会，1972).

藪内清，壁画古墳の星図，『天文月報』，第 68 巻，No. 10, 314-318 (1975)．

神田茂編，『日本天文史料総覧』（原書房，1978．原著は 1935）．

Efron, B., Bootstrap methods: Another look at the jackknife, *The Annals of Statistics*, Vol. 7, No. 1, 1-26 (1979)．

全相運，『韓国科学技術史』，第 1 章（高麗書林，1978）．

宮島一彦，キトラ古墳天文図と東アジアの天文学，『東アジア古代の文化』，97 号，58-69（1998）．

国史大辞典編集委員会編，『国史大辞典』，第 2 巻（1980），第 9 巻（1988）（吉川弘文館）．

橋本敬造，キトラ古墳星図——飛鳥へのみち，『東アジア古代の文化』，97 号，13-11（1998）．

有坂隆道，『古代史を解く鍵——暦と高松塚古墳』（講談社学術文庫，1999）．

宮島一彦，日本の古星図と東アジアの天文学，『人文学報』，82 号，45-99 (1999)．

Chernick, M. R., *Bootstrap Methods: A Practitioner's Guide*（Wiley, 1999）．

全相運，許東粲訳，『韓国科学史——技術的伝統の再照明』（日本評論社，2005）．

白石太一郎編，『古代史を考える——終末期古墳と古代国家』（吉川弘文館，2005）．

全浩天，『世界遺産　高句麗壁画古墳の旅』（角川 ONE テーマ 21，2005）．

網干善教，『壁画古墳の研究』（学生社，2006）．

末松良一・山田宏尚，『画像処理工学』，第 8 章（コロナ社，2006）．

岡本雅典ほか，『基本統計学』，第 5 章（実教出版，2006）．

アストロアーツ編，「ステラナビゲータ　Ver. 6.0」（アストロアーツ，2006）．

網干善教ほか，『高松塚への道』（草思社，2007）．

来村多加史，『高松塚とキトラ——古墳壁画の謎』（講談社，2008）．

吉原健一，『Excel によるブートストラップ法を用いたデータ解析』（培風館，2009）．

山本忠尚，『高松塚・キトラ古墳の謎』（吉川弘文館，2010）．

文化庁，東京国立博物館，奈良文化財研究所，特別展『キトラ古墳壁画』図録（朝日新聞社，2014）．

Renshaw, Steven L., Astronomical iconography in Takamatsu Zuka and Kitora Tumuli: Anomalies in the adaptation of astronomical and cosmological knowledge in early Japan, *Mediterranean Archaeology and Archaeometry*, Vol. 14, No 3, 197-210 (2014)．

中村士，キトラ古墳星図および関連史料の成立年の数理的再検討，『科学史研究』，第 III 期，第 54 巻，No. 275, 192-214 (2015)．

奈良文化財研究所，『キトラ古墳天文図　星座写真資料』，奈良文化財研究所研究報告・第 16 集（2016）．

国立天文台編，『理科年表』，近距離の恒星（丸善出版，2018）．

第 4 章

前掲，上田穣，『東洋文庫論叢』(1930)．

前掲，能田忠亮，『東方学報』(1931)．

藪内清，宋代の星宿，『東方学報』，第 7 冊，42-89 (1936)．

能田忠亮，『礼記月令天文攷』，東方文化学院京都研究所研究報告，第 12 冊 (1938)．

Nakayama, Shigeru., *A History of Japanese Astronomy*（Harvard Univ. Press, 1969）．

前掲，藪内清，『中国の天文暦法』(1969)．

前掲，藪内清，『天文月報』(1975).

Maeyama, Y., The oldest star catalogue, Shi Shi Xing Jing, *Prismata Wissenschaft. Studien*, 211-245 (1977).

前掲，全相運，『韓国科学技術史』(1978).

北京天文台主編，『中国古代天象記録総集』(江蘇科学技術出版社，1988).

Pan Nai (潘鼐), *Zhongguo Hengxing Guance Shi*, Chap. 2 (Scholar Press, 1989).

前掲，ジョセフ・ニーダム，『中国の科学と文明』，第5巻，天の科学 (1991).

任継愈主編，『中国科学技術典籍通彙』，天文巻第5巻，「開元占経」(河南教育出版社，1993頃).

大庭脩・王勇編，『日中文化交流史叢書　第9巻　典籍』(大修館書店，1996).

前掲，ピーター・ウィットフィールド，『天球図の歴史』(1997).

前掲，Sun, Xiaochun and Kistmaker, J., *The Chinese Sky during the Han* (1997).

前掲，橋本敬造，『東アジア古代の文化』(1998).

前掲，全相運，許東粲訳，『韓国科学史』(2005).

中村士・伊藤節子編著，『明治前日本天文暦学・測量の書目辞典』(第一書房，2006).

前掲，中村士，『科学史研究』(2015).

第5章

Delambre, J. B. J., *Histoire de l'Astronomie Ancienne*, Vol. 2 (Paris, 1817).

Rome, A., *Annales de la Société Scientifique de Bruxelles*, Vol. 47 (1929).

トレミー，C.，藪内清訳，『アルマゲスト』，上下2冊 (恒星社，1958).

前掲，藪内清，『中国の天文暦法』(1969).

Newton, R. R., *The Crime of Claudius Ptolemy* (The Johns Hopkins University Press, 1977).

Toomer, G. J., *Ptolemy's Almagest* (Duckworth, 1984).

Grasshoff, G., *The History of Ptolemy's Star Catalogue* (Springer-Verlag, 1990).

Gingerich, O., *The Eye of Heaven: Ptolemy, Copernicus and Kepler* (American Institute of Physics, 1993).

シェーファー，B.E.，星座の起源，『日経サイエンス』，No. 2, 88-94 (2007).

前掲，中村士・岡村定矩，『宇宙観5000年史』(2011).

第6章

Delambre, J. B. J., *Histoire de l'Astronomie du Moyen Age*, Chap. 7 (Paris, 1819).

Chavannes, E., L'Instruction d'un Futur Empereur de Chine en l'an 1193, *Mémoires concernant l'Asie Orientale*, Vol. 1 (1913).

前掲，藪内清，『東方学報』(1936).

藪内清，中国に於けるイスラム天文学，『東方学報』，京都第19冊，300-315 (1950).

Coolidge, J. L., The Origin of Polar Coordinates, *American Mathematical Monthly*, Vol. 59 No. 2, 78-85 (1952).

前掲，藪内清，『中国の天文暦法』(1969).

藪内清，淳祐天文図とヘベリウス星座，『天文月報』，69巻，No. 1 (1975).

中国社会科学院考古研究所編，『中国古代天文文物図集』(文物出版社，1978).

陳鷹，天文匯鈔，『自然科学史研究』，第5巻，第4期 (1986).

参考文献　　245

潘鼐，『中国恒星観測史』（学林出版社，1989）．

伊世同，杭州呉越墓石刻星図，中国社会科学院考古研究所編，『中国古代天文文物論集』，252-258（文物出版社，1989）．

Shevchenko, M., An analysis of errors in the star catalogue of Ptolemy and Ulugh Beg, *Journ Hist. Astron.*, Vol. 21., 187-201 (1990).

前掲，ジョセフ・ニーダム，『中国の科学と文明』，第5巻（1991）．

ウルグベク，「ウルグベク星表」，ヘベリウス，藪内清訳，『ヘベリウス星座図絵』の附録（地人書館，1993）．

Krisciunas, K., A more complete analysis of the errors in Ulugh Beg's star catalogue, *Journ Hist. Astron.*, Vol. 24, 269-280 (1993).

孫小伝，『天文匯鈔』星表研究，陳美東編，『中国古星図』（遼寧教育出版社，1996）．

陳美東編，『中国古星図』（遼寧教育出版社，1996）．

前掲，ピーター・ウィットフィールド，『天球図の歴史』（1997）．

潘鼐編著，『中国古天文図録』（上海科学教育出版社，2009）．

中村士，東アジア古星図・星表の成立年の数理的推定，『東洋研究』，第197号（2015）．

第7章

井本進，まぼろしの星宿図，『天文月報』，第65巻，No. 11, 290-293（1972）．

中華書局編，『歴代天文律暦等志彙編』（第9冊），元史暦志（一），原巻52，授時暦議（上）（中華書局，1976）．

沈括，梅原郁訳注，『夢渓筆談』，全3巻（平凡社東洋文庫，1978）．

渡辺敏夫，『近世日本天文学史（上）』，第4章（恒星社厚生閣，1986）．

渡辺敏夫，『近世日本天文学史（下）』，第12章（恒星社厚生閣，1986）．

前掲，大崎正次，『中国の星座の歴史』，「格子月進図」の章（1987）．

ジェセフ・ニーダム，海野一隆他訳，『中国の科学と文明』，第6巻，地の科学（思索社，1991）．

『日本科学技術古典籍資料』，天文学篇【1】，『貞享暦』（科学書院，2000）．同じく，天文学篇【4】，『天文瓊統』（2001）．

潘鼐編著，『中国古天文図録』（上海科技教育出版社，2009）．

中村士，『東洋天文学史』，第6章（丸善出版，2014）．

前掲，中村士，『東洋研究』（2015）．

第8章

伊能忠敬，『大日本実測録』（大学南校，1871）．

大谷亮吉，『伊能忠敬』（帝国学士院蔵版，1917）．

井本進，本朝星図略考（下），『天文月報』，第35巻，5号，51-57（1942）．

広瀬秀雄，吉雄耕牛の「遠西観象図説」，『洋学（下）』（岩波日本思想大系，1972）．

前掲，全相運，『韓国科学技術史』（1978）．

橋本敬造，「赤道南北両総星図」と「恒星屏障」，山田慶児編，『新発現中国科学史資料の研究・論考編』，581-604（京都大学人文科学研究所，1985）．

前掲，渡辺敏夫，『近世日本天文学史（下）』（1987）．

千鹿野茂，『日本家紋総鑑』（角川書店，1993）．

ユキョン，パクチャンポン編，『天象列次分野之図・六百年，韓国天文学会創立30周年

記念』図録（ハングル，1995）．

前掲，陳美東編，『中国古星図』（1996）．

東京地学協会編，『伊能図に学ぶ』（朝倉書店，1998）．

三好唯義編，『図説　世界古地図コレクション』，第5章（河出書房新社，1999）．

佐久間達夫，「伊能忠誨日記（1）」，『伊能忠敬研究』（伊能忠敬研究会）第32号（2003）．
同「日記（2）」，第33号．「日記（3）」，第34号．「日記（4）」，第35号（2004）．「日記（5）」，第36号．「日記（6）」，第37号．「日記（7）」，第38号．「日記（最終）」第39号．

Udias, Augstin, *Searching the Heavens and the Earth: The History of Jesuit Observatories* (Springer, 2003).

陳美東，『中国科学技術史・天文学巻』（科学出版社，2003）．

韓国国立民族博物館編，『天文』，展覧会"天と人・原理と理念"の図録（ハングル，2004）．

前掲，全相運，『韓国科学史』（2005）．

中村士・荻原哲夫，高橋景保が描いた星図とその系統，『国立天文台報』，第8巻，第3・4号，85-115（2005）．

中村士，天球・地球図の新資料「恒星並太陽及太陰五星十七箇之圖」，『東洋研究』，第167号，1-36（2008）．

前掲，潘鼐編，『中国古天文図録』（2009）．

吉田厚子，間重富，「露西亜国地図訳例」の研究，『東海大学総合教育センター紀要』，第30号，81-90（2010）．

附　録

Nautical Almanac office, *Explanatory Supplement to the Astronomical Ephemerides*, Chap. 2 (Nautical Almanac Office, 1961).

Mueller, I. I., *Spherical and Practical Astromy*, Chap. 4 (Frederick Ungar Pub., 1969).

Hoffleit, D., *The Bright Star Catalogue*, 4th ed. (Yale University Press, 1982).

前掲，吉原健一，『Excel によるブートストラップ法を用いたデータ解析』（2009）．

図出典一覧

第1章

図1-3(a)　中村士，『太陽系をさぐる』，岩波書店（1984）図3.5を一部改変.

図1-4　大英博物館所蔵（Wikipedia Commons）:
https://en.wikipedia.org/wiki/Kudurru#/media/File:Caillou_Michaux_CdM.jpg

図1-5　大英博物館所蔵（Wikipedia Commons）:
https://en.wikipedia.org/wiki/Star_chart#/media/File:Planisph%C3%A6ri_c%C5%93les
te.jpg

図1-6　Whitfield, P., *The Mapping of the Heavens*（The British Library, 1995）, p. 27.

図1-7　馮雲鵬撰，『金石索』，石の部，第5巻.

図1-8　中村士，『東洋天文学史』，丸善出版（2014），図22.

図1-9　http://www.china.org.cn/english/features/Archaeology/178148.htm

第2章

図2-1　中国科学社会院考古学研究所編，『中国古代天文文物図集』，文物出版社（1978）
の第17図に文字を追加.

図2-3　『新儀象法要』より一部改変.

図2-5　『新儀象法要』.

図2-6　中国科学社会院考古学研究所編，『中国古代天文文物図集』，文物出版社（1978），
第60図.

図2-7　藪内清，「壁画古墳の星図」，『天文月報』，第68巻，No. 10，314-318（1975）.

図2-8(a)，（b）　王健民ほか，「曾侯乙墓出土的二十八宿青龍白虎図象」，『文物』，第7期
No. 278，（1979）40-45.

図2-9　朱文金，『史記天官書恒星図考』，商務印書館（1927）.

図2-10　2012年8月筆者撮影.

図2-11　『後漢書』律暦志.

コラム1図1　仙台市天文台所蔵.

第3章

図3-1　藪内清，「壁画古墳の星図」，『天文月報』，第68巻，No. 10，314-318（1975）.

図3-2　「特別展　キトラ古墳壁画」図録から転載.

図3-3　「特別展　キトラ古墳壁画」図録に掲載された図に，一部修正と説明の語を追加.
奈良文化財研究所提供.

図3-8　1981年頃筆者撮影.

第4章

図4-1　任継愈主編，『中国科学技術典籍通彙』，天文巻第5分冊，河南教育出版社（1990
年代）.

図4-2　能田忠亮，「甘石星経考」より，第二圖「上田博士の方法に依り星の平均觀測年

代を第一次近似價的に知るの圖」．『東方學報．京都』第 1 冊（1931 年）（雑誌‖ト‖
375）．京都大学人文科学研究所所蔵．

図 4-4　図録『東西の天球図』（2002），18 頁．千葉市立郷土博物館所蔵資料．

第 5 章

図 5-1　中村士・岡村定矩，『宇宙観 5000 年史』，東京大学出版会（2011），図 3.2.

図 5-2　Wikipedia Commons:
https://commons.wikimedia.org/wiki/File:Eratosthenes.jpg

図 5-3　中村士・岡村定矩，『宇宙観 5000 年史』，東京大学出版会（2011），図 3.5.

図 5-4　Wikipedia Commons:
https://commons.wikimedia.org/wiki/File:Hipparchos_1.jpeg

図 5-5　Wikipedia Commons:
https://commons.wikimedia.org/wiki/File:Ptolemy_urania.jpg

図 5-6　中村士・岡村定矩，『宇宙観 5000 年史』，東京大学出版会（2011），図 3.8 (b)

図 5-7　Rome, A., *Annales de la Societe Scientifique de Bruxelles*, Vol. 47（1929）.

図 5-8　2005 年筆者撮影．

第 6 章

図 6-1　『新儀象法要』．

図 6-2　明治大学図書館所蔵（中村拓文庫）．

図 6-3　中国科学社会院考古学研究所編，『中国古代天文文物図集』，文物出版社（1978），
第 89 図．

図 6-4　任継愈主編，『中国科学技術典籍通彙』，天文巻第 5 分冊，河南教育出版社（1990
年代）．

図 6-5　中国科学社会院考古学研究所編，『中国古代天文文物図集』，文物出版社（1978），
第 69 図．

図 6-6　大英図書館所蔵（O. I. O. C. Or. MS 5323, f. 45v）．

図 6-7　ウルグベク天文台博物館提供．

第 7 章

図 7-1　『本朝見在書目録』（鈴鹿文庫 2975），33 コマ．大和文華館所蔵．

図 7-2　国立天文台所蔵．

図 7-3　明治大学図書館所蔵（中村拓文庫）．

図 7-4　国立天文台所蔵．

第 8 章

図 8-1　明治大学図書館所蔵．

図 8-2　中村士，『天球・地球図の新資料「恒星並太陽及太陰五星十七箇之圖」』，9 頁の図
2a．「法住寺の八曲屏風仕立て『黄道南北総星図に描かれた大小マゼラン雲』」．『東洋研
究』，第 167 号（2008）．大東文化大学東洋研究所刊行物．

図 8-3　明治大学図書館所蔵（中村拓文庫）．

図 8-4　萩博物館所蔵．

図 8-5　『新製霊台儀象志』．

図出典一覧　　249

図 8-6　「星座の圖」(部分). 東京都立中央図書館所蔵 (東京誌料文庫).

図 8-7　『儀象考成』.

図 8-8　中村士・荻原哲夫,「高橋景保が描いた星図とその系統」,『国立天文台報』, 第 8
　　巻, 第 3・4 号 (2005).

図 8-9　伊能忠敬記念館画像提供.

図 8-10　中村士・荻原哲夫,「高橋景保が描いた星図とその系統」,『国立天文台報』, 第 8
　　巻, 第 3・4 号 (2005).

図 8-11　『儀象考成』.

図 8-12　伊能忠敬記念館画像提供.

コラム 4 図 1　千鹿野茂著,『日本家紋総鑑』角川書店 (1993).

索 引

事項・書名索引

ア 行

明日香村 55
アスタナ古墳 55
アストロラーベ 123
安倍晴明判 221
アルゴル変光星 154
アルタミラ洞窟 22
『アルマゲスト』 19, 119, 153
　──星表 121, 147
アレキサンドリア 117, 129
アンタレス 27
アンドロメダ大星雲 154
『イェール輝星星表』 67, 230
位置のずれ 66, 76
佚存書 160
緯度 3, 61
『伊能忠敬日記』 208
殷王朝 24
『殷暦譜』 26
ヴェガ 6
禹跡図 165
『ウラノメトリア』 49
閏月 15, 27, 51
ウルグベク星表 156
英国航海暦 197
衛星 189
エカント 120
エジプト星座 12
干支 25
『オックスフォード英語辞典』 106
『喎蘭新訳地球全図』 190
オリオン座 20
『遠西観象図説』 189
陰陽頭 83
陰陽師 80
陰陽寮 80, 159

カ 行

外官 36
『開元占経』 34, 38, 89
『解体新書』 197
外規 61, 103, 148
外惑星 120
科学的星図 79
下規 104
角距離 2
カメラオブスキュラ 65
簡儀 143
還元主義 113
『漢書』律暦志 51
観象授時 31, 87
『寛政暦書』 198
寛政の改暦 195, 203
寛政暦 196
『甘石星経』 89
儀鳳暦 159
『儀象考成』 49, 195, 200, 202, 208, 215
『儀象考成後編』 198
キトラ古墳 56
キトラ星図 58, 97
客星 83
旧法星図 182
球面三角法 141
球面天文学 2
堯典 28
去極度 46, 60, 68, 75, 89, 93
極円 182, 188
『玉海』 137
極座標 141
距星 46, 60
巨大六分儀 155
ギリシア神話 19
金星の衛星 189
区間推定 68, 70
楔形文字 7, 9

252　索　引

クドゥル境界石碑　10
『クラウディウス・トレミーの犯罪』　127
クリティカ　41
経度　3
月食　26
元嘉暦　159
黄緯　3
黄経　3, 16
甲骨文　15, 25
「格子月進図」　161
「恒星屏障」　180
恒星経緯度表　203
恒星赤道経緯度　203
『恒星測要』　209
恒星月　15
「恒星並太陽及太陰五星十七箇之図」　186
黄道　3, 15, 38, 59
　　──極　124
　　──傾斜角　155
　　──十二宮星座　7, 12, 14, 16
　　──銅儀　45
　　──内外度　89
「黄道総星図」　182
「黄道南北総星図」　181
国際天文学連合　7
こぐま座　5, 32
個人占星術　7
国家占星術　8
『刻白爾天文図解』　189
古度　38
こと座α　6
固有運動　64
渾儀　44, 143
渾象　107
渾天儀　44, 125, 170, 174, 175
渾天説　44
「渾天全図」　184

サ　行

歳差　4, 47, 116, 123
　　──円　5
　　──パラメータ　229
　　──理論　65, 79, 147
再サンプリング　77
最小二乗法　65

朔の日　27
朔望月　14
さそり座　27
サマルカンド　154
『三垣列舎入宿去極集』　146
三角法　116
三家星座　35
残差　63
三星簿讃　161
『史記』　24, 33, 43
時憲暦　177
子午線　3
　　──儀　199
『四庫全書』　106
視差　116, 197
ジジュ　155
四神　53
『七政推歩』　146
日月紋　221
紫微垣　36
四分暦　52
シミュレーションデータ　69
シミュレーション法　146
周極星　3, 107
13 月　27
授時暦　143, 170, 198
『授時暦』　193
獣帯星座　8
周転円　114
十二次　56, 164
秋分点　3, 16
宿度　62, 71, 75, 89, 145
　　──線　137, 163, 178
宿命占星術　7
受命改制　87
春分点　3, 16, 41, 47
「淳祐天文図」　35, 100, 135
上規　104
『貞享星座』　168
貞享暦　167
『貞享暦』　193
象限儀　199
『象限儀用法』　197
「常熟石刻天文図」　147
消長法　143

索　引　　253

『小方円星図』　207
小游星　189
小惑星　189
書雲観　100
シリウス年　30
『新儀象法要』　31, 34, 133
『壬癸録』　168, 174
新月　27
壬申の乱　80
新星　26
新西洋星図計画　219
『新製霊台儀象志』　193
新石器革命　21
『新訂万国全図』　219
新法星図　182, 188
信頼区間　69, 71, 234
信頼度　69, 71, 233
水運儀象台　134
垂揺球儀　199
『崇禎暦書』　176
ステレオ投影法　142
スピカ　123
『星学手簡』　198, 201
正規分布　71
星座　30, 108
　　──早見盤　103
『星座の書』　153
『星座の図』　202, 213, 219, 223
星宿　31
星図　58
　　──の元期　180
『星図総概』　218
星等記号　179, 205, 212, 214, 221
『西洋新法暦書』　177
赤緯　3, 46
赤経　3, 16, 46
石氏星経　38, 89, 101, 173
赤道　3, 38, 59
「赤道南北円星図」　206, 215
「赤道南北両総星図」　178
占星台　81
瞻星台　81
『仙台実測史』　174
宣明暦　167
曾侯乙墓　41

「蘇州天文図」　35

夕　行

太陰太陽暦　26, 51
大気差　119
大小マゼラン雲　188
太初暦　51
太史令　36
『大清会典』　87
『大日本沿海輿地全図』　200, 220
太微垣　36
『大方星図』　207, 210
楕円運動　115
　　──理論　193, 196
高松塚古墳　53
知恵の館　153
『地下世界』　189
地球自転速度　128
中宮　36
『中国古天文図録』　168
中国度　46, 90
中星　29, 52
　　──儀　219
　　──候辰表　218
土御門　166
　　──家　196
デカルト座標　65
『天学雑録』　202
天官書　33, 43
天球　2
『天球全図』　189
『天経或問』　193
天市垣　36
『天象列次之図』　168
「天象列次分野之図」　98, 168, 181
天人相関の説　32
点推定　70
『天地二球用法』　197
デンデラ神殿　11
天変占星術　8
天文家紋　221
『天文観測機械』　194
『天文瓊統』　169, 171
天文志　86
天文図　58, 135

「天文図」 35
『天文成象』 169, 188
天文博士 83
『天文分野之図』 168
天文方 168
『天文要録』 15, 40
導円 114
等級 34
『(東国)文献備考』 82
同心球宇宙 111
等速円運動 111, 121
トゥバン 6
『唐六典』 87
度切り 52, 90, 141
「敦煌星図」 37

ナ 行

内規 61, 103, 149
内惑星 120
ナクシャトラ 40
南中 3
南蛮人 167
二十四気 51
二十四史 86
二十四節気 51
二十八宿 14, 30, 36, 38, 42, 47, 51, 54, 61, 90,
　148, 171
　　──ブートストラップ（BS）法 74, 101,
　102, 130
日周運動 3, 33, 61
日食 26
『日本国見在書目録』 159
「日本渋川春海手絵星図」 168
『日本書紀』 82, 158
『日本天文史料総覧』 82
入宿度 46
ニュートン力学 197
年代推定 65
年代測定 67
粘土板文書 7
農業革命 21
ノーモン 143

ハ 行

バイヤー星座帳 122

白道 116
パターンマッチング 67
バビロニア文明 8
針穴法 209
蕃書調書 212
蛮書和解御用 212
日足 221
ピタゴラス学派 111
標準偏差 70, 77
ヒライアカルの出 30
『ファイノメナ』 35, 35
ブートストラップ法 75
『ブリタニカ百科事典』 221
プレアデス星団 17, 41
『文献通考』 139
分散 70
「分度星図」 218
分野説 137
平均値 70
壁画古墳 55
『ヘベリウス星座図絵』 156
ベーリンジア 18
『ボイス学芸事典』 197
『方円星図』 218
宝暦の改暦 192
卜占文 25
北斗七星 18, 20, 22, 32, 43, 148
星の群 15
星の等級 116
星の同定 48
母集団 70
輔星 151
北極 3
北極星 5, 33
『歩天歌』 35
ボルベル 103
ホロスコープ占星術 7, 153

マ 行

ムセイオン 118
無氷回廊 18
ムル・アピン 9, 30
メルカトル地図 163
モデル解析 76, 236
モンテカルロ法 102

索引　255

ヤ 行

「大和暦」　167
『陽村集』　98
『輿墜全図』　185

ラ 行

『ラランデ天文書』　197, 199, 209
『ラランデ暦書管見』　197
『蘭学事始』　197
乱数　71, 77, 102, 234
「リグ・ヴェーダ」　40
離心円　114
律暦志　86
りゅう座α　6
『呂氏春秋』　41
『霊憲』　44

冷然院　160
『霊台儀象志』　200, 205
『暦算全書』　193
『暦象考成後編』　193
『暦象考成上下編』　193
『暦象新書』　197
『暦法新書』　196
漏刻　80
60進法　9
『露西亜国地図訳例』　213
ロードス島　129

ワ 行

惑星　111, 197
『惑星仮説』　121
ワクル　21

人名索引

ア 行

麻田剛立　192
足立信順　201, 218, 219
足立信頭　201
アダム・シャル・フォン・ベル　176
アピアヌス　103
安倍泰世　161
アラトス　35
アリスタルコス　112
アリストテレス　111
アル・スーフィー　153
安国賓　181
飯島忠夫　29
石坂常堅　218
一行　145
伊能忠敬　198
伊能忠誨　207
井本進　161
伊世同　149
上田穣　93
ウルグベク　154
エクパントス　111
エフロン　75

エラトステネス　113
王恂　143
王致遠　137
大崎正次　164
大谷亮吉　200

カ 行

郭守敬　143, 170, 174
神田茂　82
甘徳　36
勧勒　158
キルヒャー　189
ギンガリッチ　132
金兌瑞　181
賈逵　45
瞿曇悉達　89
クリスキウナス　157
ケーグラー（戴進賢）　181, 195
黄裳　137, 165
ゴービル　29
コペルニクス　120
権近　98

サ 行

サービト・イブン・クッラ　153

Sun Xiaochun 96
シェブチェンコ 157
志筑忠雄 197
司馬江漢 189
司馬遷 33
渋川景佑 198, 201
渋川春海 167
渋川昔尹 169
徐光啓 178
沈括 165
新城新蔵 93
杉田玄白 197
石申 35
全相運 184
銭楽之 36
銭元瓘 148
蘇頌 35, 134
祖沖之 164
孫小伝 146

タ 行

戴進賢（ケーグラー） 49
高橋景保 186, 200, 202, 212, 218
高橋至時 193
谷秦山 168, 174
丹元子 35
張衡 44
陳卓 36
陳美東 177
ティコ・ブラーエ 117, 126, 144, 194
ティモカリス 123
デカルト 65
デモクリトス 112
天智天皇 80
天武天皇 80
戸板保佑 47, 174
董作賓 26
徳川吉宗 192
土橋八千太師 49
ドランブル 127, 157
トレミー 19, 118
曇徽 85

ナ 行

ニーダム 38, 143

ニューカム 67, 229
ニュートン, R. R. 127
ノイゲバウアー 9
能田忠亮 29, 94

ハ 行

裴秀 166
バイヤー 49
貝琳 146
間重富 193, 213
間重新 201
橋本宗吉 190
Pan Nai 96
ヒッパルコス 115
広瀬秀雄 162
ピングリー 40
フィッシャー 68
フィロラオス 111
フェルビースト（南懐仁） 193
フォンタナ 190
巫咸 36
藤広則 47
藤原佐世 160
プラトン 111
ペロッソス 13
ボイス 197
堀田正敦 196
本多利明 218

マ 行

松平定信 195
マテオ・リッチ 49
宮島一彦 78
ムセイオン 113
ムハンマド・アル＝バターニー 153
本木良永 197

ヤ 行

安井算哲 167
藪内清 29, 54, 95, 137
ユードクソス 111
吉雄南皐 189

ラ 行

ラカイユ 209

落下閣　45, 90
ラプラス　126
ラランデ　127
李淳風　36
呂不韋　41

レザノフ　213
ロジャース　13

ワ　行

和田雄治　82

著者略歴

中村　士（なかむら・つこう）

1943 年　ソウル（韓国）に生まれる.
1968 年　東京大学農学部農業工学科卒業.
1970 年　東京大学理学部天文学科卒業.
1975 年　東京大学大学院理学系研究科博士課程修了.
　　　　　国立天文台助教授などを経て,
2004-2014 年　放送大学客員准教授・教授
2008-2014 年　帝京平成大学教授
現　　在　理学博士.
主要著書　『明治前日本天文暦学・測量の書目辞典』（共編著, 第一
　　　　　書房, 2006）,
　　　　　『江戸の天文学者　星空を翔ける――幕府天文方, 渋川
　　　　　春海から伊能忠敬まで』（技術評論社, 2008）,
　　　　　『宇宙観 5000 年史――人類は宇宙をどうみてきたか』
　　　　　（共著, 東京大学出版会, 2011）,
　　　　　『東洋天文学史』（丸善出版, 2014）,
　　　　　The Emergence of Astrophysjics in Asia: Opening a New
　　　　　Window on the Univerce（共編著, Springer, 2017）ほか

古代の星空を読み解く
キトラ古墳天文図とアジアの星図

2018 年 12 月 18 日　初　版

［検印廃止］

著　者　中村　士

発行所　一般財団法人　東京大学出版会

代表者　吉見俊哉

153-0041　東京都目黒区駒場 4-5-29
http://www.utp.or.jp/
電話 03-6407-1069　Fax 03-6407-1991
振替 00160-6-59964

印刷所　株式会社三陽社
製本所　牧製本印刷株式会社

Ⓒ 2018 Tsuko Nakamura
ISBN 978-4-13-063714-5　Printed in Japan

JCOPY 〈(社)出版者著作権管理機構　委託出版物〉
本書の無断複写は著作権法上での例外を除き禁じられています. 複写され
る場合は, そのつど事前に, (社)出版者著作権管理機構（電話 03-3513-6969,
FAX 03-3513-6979, e-mail: info@jcopy.or.jp）の許諾を得てください.

宇宙観 5000 年史
人類は宇宙をどうみてきたか

中村　士・岡村定矩 著
A5 判・288 頁・本体価格 3200 円＋税

星座を生み占星術を発達させた古代バビロニア．コペルニクスによる太陽中心説．ガリレオと望遠鏡がもたらした新しい宇宙観．そして正体不明のダークエネルギー……．私たち人類は宇宙をどのように観てきたのか──古代四大文明から現代までの歴史をたどる．

〈主要目次〉

I　古代・中世の宇宙観
　1　古代天文学と宇宙観──四大文明と新大陸／2　天文学の発祥と地球環境／3　ギリシアの宇宙観──天動説と幾何学的宇宙／4　中世の宇宙観
II　太陽中心説から恒星の世界へ
　5　太陽中心説とコペルニクス革命／6　精密観測にもとづく真の惑星運動の発見──ティコとケプラー／7　宇宙像の拡大──望遠鏡の発明と万有引力の法則の発見／8　地動説の検証から恒星天文学の誕生へ
III　天体物理学と銀河宇宙
　9　新天文学の台頭と発展／10　太陽・星の物質の解明へ／11　銀河系と銀河の発見／12　宇宙膨張の発見とビックバン宇宙論
IV　宇宙における人間の位置
　13　太陽系像の変遷／14　私たちはどこから来たか──地球外生命を求めて／15　万物の尺度の探求──メートル法の制定と測地学の誕生／16　宇宙観の表現法──星表と星図の歴史的変遷
附録
　A　新しい宇宙観の幕開け／B　ETI は本当にいるのか──第 14 章への補遺